JAN FENNELL

DIE SIEBEN LEBEN DEINES HUNDES

Der grosse Leitfaden vom Welpen bis zum Senior

Aus dem Englischen von Karin Weingart

ULLSTEIN

Besuchen Sie uns im Internet:
www.ullstein-taschenbuch.de

Ungekürzte Ausgabe im Ullstein Taschenbuch
1. Auflage August 2008
2. Auflage 2009

Titel der englischen Originalausgabe: The Seven Ages Of Your Dog. A complete guide to understanding and caring for your dog, from puppyhood to old age (Harper-Collins*Entertainment*, London)
Umschlaggestaltung: HildenDesign, München
Titelabbildung: © Alfredo Schaufelberger/shutterstock
Satz: LVD GmbH, Berlin
Gesetzt aus der Celeste und The Sans
Druck und Bindearbeiten: OAN, Zwenkau
Printed in Germany
ISBN 978-3-548-37215-0

Für meine Lieben
Tony, Ellie, David und Ronnie

Inhalt

Der Playboy

Dritter bis neunter Monat

Der Schützling

Neunter bis achtzehnter Monat

Der Provokateur

Achtzehnter bis achtundzwanzigster Monat

Der Beschützer

Achtundzwanzig Monate bis etwa sieben Jahre

Der Senior

Nach dem siebten Lebensjahr

»Sein Leben lang spielt einer manche Rollen
Durch sieben Akte hin.«

William Shakespeare, Wie es euch gefällt

Einführung

Ich spiele schon lange mit dem Gedanken, ein umfassendes Buch über das Leben des Hundes vom Welpen bis zum Senior und auch bis zu seinem Tod zu schreiben. Da ich Hunde schon immer geliebt habe, viele besaß und auch hin und wieder welche züchte, sind mir so ziemlich alle Probleme vertraut – Entwöhnung und Reinlichkeitserziehung, Kastration und Trächtigkeit, Fellpflege und Erziehung. Und nun kenne ich zwar alle möglichen Bücher und Ratgeber zu den einzelnen Themen, aber nie ist mir ein umfassendes Werk untergekommen, dem ich alles entnehmen konnte, was ich als Hundehalterin wissen muss. Und schon gar nicht eines, das aus der Perspektive der Vierbeiner geschrieben ist. Gut, sagte ich mir schon vor Jahren, dann mach ich das eben selbst.

Bevor ich aber auch nur damit anfangen konnte, hat mich das Schicksal dazu gebracht, ein völlig anderes Buch zu schreiben: *Mit Hunden sprechen*. Es beruht auf den Erfahrungen, die ich als Beraterin von Hundehaltern gemacht habe, und ich stelle darin meine Überlegungen vor, was man tun kann, um das Zusammenleben mit unseren geliebten Vierbeinern noch glücklicher und erfüllender zu gestalten. Zu meiner großen Überraschung wurde das Buch in vielen Ländern der Welt begeistert aufgenommen und führte mich zunächst einmal in eine ganz andere Richtung. Dabei geriet die Idee eines umfassenden Ratgebers beinahe ganz in Vergessenheit. Nun aber habe ich sie wieder aufgegriffen.

Beim Schreiben habe ich mich ständig mit dem Problem befasst, wie ich es wohl schaffen könnte, das Leben des Hundes so zu beschreiben, dass man es besser versteht. Ein Menschenleben unterteilt man bekanntlich in sieben Abschnitte – Säugling, Kindheit, Pubertät, Adoleszenz, Erwachsenenalter, mittlere Lebensjahre und Alter. Für mich ergab das intuitiv auch für Hunde Sinn. Vergleiche liegen nahe: Flegeljahre, Trotzphase oder die hormongesteuerte Mutterschaft. Erleben unsere Hunde aber tatsächlich so etwas wie Kindheit und Pubertät, Adoleszenz und Erwachsenenalter? Verlieren auch sie in bestimmten Entwicklungsphasen sozusagen den Boden unter den Pfoten? Und wenn ja, von welchen Instinkten lassen sie sich dabei leiten? Wie sehen die sieben Lebensalter beim besten Freund des Menschen genau aus?

Antworten fand ich schließlich auf vertrautem Terrain. Die Vorstellungen, die ich in *Mit Hunden sprechen* entwickelt habe, gehen auf meine Beobachtungen an Wölfen, den Urahnen des Haushundes, zurück. Die Forschung hat in den letzten Jahren herausgefunden, dass zwischen den beiden Spezies Canis lupus und Canis lupus familiaris eine sehr viel engere Verwandtschaft besteht, als man immer gedacht hatte. Genetisch sind Wolf und Haushund in vielerlei Hinsicht absolut identisch. Die Interaktionen innerhalb des Wolfsrudels und die Beobachtung, dass es in meinem Rudel daheim nicht viel anders zugeht, eröffneten mir ganz neue Wege der Kommunikation mit den Tieren. Ich lernte die Sprache, in der sie sich verständigen, und konnte damit sowohl den Menschen als auch ihren Hunden helfen, ihr gemeinsames Leben weniger stressig und viel erfreulicher zu gestalten.

Während eines Besuches in einem Schutzgebiet in Colorado kam ich, während ich die Wölfe unmittelbar beobachten konnte, darauf, dass die bestehenden Parallelen auch dienlich sein könnten, die körperliche und geistige Entwicklung unserer Hunde zu erklären. Aus verspielten Wolfswelpen werden bald eifrige Schüler, die von den Älteren in die Geheimnisse der Jagd eingeführt werden. Zuerst stellen sie die Machtstrukturen innerhalb des Rudels in Frage, um später dann gesetzter, weiser und ruhiger zu werden. In Gefangenschaft zumindest erreichen sie schließlich auch die letzte Lebensphase: das Greisenalter. Auslöser aller Übergänge von einer Phase in die nächste ist jeweils ein Entwicklungsschritt im Rudel.

Oberflächlich betrachtet hat das Leben unserer Haushunde kaum etwas mit dem ihrer Vorfahren zu tun. Sie finden sich in einer von Menschen geprägten Umgebung wieder, die ganz anders ist als die Wildnis, in der die Wölfe leben. Sie werden verhätschelt, medizinisch versorgt und bis zum Tod intensiv betreut. Und trotzdem sind die Rudelinstinkte immer noch fest in ihnen verankert. In der Gemeinschaft sehen sie ihr Überleben optimal gesichert, und daher halten sie sich an die Regeln der Meute und folgen dem Leitwolf. Auch sie entwickeln sich aus absoluten Greenhorns in angehende Jäger und schließlich erfahrene Mitglieder ihres Rudels – der menschlichen Familie, in der sie leben. Diese Entwicklung lässt sich in sieben ganz unterschiedliche Phasen unterteilen.

Durch diese sieben Etappen im Leben Ihres Hundes soll Sie das vorliegende Buch begleiten. Es erklärt die einzelnen Entwicklungsschritte und erläutert, was Sie jeweils zu erwarten haben. Darüber hinaus erfahren Sie auch immer, was Sie tun können, damit Ihr Hund gesund bleibt und es ihm rundherum gut geht. Ich zeige Ihnen, wie Sie dem Tier die Grundkommandos beibringen, um Disziplin und Sicherheit zu gewährleisten. Nicht zuletzt gebe ich Ihnen auch viele Tipps für den Umgang mit Verhaltensauffälligkeiten.

Natürlich ist jeder Hund ein bisschen anders und auch die Lebensbedingungen sind nie genau gleich. Einige Rassen reifen sowohl körperlich als auch geistig früher als andere. Und da bei größeren Hunderassen die Lebenserwartung im Schnitt geringer ist, sind manche Hunde schon in einem Alter betagt, in dem andere noch in der Blüte ihrer Jahre stehen. Aber auch die Lebensbedingungen spielen eine Rolle, insbesondere in der Zeit unmittelbar nach der Trennung von der Mutter.

So kann man also nicht sagen, dass alle Hunde exakt zum gleichen Zeitpunkt von einer Phase in die andere übergehen, zum Beispiel vom Playboy zum Schützling. Wenn Sie aber die grundsätzliche Dynamik verstehen, können Sie Ihrem Hund die jeweiligen »Phasensprünge« enorm erleichtern. Und dadurch machen Sie ihm – aber nicht zuletzt auch sich selbst – das Leben leichter und schöner.

In diesem Buch versuche ich also einen neuen Blick auf das Zusammenleben des Menschen mit seinem besten Freund zu werfen. Vor allem aber hoffe ich, dass Hundebesitzer darin genau den Ratgeber sehen, den ich immer vermisst habe.

Jan Fennell, Lincolnshire, Juli 2005

Evolution – vom Wolf zum Wolfshund

Kein Tier ist so lange und so eng mit dem Menschen verbunden wie der Hund – schon seit etwa vierzehntausend Jahren. Damals, so vermutet die Wissenschaft, nahmen die Menschen Wölfe in ihre Gemeinschaften auf. Von dieser Verbindung profitierten alle Beteiligten. Die Wölfe halfen den Menschen mit ihren überlegenen Sinnesleistungen und besonderen Befähigungen bei der Jagd und diese revanchierten sich, indem sie ihnen zu fressen gaben.

Im engen Zusammenleben mit dem Menschen entwickelte sich aus dem Wolf allmählich eine neue Unterart – der Haushund. Da er nicht mehr darauf angewiesen war, andere Tiere zu erbeuten, um überleben zu können, passte er sein Verhalten den Bedürfnissen des Menschen an. Aufgrund seiner veränderten Ernährung – kein rohes Fleisch mehr, sondern Essensreste – wurden Schädel und Zähne des Wolfs im Verhältnis zu seiner sonstigen Körpergröße kleiner. Auch schrumpfte sein Gehirn. So wurde er ganz allmählich zur ersten vom Menschen domestizierten Spezies. Die wilde Bestie wurde gezähmt, aus Canis lupus wurde Canis lupus familiaris.

Im Laufe der Jahrtausende, die seither vergangen sind, entwickelte sich der Hund aufgrund selektiver Züchtung zur variantenreichsten Tierart unseres Planeten. Hätte er weiterhin unter seinen ursprünglichen Bedingungen leben müssen, wäre es wohl kaum zu größeren Veränderungen gekommen. So aber hat der Mensch Hunde mit unterschiedlichen Wesenszügen und Talenten miteinander gekreuzt und damit genau genommen lauter Mischlinge erzeugt. In ihnen spiegeln sich nicht nur die unterschiedlichen Anforderungen, die körperlich an sie gestellt wurden, wider, sondern auch die verschiedenen Geschmäcker und Moden der Menschen im Laufe der Zeiten überall auf der Welt.

Für die unterschiedlichsten Spezialaufgaben wurden Hunde gezüchtet: von der Hetzjagd des Wildes und dem Apportieren erlegter Vögel bis hin zum Schutz des Hauses und zur Begleitung von Blinden. In ihrer DNA und der grundlegenden Skelettstruktur gleichen die rund vierhundert heute offiziell anerkannten Hunderassen alle noch dem Wolf. In punkto Körperform, Größe und Fellzeichnung könnten sie jedoch unterschiedlicher kaum sein. Manche Rassen, etwa der Siberian Husky oder der Alaskan Malamute, sehen dem Prototyp der Art noch sehr ähnlich, andere hingegen erinnern so gut wie gar nicht mehr an ihre Vorfahren. Dass beispielsweise der Zwerg-

Familientreffen: Alle Hunde stammen vom Wolf ab.

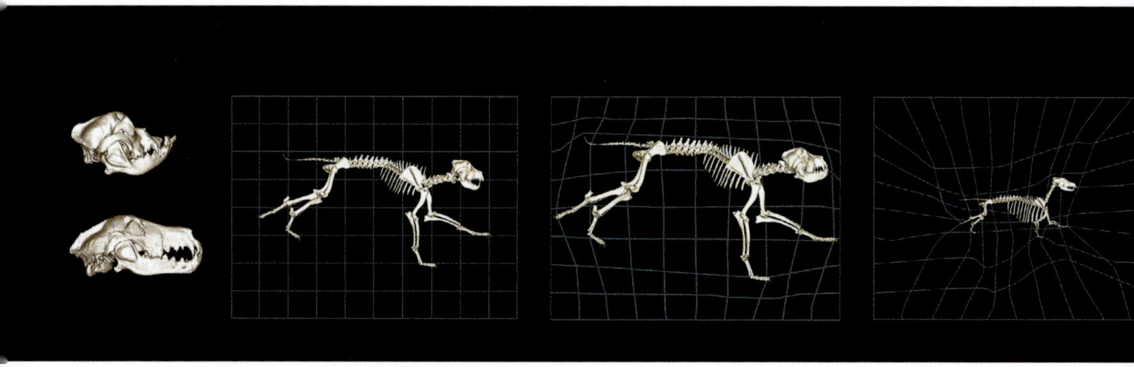

Die Graphiken, Computertomographien eines Wolfs, einer Deutschen Dogge und eines Dackels (von links nach rechts), zeigen, dass sich das Skelett im Grunde nicht verändert hat. Der Hund hat genauso viele Knochen wie der Wolf, sie sind auch gleich angeordnet und erfüllen dieselben Aufgaben. Die Deutsche Dogge und der Dackel sehen aufgrund der selektiven Zuchtwahl beinahe so aus, als gehörten sie unterschiedlichen Tierarten an. Auch der Schädel der Bulldogge (oben links) zeigt, dass der Mensch einige Merkmale des Hundes erheblich verändert hat.

pudel und der Bobtail Abkömmlinge ein und desselben Stammvaters sind, ist auf den ersten Blick kaum vorstellbar.

Grob unterscheidet man die folgenden sieben Hauptgruppen[1]:

1. Hüte- und Treibhunde, ausgenommen Schweizer Sennenhunde
2. Pinscher und Schnauzer, Molossoide, Schweizer Sennenhunde und andere Rassen
3. Terrier
4. Dachshunde
5. Spitze und Hunde vom Urtyp
6. Laufhunde, Schweißhunde und andere Rassen
7. Vorstehhunde
8. Apportier-, Stöber- und Wasserhunde
9. Gesellschafts- und Begleithunde
10. Windhunde.

Jagdhunde

Zahlreiche Hunderassen verdanken ihre Entstehung den Aufgaben, die sie für den Menschen übernehmen sollten. Im Zuge der Revolutionierung der Jagdmethoden nach der Erfindung des Schießgewehrs etwa vermehrten und differenzierten sich die Aufgabengebiete, was neue Hunderassen mit

1 Die Autorin orientiert sich an der Kategorisierung des *British Kennel Club*. In Deutschland folgt man eher der Eingruppierung entsprechend den Regeln der *Fédération Cynologique Internationale FCI*.

ganz speziellen Kompetenzen hervorbrachte. Zum Aufspüren der Beute beispielsweise wurden Tiere mit sehr empfindlichen Nasen gebraucht. Andere Rassen entstanden, damit sie die Beute, vor allem Vögel, »aufscheuchten«. Besonders viele Hunde wurden benötigt, um die erlegten Tiere zu apportieren. All diese Rassen verfügten über ganz eigene Wesenszüge. Apportierhunde beispielsweise hatten und haben ein weiches Maul, damit sie die Vögel, die sie anbrachten, nicht beschädigten.

Zu den bekanntesten Züchtungen in dieser Kategorie gehören Golden Retriever, Deutsche Drahthaarige Vorstehhunde, Irish Setter, Gordon Setter und English Setter, Cockerspaniel, American Cocker, English Springer, Field Spaniels, Labradore und der Chesapeake Bay Retriever, aber auch der Weimaraner und der Vizsla.

Gebrauchshunde

Im Laufe der Jahrhunderte veränderten sich die Anforderungen, die an Hunde gestellt wurden, erheblich. So wurden beispielsweise Rassen gezüchtet, die Menschen aus Seenot retteten, sie über verschneite Berge begleiteten oder als Wach-, Such- und Blindenführhunde tätig waren. Als Beispiele seien genannt: Alaskan Malamute, Berner Sennenhund, Bernhardiner und Dobermann, Boxer und Bullmastiff. Jede dieser Züchtungen diente ursprünglich ganz speziellen Zwecken.

Hirten- und Hütehunde

Zu den nützlichsten und intelligentesten Hunderassen gehören die, die zum Hüten gezüchtet wurden. Sie arbeiten unter den unterschiedlichsten klimatischen Bedingungen und »betreuen« ganz verschiedenartige Tiere, von Rindern und Schafen bis hin zu Rentieren. Da sie bei der Arbeit den Naturgewalten ständig ausgesetzt sind, besitzen sie ein robustes, wetterunempfindliches Fell, das ihnen auch unter extremen Bedingungen Schutz bietet. Zu den bekanntesten Züchtungen dieser Art gehören der Deutsche Schäferhund und der Border Collie, der Bobtail und der Samojede. Überall auf der Welt wurden Hunde dieser Art mit ähnlichen Wesenszügen und Charakteristika gezüchtet. Hier noch einige Beispiele: Australian Shepherd, Australian Cattle Dog, Belgischer Schäferhund, Finnischer Lapphund, Norwegischer Buhund, Polnischer Niederungshütehund, Pyrenäenberghund.

Lauf- und Windhunde

Zu den ältesten Rassen zählen die Sichthunde. Sie finden bereits in alten persischen Schriften Erwähnung, und man findet sie auch auf Zeichnungen, die in ägyptischen Grabkammern gefunden wurden. Diese Hunde waren darauf spezialisiert, Beute, die für den berittenen Menschen mit Pfeil und Bogen nicht zugänglich war, zu verfolgen und zu stellen. Oft mit Unterstützung speziell dafür abgerichteter Jagdfalken schlichen sie sich schnell und lautlos an und hetzten die Beute, bis der menschliche Jäger nur noch zuschlagen musste. Zu den ältesten Rassen dieser Gruppe gehören unter anderem der Saluki und der Afghane. Der Irische Wolfshund, der Greyhound und andere Züchtungen kamen hinzu. Jahrhunderte später wurden in Europa Witterungshunde gezüchtet, die ihre Beute auch über weite Strecken verfolgen und bis zur Erschöpfung hetzen konnten. Manche erlegten die Beute, andere trieben sie in die Enge und machten die Jäger auf sie aufmerksam. Ein typisches Beispiel für diese Hunderasse ist der Elchhund. Zu den jüngeren Züchtungen gehören der Bluthund und der Basset.

Wie unterschiedlich die Anforderungen der Menschen an ihre Hunde waren, zeigen die dramatischen Gegensätze innerhalb dieser Gruppe: Die größte Rasse, der Irische Wolfshund, gehört dazu, aber auch eine der kleinsten, der Dackel (Dachshund beziehungsweise Teckel); die schnellste, der Greyhound, sowie die leiseste, der Basenji, die einzige Hunderasse, die nicht bellt.

Terrier

Das Wort »Terrier« kommt vom lateinischen terra und bedeutet Erde. Diese Art von Hunden wurde, wie der Name nahe legt, ursprünglich gezüchtet, um Schädlinge zu jagen, die in unterirdischen Bauen leben, wie beispielsweise Füchse, Dachse, Ratten und Otter. Terrier gibt es schon viele Jahrhunderte und haben ihren Ursprung wahrscheinlich in Großbritannien. Zu den beliebtesten Unterarten gehören Airdale, Bull, Cairn-Terrier sowie der Foxterrier, der Irish und der West Highland White Terrier.

Kleinhunde

Hunde wurden jedoch nicht nur zum Arbeiten gezüchtet. In der gesamten Geschichte hat der Mensch immer auch Rassen hervorgebracht, die ihm »nur« Wärme und Kameradschaft, Zuneigung und rein ästhetisches Vergnügen schenkten. In Tibet zum Beispiel wurden Hunde gezüchtet, die den Mönche bei der Meditation auf den Knien saßen und sie wärmten – daher der Name Schoßhund. Anderenorts entwickelten aristokratische Kreise Hunderassen, deren einzige Aufgabe darin bestand, bei Hofe bewundernde Blicke auf sich zu ziehen. In diese Gruppe gehören unter anderem Malteser, Pomerian, Pekinese, Cavalier King Charles Spaniel, Yorkshire Terrier und Bichon frisé.

Begleithunde

Die Variationsbreite der Rassen, die der Mensch hervorgebracht hat, ist derart groß, dass viele von ihnen in keine der Kategorien passen wollen. Daher überrascht es nicht, wenn sich unter dieser Bezeichnung so unterschiedliche Hunde wie der japanische Akita, der Zwergpudel, der Dalmatiner, der Chow-Chow, der mexikanische Nackthund und der Lhasa Apso finden.

Aufgrund ihrer körperlichen Unterschiede und der sehr verschiedenartigen Lebensräume, in die sie hineingeboren werden, unterscheidet sich das Leben, das die einzelnen Hunderassen führen, mehr als bei jeder anderen Tierart. Einige arbeiten, sei es als Hüte- oder Begleithund, als Spür- oder Polizeihund, andere werden zur Züchtung verwendet und ziehen ihre Welpen auf, während wieder andere den ausschließlichen Daseinszweck haben, dem Menschen ein guter Kamerad zu sein und ihm Freude zu bereiten. Welcher Rasse ein Hund aber auch immer angehört und wie er lebt: Zwei Dinge sind gewiss. Sie haben alle dieselbe DNA und Grundprogrammierung wie ihr Vorfahr, der Wolf. Daher verläuft das Leben bei allen nach demselben Muster, den sieben Lebensaltern, die auch wir Menschen kennen. Die folgenden Seiten sollen Ihnen helfen, Ihrem Liebling auf allen Etappen seiner Lebensreise ein guter Begleiter zu sein. (Wie Sie sehen werden, wird in der deutschen Ausgabe dieses Buches im Zusammenhang mit Personen stets die männliche Form gewählt. Dies dient ausschließlich der besseren Lesbarkeit und stellt keine Frauendiskriminierung dar. A.d.Ü.)

»... Zuerst das Kind,
Das in den Armen der Amme greint
und sprudelt ...«

Das erste Lebensalter

Der Welpe

Von der Geburt bis zur achten Lebenswoche

Bei den Wölfen in der Wildnis

Die ersten neun Monate seines Lebens verbringt das Wolfsjunge in unmittelbarer Nähe des Baus, in dem es aufwächst. In dieser Zeit durchläuft es auch die ersten charakteristischen Entwicklungsphasen. Ungefähr bis zur dritten Woche ist es vollkommen von seiner Mutter abhängig. Es wird von ihr gesäugt und weicht nicht von ihrer Seite. Der Rest des Rudels hält sich in dieser Zeit von der kleinen Familie fern. Selbst der Vater bleibt außen vor, obwohl er der Anführer, das Alphatier, ist.

Nach etwa drei Wochen beginnen die Welpen zu laufen und machen die ersten vorsichtigen Schritte von der Mutter weg. Jetzt nehmen auch der Vater, das Alphatier, und die übrigen Mitglieder des Rudels Kontakt mit den Jungtieren auf.

So ein Wolfsrudel ist eine eingeschworene Gemeinschaft, in der jeder seinen Platz kennt und genau weiß, welche Aufgaben er zu erfüllen hat. Von Anfang an wird jeder Wolf auf die Stellung getrimmt, die er im Ranggefüge einnimmt. In den ersten Lebenswochen der Jungen sind alle erwachsenen Wölfe »brutig«, das heißt, sie produzieren ein Hormon namens Prolaktin. Sie wissen, dass in der Nachkommenschaft die Zukunft des Rudels liegt, und auch, dass mehr als die Hälfte des Wurfs die ersten Lebensphasen nicht überleben wird. Sechzig Prozent aller Jungwölfe verhungern vor Beginn des dritten Lebensjahres oder fallen schweren Krankheiten zum Opfer. Sobald also Nachwuchs da ist, widmet sich das gesamte Rudel der Aufgabe, seine neuen Mitglieder in die alltäglichen Anforderungen des Überlebenskampfes einzuführen.

In dieser Phase erhalten die Jungen entscheidende Impulse für ihre weitere Entwicklung. Sie bekommen mit, dass Gesichtsausdruck und Körpersprache wichtige Informationen über die Stellung eines Wolfes im Rudel transportieren. Diese verwenden auch die Älteren, um möglichen Konfrontationen vorzubeugen. Sie lernen, dass sich der jeweilige Rang in der Rudelhierarchie aus einer Kombination von Erfahrung und Persönlichkeit ergibt. Nur die stärksten Charaktere können sich einen Platz an der Spitze des Rudels erkämpfen. Sie beobachten, wie die erwachsenen Tiere miteinander umgehen, besonders mit dem Alphatier. Das vermittelt ihnen auch eine Vorstellung davon, wie es ganz oben in der Hierarchie zugeht.

Doch die wichtigsten Lektionen lernen die Kleinen beim Spielen. Wenn sie anfangen, sich gegenseitig zu jagen und miteinander zu kabbeln, dient das der körperlichen Ertüchtigung. Sie lernen dabei auch ihre individuellen Stärken kennen – und damit letztlich ihren späteren Platz im Rudel. So beginnen sie sich jetzt bereits auf ihre künftigen Rechte und Pflichten vorzubereiten. Mit der Zeit bilden sich die natürlichen Hüter, Pirschjäger und Angreifer heraus.

Die ersten acht Wochen im Leben des Haushundes unterscheiden sich kaum von denen seiner wölfischen Vorfahren.

Schnelle Fortschritte: Schon mit viereinhalb Wochen weiß das im Bild rechts stehende Wolfsjunge ganz genau, dass es seinem Bruder im Rang unterlegen ist. Ganz höflich bittet es um die Erlaubnis, sich zu ihm setzen zu dürfen. Der ranghöhere Welpe starrt die ganze Zeit über völlig ungerührt geradeaus.

Überblick

Die ersten acht Lebenswochen des Welpen entsprechen in der menschlichen Entwicklung den ersten zweieinhalb Jahren. Daher ist es kein Wunder, dass sich der junge Hund in dieser Zeit mit einer Vielzahl verwirrender Fragen herumschlagen muss: Wer bin ich? Was bin ich? Was habe ich mit den Hunden und Menschen zu tun, die mich umgeben? Wie funktioniert die Welt, in der ich mich befinde? Und wie kann ich darin überleben?

In den ersten Tagen liegt es vollständig in der Verantwortung der Mutter, ihren Wurf sicher durch diese schwierige Zeit zu bringen. Doch schon bald tritt der Mensch in den Vordergrund und kümmert sich um alles – beginnend bei der Entwöhnung von der Muttermilch über die Reinlichkeitserziehung und Fellpflege bis hin zum Entwurmen und den ersten Impfungen.

Das Wichtigste ist aber, dass in Abwesenheit eines Rudels, das dem Jungen alles Notwendige beibringen würde, dem Menschen die Aufgabe zukommt, die geistige und körperliche Entwicklung des neugeborenen Hundes zu fördern. Er muss daher lernen, in einer Sprache zu kommunizieren, die das Junge auch versteht. Dafür muss er jedoch zunächst das Vertrauen des Welpen gewinnen und eine Beziehung zu ihm aufbauen, die es ihm ermöglicht, sich sicher und geborgen zu fühlen und glücklich sein zu können.

Die ersten Stunden – kurz nach der Geburt

Die ersten Momente im Leben eines Hundes sind traumatisch. Das Neugeborene verlässt den warmen, sicheren, dunklen Schoß des Muttertieres und kommt in eine Welt voller neuer Gerüche und Empfindungen – und das häufig mit ziemlicher Heftigkeit. Ich habe zum Beispiel einmal eine Geburt erlebt, bei der die Hündin ihre Welpen im Stehen zur Welt brachte. Mit dem Kopf zuerst plumpsten sie auf den Boden. Kein Wunder, dass das für ein Neugeborenes ein überwältigendes Erlebnis ist. Aber zum Glück ist die Mutter da und kümmert sich. Ihre Mutterinstinkte sind in dieser Zeit so stark ausgeprägt, dass sie auch in den nächsten zwei, drei Wochen nichts anderes im Sinn hat, als sich um das Wohl ihrer Jungen zu kümmern.

Jeder Welpe kommt in seiner eigenen, mit der Plazenta verbundenen Fruchtblase zur Welt. Falls diese nicht während des Geburtsvorgangs platzt, wird sie von der Mutter mit den Zähnen entfernt. Danach stimuliert die

Hündin die Atmung des Neugeborenen, indem sie ihm den Schleim ableckt, von dem sein Gesicht unmittelbar nach der Geburt noch bedeckt wird.

In diesen ersten Augenblicken beginnt sich der Welpe allmählich an das Leben außerhalb der Geborgenheit des Mutterschoßes zu gewöhnen. Die Mutter stimuliert ihn so lange, bis sie ein leises, dumpfes Geräusch des Kleinen hört und sieht, dass es sich bewegt und mit dem Kopf nickt. Mit den Zähnen beißt sie die Nabelschnur durch.

Im Unterschied zu Pflanzenfressern, die innerhalb von Minuten auf den Beinen sind, kommen Hundewelpen hilflos und völlig ungeschützt zur Welt. Ihre Augen sind fest geschlossen und die Ohren liegen an wie kleine Dreiecke. Im Vergleich zum übrigen Körper ist der Kopf zu dieser Zeit noch unverhältnismäßig groß. Aber instinktiv weiß das Kleine genau, was es zu tun hat.

Innerhalb kürzester Zeit hebt es den Kopf und beginnt zu schnuppern. Es fühlt sich zur Wärme des Mutterkörpers hingezogen und sucht bald nach ihren Zitzen. Es ist immer wieder wunderbar zu beobachten, wie sich so ein winziges neugeborenes Hundebaby seinen Weg zur Nahrungsquelle bahnt. Es stößt und paddelt so lange, bis es die richtige Stellung gefunden hat. Im Allgemeinen dauert es nur ein paar Minuten, bis es an der Zitze liegt und zu saugen beginnt. Dieser natürliche Reflex ist unglaublich stark.

Bei der Geburt sind Hundewelpen sehr mager. Das Trinken des Kolostrums (Vormilch)ist die erste Nahrungsaufnahme und daher sehr wichtig. Das Kolostrum ist ein natürliches Antibiotikum, das den Welpen vor möglichen Gesundheitsgefährdungen schützt. Seine Wirkung ist bereits Stunden später deutlich zu erkennen. Das Hundebaby erscheint jetzt längst nicht mehr so ausgemergelt und sieht rundlicher aus, ein Zeichen dafür, dass es genau die Nahrung bekommt, die es benötigt. So versorgt kann es sich dann wieder der Tätigkeit widmen, die diese erste Phase seines Lebens dominiert – dem Schlafen.

Saugmaschinen – die ersten zehn Tage

Weil er weder hören noch sehen kann, hat der Hundewelpe in den ersten zehn Tagen seines Lebens kaum eine Vorstellung davon, was um ihn herum passiert. Um genau zu sein, weiß er zu dieser Zeit noch nicht einmal, dass er ein Hund ist. Auch von seinen Geschwistern bekommt er nichts mit. Er kann nicht viel mehr tun als schlafen, sich an die Zitzen der Mutter schleppen, wenn er das Bedürfnis nach Nahrung verspürt, und wimmern, wenn er friert, hungrig ist oder Schmerzen hat.

Zu sagen, das neugeborene Hundebaby befinde sich in vollkommener Abhängigkeit von seiner Mutter, ist eigentlich noch untertrieben. Die Rolle, die sie einnimmt, ist so umfassend, dass sie das Junge sogar zum Koten und Urinieren anregt und die Exkremente nachher frisst beziehungsweise aufleckt, um die Wurfkiste sauber und frei von Keimen zu halten. Zudem ist sie nicht bloß die einzige Nahrungs-, sondern auch die ausschließliche Wärmequelle. Da der Organismus eines neugeborenen Hundes noch nicht in der Lage ist, eigenständig Körperwärme zu produzieren oder den Wärmehaushalt zu regulieren, ist der Kontakt mit der Mutter überlebenswichtig. Wäre diese bei einer Raumtemperatur von zweiundzwanzig Grad Celsius gezwungen, auch nur eine halbe Stunde lang ihre Babys zu verlassen, würde deren Körpertemperatur um drei Grad sinken, von achtunddreißig auf fünfunddreißig Grad Celsius – mit möglicherweise tödlichen Folgen. Da das Muttertier dies instinktiv weiß, entfernt es sich in dieser Phase selten mehr als einen halben Meter von den Kleinen.

Doch bereits zu diesem frühen Zeitpunkt beginnen sich die Welpen in Bezug auf Persönlichkeit und Status innerhalb des Wurfes zu unterscheiden. Die Zitzen der Mutter sind in Zweierreihen angeordnet, und der beste Zugang zur Milch besteht in der Mitte. Jetzt beginnt der Kampf um die besten Fütterungsplätze. Einige der Welpen können ihn für sich entscheiden und verweisen die anderen an die weniger leicht zugänglichen Zitzen. Manche gehen auch ganz leer aus. Erfolg und Niederlage bei diesen Rangeleien haben bereits erste Auswirkungen auf die spätere Persönlichkeitsentwicklung.

Der erste Wendepunkt – zehn Tage später

Zum ersten Wendepunkt im Leben des jungen Hundes kommt es nach etwa zehn Tagen. Um diese Zeit beginnen sich die Augen zu öffnen. Innerhalb von drei oder vier Tagen lösen sich Ober- und Unterlid, und zwar von innen nach außen. Zur selben Zeit fängt der Welpe auch an zu hören.

Sowohl für den Hund als auch für den Menschen, der sich um ihn kümmert, ist dies ein berührender Moment. Gestern konnten Sie den Bau noch betreten, ohne irgendeine Reaktion hervorzurufen. Und heute schaut die ganze Bande Sie an und alle ziehen sich in die Ecke der Wurfkiste zurück. Einige der Kleinen knurren Sie vielleicht sogar an. Das ist lustig, aber auch sehr bewegend.

Da die Welpen jetzt sehen und hören können, nehmen sie ihre Umwelt

natürlich schon viel bewusster wahr. Obwohl sie die meiste Zeit schlafen, bemerken sie doch – zu ihrer Überraschung –, dass sie Geschwister haben. Sie erkennen die Mutter nicht mehr nur am Geruch, sondern sehen und hören sie auch. Zudem fangen sie allmählich an, die Abgrenzungen ihrer Wurfkiste zu erschnüffeln, wie um zu signalisieren, dass sie nunmehr bald bereit sind, mehr von ihrer neuen Welt zu erkunden. Sie versuchen auf die Pfoten zu kommen, ihre Bewegungsabläufe zu koordinieren und beginnen mit den ersten vorsichtigen Schritten.

Gleichzeitig macht auch die Mutter erste Schritte – und zwar weg von ihren Jungen.

In den ersten fünf Tagen ist der Mutterinstinkt so stark ausgeprägt, dass der Hundehalter sie sogar vom Wurf wegführen muss, damit sie ihr Geschäft verrichtet oder ihr Fressen einnimmt. Zwischen dem fünften und dem vierzehnten Lebenstag der Welpen jedoch beginnt sie sich kurz von ihren Jungen zu entfernen. Damit gibt sie ihnen die Möglichkeit, den Kontakt untereinander zu intensivieren und dabei mehr über sich zu erfahren.

Der eigene Körper sagt den Kleinen, dass sie sich die meiste Zeit über ausruhen sollen, doch zwischen Saugen und Schlafen gibt es immer auch ein paar Minuten, in denen sie versuchen, sich gegenseitig anzurempeln und herumzutollen. So erkundet jeder, wozu er und die anderen alles fähig sind. Die Welpen fangen an, übereinander zu krabbeln, einer will größer sein als die anderen. Sie knurren sich an, wälzen sich und fallen beim Versuch, die Balance zu halten, auch oft genug hin. Dass sie im Moment noch so wacklig auf den Pfoten sind, liegt an ihrer »Kopflastigkeit«. In dieser Zeit gibt es viel Gekabbel und Gefiepe. Und schließlich müssen auch noch einige praktische Dinge gelernt werden, zum Beispiel, wie man Wasser aus einer Schüssel schlabbert.

Solche Aktivitäten sind aber immer nur von kurzer Dauer. Spätestens nach fünf Minuten wird wieder geschlafen. Ist die Mutter dann gerade nicht da, bildet sich in der Regel ein großer schnarchender Hundehaufen. So geht das zehn Tage bis drei Wochen.

Mit drei Wochen – Rudelbildung

An diesem Punkt ihrer Entwicklung reagieren die Welpen nun schon stärker auf visuelle Eindrücke, Gerüche und Töne, fangen an, zu bellen und andere Laute von sich zu geben. Sie beginnen mit dem Schwanz zu wedeln, sich zu kratzen und den Kopf zu schütteln. Und als Fortentwicklung der

Mittagsschläfchen: Nach dem Spielen kuschelt sich der gesamte Wurf eng zusammen.

bisherigen Kontakte, gegenseitiges Beißen und Wer-ist-der-Größte-Wettbewerbe, tragen sie spielerisch regelrechte Schaukämpfe mit ihren Geschwistern aus. Dabei finden sie erste Antworten auf die Schlüsselfragen: Welchen Platz habe ich in dieser Gruppe? Wozu bin ich körperlich in der Lage? Sie fragen sich aber auch, was – und wer – sich wohl außerhalb der Wurfkiste befindet. Die Welpen sind nun bereit, sich ein bisschen Unabhängigkeit zu erobern.

In der freien Natur tritt zu diesem Zeitpunkt das Rudel auf den Plan. Während die Mutter, das Alphaweibchen, ihre Kleinen gesäugt hat, hat sich bei den anderen Wölfen große Spannung aufgebaut. Jetzt, da die Mutter den Vater und den Rest der Familie zu sich lässt, schlüpfen alle in ihre Rollen als Ersatzeltern. Wölfe aller Hierarchiestufen tun ihr Bestes, um die Welpen zu erziehen, sie ins Rudel zu integrieren und ihnen hilfreich zur Seite zu stehen. Auf diese Weise erhalten die Jungen die wichtigsten Informationen, die sie brauchen, um später vollwertige – und glückliche – Mitglieder der Gemeinschaft zu werden. Die erwachsenen Tiere setzen ihnen Grenzen, indem sie die Kleinen zum Beispiel sanft zurückholen, wenn sie sich zu weit vom Bau entfernen. Kurz gesagt, sie bringen den Jungen die Regeln und die Sprache des Rudels bei.

Die Gemeinschaft, in der ein Haushund lebt, ist eine ganz andere. Trotz-

dem ist es auch für ihn von größter Bedeutung, dass er alle Informationen bekommt, die er benötigt, um sich in die Gruppe integrieren zu können. Und dieses Wissen muss er jetzt vermittelt bekommen, in der wichtigsten Prägungszeit seines ganzen Lebens. Daher müssen wir Menschen all die Rollen übernehmen, die in der freien Natur das Rudel innehat.

Das kann ein ganz natürlicher, allmählicher Vorgang sein. Allerdings gibt es ein paar entscheidende Kniffe, die dafür sorgen, dass dieser Prozess so stressfrei wie möglich abläuft.

Hochnehmen des Welpen

Kennenlernen: Schon die erste Kontaktaufnahme kann der Beginn einer lebenslangen Freundschaft sein.

Im Alter von ungefähr drei Wochen sollte sich der Welpe mit dem Aussehen, dem Geruch sowie den Stimmen und den Geräuschen der Menschen, die sich in der Nähe seiner Wurfkiste aufhalten, vertraut gemacht haben und bereit sein, den Kontakt mit ihnen zu intensivieren. Da dies für die weitere Entwicklung von größter Bedeutung ist, besteht das Ziel darin, dass er Menschen von Anfang an mit Wärme, Wohlbehagen und vor allem Sicherheit assoziiert. Ein bisschen Stress ist für die Entwicklung zwar nicht schlecht – veranlasst er den Kleinen doch zu der Frage »Und was kommt wohl als Nächstes?« –, zu viel Stress muss jedoch vermieden werden. Daher sollten Sie den Hund nur ganz sanft und vorsichtig hochnehmen.

schritt für schritt

Hochnehmen

- Hocken Sie sich auf den Boden.
- Legen Sie die Hände unter den Hund und fassen Sie ihn sanft, aber sicher an.
- Ohne sich vom Boden zu erheben, nehmen Sie ihn auf Augenhöhe hoch.
- Belohnen Sie den Welpen, indem Sie ihn in den Arm nehmen, ihn sacht streicheln und leise und beruhigend mit ihm sprechen.

Vermitteln Sie dem Welpen wertvolle Informationen, die ihm in den folgenden Wochen, Monaten und Jahren sehr hilfreich sein werden. Es ist wichtig, dass Sie keinerlei Unsicherheiten zeigen, damit er sich vollkommen geborgen fühlen kann. Wenn Sie sich richtig verhalten, kann er Sie positiv besetzen und sieht in Ihnen einen sicheren Zufluchtsort. Und wann immer er künftig einmal nicht weiter weiß und sich zu fragen beginnt, wo er hingehen soll, wird er wenigstens schon eine mögliche Antwort kennen.

Deshalb sollten Sie einen Welpen auch NIE im Genick packen, wie es manchmal leider immer noch propagiert wird. Diese Angewohnheit beruht auf einem Missverständnis, das sich aus der Beobachtung des Verhaltens von Hundemüttern ergeben hat, die ihre Welpen mit den Zähnen aufnehmen. Zwei wichtige Punkte werden aber übersehen: Erstens packt die Hündin nicht im Nacken zu, sondern eher am Rücken, und zweitens tut sie das auch nur, weil sie keine Hände hat. Hätte sie welche, würde sie nicht das Maul benutzen. Wir dagegen, die wir Hände haben, sollten uns ihrer unbedingt bedienen. Wenn Sie den Hund im Nacken hochheben, tun Sie ihm weh. Die Assoziation, die dadurch bei ihm entsteht, ist sehr negativ und kann Ihre Beziehung in den folgenden Tagen und Wochen nur belasten.

Wer in dieser entscheidenden Entwicklungsphase auf den Kontakt mit seinem Welpen verzichtet, verliert wertvolle Zeit. Wissenschaftliche Erkenntnisse deuten darauf hin, dass der Instinkt des Hundes, seine Umgebung zu erkunden und sich in die Gesellschaft zu integrieren, in den ersten fünf Wochen am stärksten entwickelt ist und schon kurz darauf anfängt, erheblich nachzulassen. Hunde, die bis zu ihrer vierzehnten Lebenswoche keinen Kontakt mit Menschen und ihrer Lebenssphäre aufgebaut haben, werden damit später große Schwierigkeiten haben.

Sobald der Hund drei Wochen alt ist, sollten Sie ihn zweimal am Tag wie beschrieben hochnehmen. Dabei wird er Ihnen immer mehr vertrauen. Auf diese Weise helfen Sie ihm auch, später gut mit anderen Menschen auszukommen, speziell mit dem Tierarzt.

- Setzen oder stellen Sie den Hund auf einen stabilen Tisch oder dergleichen. Damit das Tier keine Angst bekommt, vermeiden Sie bitte jede plötzliche Bewegung.
- Sie können jetzt durchaus schon ein bisschen mit der Fellpflege beginnen. Nehmen Sie dafür eine weiche Bürste und streichen dem Tier sanft über die Haare.
- Stecken Sie ihm einen Finger ins Mäulchen, als wollten Sie es untersuchen.
- Halten Sie den Kopf des Hundes so, dass Sie die Ohren in Augenschein nehmen können.

- Bringen Sie dem Welpen bei, sich unterwürfig auf die Seite zu legen. Auch damit bereiten Sie ihn auf einen späteren Besuch beim Tierarzt vor und unterstreichen zugleich die Vorrangstellung, die er bereits mit Ihnen in Verbindung bringt.
- Gewöhnen Sie ihn an die Berührung seiner Pfoten. Da viele Hunde das gar nicht mögen, zahlt es sich aus, diese Hürde so früh wie möglich zu nehmen. Das geht am besten, wenn der Hund müde ist, denn dann lässt sich am leichtesten mit ihm arbeiten.

Wiedererkennungswert – der richtige Name

Das Wichtigste, wovon sich Ihr Hund in diesen ersten Wochen überzeugen sollte: Die menschliche Stimme ist keine Bedrohung für ihn, sondern sie strahlt Wärme aus und steht für alles, was gut ist im Leben. Für bestimmte Kommandos ist es daher jetzt noch zu früh. Es wird nicht mehr lange dauern, bis der Hund Disziplin und Selbstbeherrschung lernen muss. Im Moment aber ist es viel wichtiger, dass er gern mit Ihnen zusammen ist und sich geborgen fühlt.

Einen kleinen wichtigen Schritt können Sie jedoch jetzt bereits machen, und zwar können Sie den Welpen dazu bringen, seinen Namen zu erkennen. Sie schaffen zugleich die Voraussetzungen für die spätere Erziehung.

Als Erstes müssen Sie einen Namen finden. Wenn Sie als Züchter oder Züchterin den Namen wählen, sollten Sie ihn von Anfang an benutzen, also gleich, wenn Sie den Welpen mit drei Wochen zum ersten Mal hochnehmen und ihm Ihre Zuneigung zeigen. Der spätere Besitzer kann den Hund dann immer noch umtaufen. Wenn Sie den künftigen Halter jedoch bereits kennen, kann er den Namen gleich aussuchen, und Sie können sich danach richten.

Als Nächstes sprechen Sie den Welpen im Wurflager mit seinem Namen an. Da er sich zu diesem Zeitpunkt noch nicht als Einzelwesen wahrnimmt, reagiert er unter Umständen nicht sofort. Falls aber doch, versuchen Sie zu erreichen, dass er aufmerkt, Sie anschaut und – zum ersten Mal – fragt: »Sprichst du mit mir?«

Dabei gilt es, einige Punkte zu berücksichtigen:

- Entscheidend ist der Blickkontakt: Wenn Sie einen der Hunde ansprechen, kann es gut sein, dass alle zu Ihnen hochschauen. Sie aber dürfen nur denjenigen im Auge haben, den Sie gerade ansprechen möchten.
- Achten Sie darauf, dass Ihr Blick sanft und einladend ist. Starren Sie das Tier nicht an, zeigen Sie aber auch keine Angst.
- Sprechen Sie den Namen des Hundes in aller Freundlichkeit aus. Ihr Tonfall sollte genauso weich und angenehm sein wie Ihre Körpersprache.
- Kommt der Hund auf Sie zu, loben Sie ihn freundlich und wiederholen dabei seinen Namen.
- Melden sich alle Hunde, achten Sie darauf, dass Sie ausschließlich den Welpen loben, den Sie gemeint haben. Dabei lernen die anderen auch gleich, dass sie anders heißen.

Wenn Sie von nun an versuchen, beim Hund eine bestimmte positive Assoziation zu erzeugen, zum Beispiel in Bezug auf die Entwöhnung von der Muttermilch oder die Reinlichkeitserziehung, verstärkt sich die Botschaft, wenn Sie ihn loben und dabei seinen Namen sagen.

Es wird seine Wirkung nicht verfehlen. Bald wird der Hund den einzigartigen Klang seines Namens erkennen. Das verschafft Ihnen, aber auch dem zukünftigen Besitzer, eine Grundlage, auf der Sie aufbauen können.

Die Bedeutung des Spielens

Genau wie die Wölfe in der Wildnis erhalten auch kleine Hundewelpen die wichtigsten Informationen in dieser Lebensphase beim Spielen. Sie lernen, womit sie bei ihren Geschwistern durchkommen und womit nicht, werden über ihren Status innerhalb des Wurfes unterrichtet und erfahren, wie es um den der anderen steht.

Spielen mit den Wurfgeschwistern

Viel zu oft erlebt man, dass ein Hundehalter aus Leibeskräften auf einen Wurf kleiner Welpen einbrüllt. Doch auch wenn Ihnen das Spiel der Hunde

aggressiv vorkommt, dürfen Sie nicht überreagieren. Spielen ist ein wesentlicher Bestandteil der Hundeerziehung, es abzublocken heißt also auch, Lernprozesse zu verhindern. Eingreifen sollten Sie nur, wenn eines der Hundebabys ganz offensichtlich viel schwächer ist als die anderen oder wenn die Gefahr von Verletzungen besteht. Im Normalfall nimmt sich auch die Hundemutter der Sache an – sofern sie nicht gerade kurz weg ist – und weist ihre Jungen mit einem Knurren darauf hin, dass ihr Verhalten nicht korrekt ist.

Lassen Sie den Dingen ihren Lauf. Der Hund lernt eine neue Sprache, und wie es mit Sprachen so ist, kommen die Feinheiten erst später.

Spielen mit Menschen

Beim Spielen lässt sich wunderbar eine Beziehung zu dem Welpen aufbauen. Dabei können Sie ihm ein paar wichtige Signale der geltenden Rangordnung geben, sich aber zugleich auch als liebenswerter Freund und Besitzer bewähren. Da es aber um eine Beziehung geht, die im Idealfall ein Leben lang hält, ist es von entscheidender Bedeutung, dass beim Spielen bestimmte Regeln eingehalten werden. Insbesondere die folgenden drei Punkte sollten unbedingt beachtet werden:

Lassen Sie nicht zu, dass der Hund bestimmt, wann gespielt wird

Natürlich bringt ein Hund, der mit einem Bällchen im Maul angelaufen kommt, so ziemlich jedes Herz zum Schmelzen. Trotzdem darf der Hundehalter jetzt nicht instinktiv reagieren und sofort mit dem Spielen anfangen. Sonst kommt der Welpe auf die Idee, er sei es, der bestimmt, wann gespielt wird. Und daraus leitet er dann leicht die Überzeugung ab, er sei der Boss. Doch das ist er nicht, und das muss von vornherein klar sein.

Lassen Sie kein Kräftemessen wie etwa Tauziehen zu

Auch das Kräftemessen zwischen Ihnen und dem Hund kann später zum Problem werden und Ihre Vormacht in Frage stellen. Wenn der Welpe einoder zweimal damit durchkommt, macht er sich falsche Vorstellungen von der Rangfolge. Wenn Sie nicht sofort einen Riegel vorschieben, beißt der Hund immer stärker zu, was das Ganze nur noch schlimmer macht. Was als lustiges Spielchen mit einem Hundejungen anfängt, ist mit einem voll ausgewachsenen Exemplar längst nicht mehr so niedlich, schon gar nicht, wenn es sich um den Hund einer größeren Rasse handelt.

Lassen Sie sich keinesfalls beißen

Alles, was den Hund ermutigen könnte, einen Menschen zu beißen, muss von Anfang an unterbunden werden. Denn sonst besetzt er es positiv und behält dieses Verhalten sein Leben lang bei. Deshalb lernen selbst spätere Polizeihunde erst mit achtzehn Monaten, kräftig zuzubeißen, obwohl es eigentlich ihr Job ist.

Als Hundebesitzer müssen Sie begreifen, dass der Welpe nicht etwa beißt, weil er aggressiv ist, sondern weil er etwas oder jemanden festhalten will, wie er es auch mit seinen Wurfgeschwistern tut. Wenn man ihn davon abhalten möchte, kommt es darauf an, kein Drama daraus zu machen. Viele Menschen geraten in Panik, wenn sie von einem Hündchen gezwickt werden. Schreien Sie kurz auf, wie es Jungtiere auch tun würden, und entfernen Sie sich sofort. Wenn sich der Welpe dann an Ihre Fersen heftet und Sie am Hosenbein packt, nehmen Sie ihn weg, setzen ihn eventuell hinter ein Kindergitter oder schaffen ihn in ein anderes Zimmer. Lassen Sie ihn eine Zeit lang dort – aber höchstens eine Stunde. Machen Sie kein größeres Tamtam und denken Sie auch nicht, dass Sie dem Hund damit etwas antun. Das ist völlig in Ordnung. Als Besitzer haben Sie eindeutig klar gemacht, dass Sie das Beißen nicht zulassen, und dem Tier gleichzeitig zum ersten Mal gezeigt, dass sein Handeln Folgen hat.

Abschiede – Entwöhnung und Reinlichkeitserziehung

Ungefähr in der dritten Lebenswoche beginnt sich der Welpe von der Wurfkiste zu entfernen. Deren Vorderseite wird zu dieser Zeit weggenommen, was es den Tieren ermöglicht, ihren Schlafplatz zu verlassen und bis zu den Grenzen des Baus zu gehen.

Zunächst ganz vorsichtig, dann aber mit wachsendem Selbstvertrauen wagen sie sich immer weiter von dem Fleckchen fort, an dem sie die ersten prägenden Tage ihres bisherigen Lebens verbracht haben. Nun fangen sie auch an, selbstständig Harn und Kot abzusetzen. Zeitgleich mit der neuen Unabhängigkeit ihrer Jungen beginnt sich auch die Mutter zunehmend zurückzuziehen. Für den Hundebesitzer ergeben sich daraus die ersten größeren Aufgaben – Entwöhnung und Reinlichkeitserziehung.

Entwöhnung

Mit drei bis fünf Wochen sind die Welpen so weit, dass sie von der Muttermilch entwöhnt werden können. Oft ist es die Mutter, die den Zeitpunkt bestimmt. Bei den Wölfen in der Wildnis gibt das Alphaweibchen nun ihre

Abgestillt: Im Normalfall kann sich der Welpe schon in der vierten Lebenswoche an festes Futter gewöhnen.

Pflichten als alleinige Ernährerin auf und zieht sich sozusagen in die niederen Ränge des Rudels zurück. Ähnliche Instinkthandlungen kann man auch beim Haushund beobachten. Beispielsweise säugt die Mutter ihre Jungen jetzt nicht mehr im Liegen, sondern im Stehen. Dies ermöglicht es ihr, wegzugehen, wenn sie das Gefühl hat, ihr Soll erledigt zu haben, oder wenn ihr die nadelspitzen Zähnchen und Krallen der Welpen wehtun.

Als Halter sollte man auf diese Phase vorbereitet sein. Es dauert ungefähr drei Wochen, bis sich der Welpe gänzlich von der mütterlichen Milchbar verabschiedet hat. In dieser Zeit nuckelt und saugt er vielleicht noch. Wenn die Nachfrage abnimmt, wird auch die Muttermilch weniger und der Halter bemerkt, dass die Säugezeiten immer kürzer werden. So kann das Verhältnis von Muttermilch zu anderer Nahrung am Anfang der Entwöhnungsphase noch 1:1 betragen; mit Abschluss der sechsten Lebenswoche sollte der Welpe dann jedoch ganz ohne Muttermilch auskommen.

Gesunde Ernährung – worauf es ankommt

Eine gesunde, ausgewogene Ernährung des Hundes ist in allen Lebensphasen wichtig. In dieser ersten Zeit, in der sich das Tier noch rasend schnell entwickelt, kommt ihr jedoch ein besonders hoher Stellenwert zu.

Viele Hundehalter übertragen die Verantwortung für die Ernährung ihres Tieres an die großen Hersteller industriellen Hundefutters. Deren Produkte beruhen auf wissenschaftlichen Erkenntnissen, sind sorgfältig zusammengestellt und enthalten in ausgewogenen Mengen alle Nährstoffe, die der Hund braucht. Daran ist nicht das Geringste auszusetzen. Trotzdem ist es ganz sinnvoll zu wissen, aus welchen Grundbausteinen die ideale Ernährung besteht und welche Rolle sie für die Entwicklung des Hundes spielt.

Auch Ihr Hund ist, was er (fr)isst

Es heißt ja immer: »Du bist, was du isst.« Und das ist natürlich vollkommen richtig. Ihre Gesundheit und körperliche Verfassung hängen ganz davon ab, was Sie zu sich nehmen. Wenn wir uns mit der Nahrung all die Stoffe zuführen, aus denen unser Organismus besteht, verringern wir das Risiko, krank zu werden. Bei Hunden ist das nicht anders. Wenn Sie Ihren Hund gesund erhalten möchten, sollten Sie ihn seiner Veranlagung und seinen körperlichen Eigenschaften entsprechend füttern. Um also die grundsätzlichen Anforderungen zu begreifen, die an die Nahrung zu stellen sind, müssen wir wissen, wie der Organismus des Hundes aufgebaut ist und was er benötigt, um naturgemäß und gesund zu leben.

Wasser

Wie alle anderen Lebewesen ist natürlich auch der Hund auf Wasser angewiesen, um überleben zu können. Sein Körper besteht zu siebzig Prozent aus Wasser, und er braucht ständig Nachschub, damit seine Organe einwandfrei arbeiten können. Wasser erfüllt zahlreiche verschiedene Funktionen, unter anderem ist es für Vitamintransport und Kühlung des Organismus zuständig. Daher müssen Hunde jederzeit Zugang zu frischem Wasser haben.

Proteine

Abgesehen von den Knochen besteht das übrige Körpergewebe des Hundes größtenteils aus Proteinen (Eiweißen): Fell, Haut, Krallen und Muskeln. Proteine setzen sich aus verschiedenen Aminosäuren, den Grundbausteinen des Organismus, zusammen. Manche davon kann der Körper selbst herstellen, andere müssen mit der Nahrung zugeführt werden. Der Hund braucht genügend Proteine, um gesund und fit zu bleiben. Die natürlichste Proteinquelle ist Fleisch, aber auch Gemüse, Eier, Fisch, Getreide und Milchprodukte enthalten viel Eiweiß.

Fette

Fette versorgen den Organismus mit Energie und enthalten essenzielle Fettsäuren, die für den Körper unentbehrlich sind und die er selbst nicht produzieren kann.

Die wichtigsten sind die Omega-3- und Omega-6-Fettsäuren. Beide sorgen unter anderem für ein gesundes Fell und eine gesunde Haut. Zudem beugen sie einer ganzen Reihe von Krankheiten vor, von Allergien und Arthritis bis

hin zu Herzkrankheiten und Krebs. Gute Lieferanten dieser essenziellen Fettsäuren sind Nachtkerzen- und Leinöl sowie Fisch.

Vitamine

Für die Entwicklung und Gesunderhaltung des Hundes spielen Vitamine eine große Rolle. Sie dienen als Katalysatoren chemischer Prozesse und übernehmen zahlreiche verschiedene Aufgaben. Wenn sich Ihr Hund beispielsweise eine Schnittwunde an der Pfote zuzieht, tritt ein Vitamin in Aktion, um die Blutung zu stillen, und ein anderes setzt den Heilungsprozess der Haut in Gang. Es gibt wasserlösliche und fettlösliche Vitamine. Die wichtigsten, die der Hund braucht, sind:

Vitamin A: Es gehört zur Gruppe der fettlöslichen Vitamine und ist gut für die Augen und die Haut. Es ist in Leber, Milch, Eigelb und Fischöl enthalten.

B-Vitamine: Zur Gruppe der wasserlöslichen B-Vitamine gehören B1, Thiamin, B2, Riboflavin, Niacin und andere. Sie alle helfen den Prozess der Zellerneuerung zu steuern. Der Körper produziert sie eigentlich selbst, gelegentlich aber – etwa nach einer Behandlung mit Antibiotika – müssen sie zusätzlich auch mit dem Futter zugeführt werden.

Vitamin B 12: Unterstützt die Bildung roter Blutkörperchen im Knochenmark. Ergiebige Vitamin-B-12-Quellen sind Innereien wie Leber und Nieren, aber auch Eier und Milchprodukte.
Bei manchen Rassen, zum Beispiel Riesenschnauzern, ist der Organismus mitunter von Geburt an nicht in der Lage, das Vitamin B12 richtig zu verarbeiten. Diese Tiere sind dann ihr Leben lang auf entsprechende Injektionen angewiesen.

Vitamin C: Wirkt als Antioxidans gegen so genannte Freie Radikale und unterstützt zugleich die Bildung von Vitamin E. Trotzdem sollten Hunde nicht allzu viel Vitamin C zu sich nehmen, da Vitamin C mit dem Urin ausgeschieden wird und zur Bildung von Blasengrieß oder -steinen führen kann.

Vitamin D: Es gleicht den Kalzium- und Phosphatspiegel im Blut aus und trägt zur Entwicklung gesunder Zähne und Knochen bei. Vitamin-D-Mangel kann zu Rachitis führen. Da aber praktisch alle Fertigfutterprodukte Vitamin D enthalten, ist diese Gefahr heute sehr gering.

Vitamin E: Es stärkt das Immunsystem des Hundes, indem es die zellzerstörenden Freien Radikale bekämpft, die zu Krankheiten wie Krebs führen können. Zudem beugt Vitamin E Hautkrankheiten sowie Herz- und Nervenbeschwerden vor.

Mineralstoffe

Zu etwa vier Prozent besteht der Organismus des Hundes aus Mineralstoffen, chemischen Grundelementen, die für Gewebe wie Knochen und Zähne zuständig sind beziehungsweise in den Körperflüssigkeiten wirksam werden, besonders im Blut. Um sich zu einem gesunden erwachsenen Hund mit kräftigen Zähnen und starken Knochen entwickeln zu können, braucht bereits der Welpe diese Mineralstoffe in richtiger Dosierung.

Kalzium und Phosphor: Sie unterstützen den Aufbau gesunder Zähne und Knochen, wirken darüber hinaus aber auch auf das Nervensystem. Im Allgemeinen sollte Hundefutter eine Spur mehr Kalzium als Phosphor enthalten. Ideal ist ein Verhältnis von 1,2–1,4:1.

Kupfer und Eisen: Sie unterstützen die Sauerstoffversorgung des Körpers durch rote Blutkörperchen.

Magnesium: Es trägt dazu bei, das richtige Verhältnis von Kalzium und Phosphor aufrechtzuerhalten, das wiederum benötigt wird, damit Zähne und Skelettstruktur des Hundes gesund bleiben. Magnesium unterstützt darüber hinaus Muskel- und Nervenfunktionen.

Selen: Es schützt das Körpergewebe, beispielsweise den Herzmuskel. Da Selen selbst in relativ geringen Dosen giftig sein kann, darf die Ernährung des Hundes nur äußerst geringe Mengen davon enthalten.

Zink: Ein ausgewogener Zinkspiegel sorgt für eine gesunde Haut und ein funktionstüchtiges Immunsystem. Gleichzeitig trägt Zink auch dazu bei, dass der Geschmackssinn gut funktioniert.

Weitere wichtige Bausteine gesunder Hundenahrung

Knochen

In der Wildnis hält der Wolf seine Zähne und sein Zahnfleisch dadurch in Schuss, indem er Beute reißt und an ihr herumnagt. Die Knochen, die er verzehrt, versorgen ihn mit dem nötigen Kalzium.

Für den Haushund kommt eine solche Ernährungsweise jedoch nicht mehr in Frage. Sein Kalziumbedarf wird heute durch das moderne Hundefutter gedeckt. Doch wenn das Tier älter wird und die zweiten Zähne bekommt, muss es auch für sie und für das Zahnfleisch etwas tun. Dafür sind Knochen optimal geeignet, insbesondere, weil sie auch dem Hund gut schmecken, den Kiefer trainieren und sich das Tier stundenlang damit beschäftigen kann.

Man sollte darauf achten, dass nur die für den Hund gesünderen Markknochen gereicht werden, gekocht oder roh. Es müssen aber große, harte Knochen sein, die nicht splittern, da anderenfalls die Gefahr besteht, dass Knochensplitter in der Kehle stecken bleiben.

Kohlenhydrate

Kohlenhydrate setzen sich aus den Bausteinen des Zuckers, den Monosachariden, zusammen. Sie werden im Organismus so verarbeitet, dass sie den Hund schnell mit Energie versorgen. In Form von Glykogen werden Kohlenhydrate auch als Energiereserven gespeichert. Unter anderem kommen sie in Getreide, Reis, Mais und Weizen vor.

Ballaststoffe

Als unverzichtbare Bestandteile der Hundenahrung regen Ballaststoffe die Speichelproduktion und die Bildung von Magensäften an. Darüber hinaus beugen sie verschiedenen Gesundheitsproblemen vor, angefangen bei Verstopfung und Fettleibigkeit bis hin zu Diabetes und Darmbeschwerden. Wildlebende Wölfe beziehen ihre Ballaststoffe aus dem Haarkleid und dem Mageninhalt ihrer Beutetiere. Der Haushund dagegen bekommt sie am besten aus gekochtem Gemüse und Reis, was auch noch den Vorteil hat, dass sie länger im Magen verbleiben und über einen größeren Zeitraum hinweg aufgeschlossen werden können.

Ein guter Lieferant trockener Ballaststoffe ist beispielsweise die Kleie, wie sie in Frühstücksflocken für Hunde vorkommt. Der Bedarf an Ballaststoffen variiert je nach Alter des Hundes. Da Ballaststoffe die Darmtätigkeit fördern, benötigen gerade betagtere Tiere häufig mehr davon.

Milch

Nur während der Entwöhnungsphase bekommt der Hund Milch, denn viele Welpen können den Zucker beziehungsweise die Laktose in der Milch schlecht verdauen, was mitunter zu Magenproblemen führt. Verwunderlich ist das nicht, schließlich kommt die Milch von der Kuh und nicht vom Hund. Wenn Sie unsicher sind, ob Ihr Welpe sie verträgt, sollten Sie die Milch beim ersten Mal zur Hälfte mit Wasser verdünnen.

Hundefutter – Sie können wählen

Hunde benötigen eine ausgewogene Ernährung, die aus einer richtigen Mischung all jener Proteine, Fette, Vitamine und Mineralstoffe besteht, die ihr Körper braucht. Um diesen Bedarf zu decken, stehen uns als Hundehalter mehrere Möglichkeiten offen:

Selbst gemachtes Futter

Viele Hundebesitzer lieben es, für ihren besten Freund zu kochen. Das ist natürlich ehrenwert. Jedoch sollten Sie sich bewusst sein, dass es sich dabei um eine komplexe Aufgabe handelt. Denn ausgewogene Ernährung heißt ja nicht nur, dass der Hund alle Nährstoffe bekommt, die er benötigt – sie müssen auch noch im richtigen Mengenverhältnis zueinander stehen.

So könnte man sich zum Beispiel gut vorstellen, dass der Hund als Abkömmling des Wolfes mit einer nur aus tierischen Proteinen bestehenden Ernährung bestens bedient sei. Aber dabei wird natürlich übersehen, dass sich Wölfe in der freien Natur nicht ausschließlich vom Muskelfleisch ihrer Beute ernähren, sondern dass sie auch die Knochen, inneren Organe, den Mageninhalt sowie Haut und Haar ihres Beutetiers mitfressen und dadurch alle lebensnotwendigen Nährstoffe erhalten. Eine ausschließlich auf Fleisch beruhende Ernährung würde schnell zu Mangelerscheinungen führen, enthielte etwa kaum Vitamin A und D und auch zu wenig Kalzium.

Aber selbstverständlich können Sie Ihrem Hund auch dann eine perfekt ausgewogene Nahrung bieten, wenn Sie selbst für ihn kochen. Dazu eignen sich einfache Mischungen aus Huhn, Leber, Reis, Knochenmehl, Salz und Sonnenblumenöl. Ein Hauch Knoblauch ist auch sehr gesund. Im Internet gibt es Unmengen von Rezeptvorschlägen.

Doch wie gesagt: Wenn Sie Ihren Liebling selbst bekochen wollen, können Sie sich auf viel Arbeit gefasst machen. Und vergessen Sie nicht, dass sich die Bedürfnisse des Hundes im Laufe seines Lebens verändern.

Fertigfutter

Die meisten Hundebesitzer verlassen sich aber auf die großen industriellen Futteranbieter. Hinter deren Produkten stehen langjährige Forschung und Untersuchungen des komplexen Organismus des Hundes. Das Fertigfutter enthält daher im Großen und Ganzen genau die richtige Mischung aus Proteinen, Fett, Vitaminen und Mineralstoffen, die Hunde brauchen, um fit und gesund zu bleiben. Die Produktpalette ist vielseitig, bietet eine große Bandbreite verschiedener Geschmacksrichtungen, Konsistenzen und Darreichungsformen und ist insgesamt ausgesprochen zweckmäßig. Auch wird altersspezifischen Bedürfnissen, insbesondere denen von Welpen, Rech-

nung getragen. Schließlich übernehmen die Produzenten auch die Garantie für Qualität, Nährwert und gesundheitliche Unbedenklichkeit ihrer Produkte. Seitdem per Gesetz vorgeschrieben ist, das Futterangebot mit genauen Inhaltsangaben zu versehen, können sich Hundehalter mit einem Blick genauestens über die Inhaltsstoffe informieren.

Fertigfutter gibt es in zwei Formen – als Vollnahrung und als Ergänzungsfutter. Beide sollten nicht gemischt werden, haben aber jeweils ihre Vorzüge.

Vollnahrung enthält alle erforderlichen Nährstoffe im richtigen Mengenverhältnis. Zusätzlich braucht der Hund nichts, um bei guter Gesundheit zu bleiben. Für alle Phasen des Hundelebens gibt es spezielle Vollnahrung, für Welpen und heranwachsende Hunde ebenso wie für bestimmte Gruppen, beispielsweise für trächtige Hündinnen und für ältere Tiere.

Nahrungsergänzungsmittel wie Kekse oder reines Fleisch in Büchsen sind dagegen als Beifutter gedacht.

Beide Grundtypen von Fertigfutter gibt es sowohl trocken als auch in feuchter Form. Das immer beliebter werdende Trockenfutter hat den Vorteil, dass es relativ preiswert ist und sich besonders leicht handhaben lässt. Hergestellt wird es, indem alle Ingredienzen unter Druck gekocht und dann getrocknet werden. Damit es besser schmeckt, wird später noch Fett beigefügt. Außerdem enthält Trockenfutter Konservierungsmittel. Man kann es sowohl direkt aus dem Karton servieren als auch etwas Wasser hinzufügen, um es weicher zu machen. Dem Feuchtfutter dagegen wird die Flüssigkeit der Zutaten, die es enthält, nicht komplett entzogen. Es wird in der Regel in Dosen verkauft. Auch bei dieser Darreichungsform kann es sich um Vollnahrung oder um Nahrungsergänzung handeln, die beigefüttert wird.

Für welchen Futtertyp Sie sich entscheiden, ist ganz allein Ihre Sache. Einige Dinge sollten Sie wissen:

- Weiches beziehungsweise Feuchtfutter ist leichter verdaulich. Dafür müssen Sie mehr Mühe auf die Zahnpflege des Hundes verwenden, denn es besteht die Gefahr von Zahnsteinbildung und Entzündungen des Zahnfleischs.
- Viele moderne Trockenfuttersorten sind extra so entwickelt worden, dass sie auch die Zähne pflegen. Qualitativ besonders hochwertige Produkte zeichnen sich dadurch aus, dass sie Mineralstoffe enthalten und der Bildung von Zahnstein vorbeugen.
- Kleine Hunde haben manchmal Probleme mit dem Kauen der harten Bröckchen.

Wichtig ist, dass Sie die Gebrauchsanweisung auf der Packung genau lesen. Meistens finden sich dort genaue Fütterungspläne mit den richtigen Mengenangaben und Fütterungszeiten. Daran sollten Sie sich halten.

Zusammensetzung von Hundefutter			
Nährstoff	Funktion	Prozentualer Anteil	
		Mittelgroßer/ Kleiner Hund	Großer Hund
Proteine	Lebenswichtige Nahrungsbausteine für gesundes Zell-, Muskel- und Organgewebe	28	30
Fett	Energielieferant, essenzielle Fettsäuren unterstützen die Nervenfunktionen und halten die Zellen gesund	18	11
Kohlenhydrate	Energielieferanten	37	43
Ballaststoffe	Unterstützen die Verdauungsfunktionen	2,5	2,7
Wasser	Lebenswichtiger Nahrungsbestandteil, 70% des Körpers bestehen aus Wasser	7,5	7,5
Kalzium	Für starke Zähne und Knochen, unterstützt die Nervenfunktionen	1,3	1
Phosphor	Für starke Knochen und Energiegewinnung	1	0,8
Natrium	Zur Aufrechterhaltung des Wasserhaushaltes und Unterstützung der Nervenfunktionen	0,5	0,5
Kalium	Wasserhaushalt, Nerven- und Muskelfunktionen	0,75	0,75
Magnesium	Für gesunde Knochen, Nerven- und Enzymfunktionen	0,1	0,1
Omega-3-Fettsäuren	Für gesunde Haut und glänzendes Fell	0,4	0,25
Omega-6-Fettsäuren	Für gesunde Haut und glänzendes Fell	3,4	2,5

Natürliche Ernährung – die BARF-Diät

Immer mehr Halter füttern heute ihre Hunde anders, nämlich nach der so genannten biologisch artgerechten Rohfütterung (BARF), weil sie diese für die gesündeste, vor allem aber auch natürlichste Ernährungsweise halten. Selbstverständlich gibt es auch Gegenstimmen, aber ich zumindest finde die Argumente für die BARF ziemlich stichhaltig.

Hundefutter, wie wir es heute kennen, gibt es ja noch gar nicht so lange, höchstens seit hundert Jahren. Aber was haben die Tiere eigentlich davor gefressen? Die Antwort lautet natürlich: Alles, was es in der Natur so gab. Zigtausende von Jahren haben sich die Hunde von Selbstgejagtem und Abfällen ernährt. Ganz am Anfang waren sie im Rudel unterwegs und erlegten Pflanzenfresser wie Hasen, Wild und Schafe. Später dann ernährten sie sich von den Überresten jener Beutetiere, die größeren Raubtieren, etwa Löwen oder Bären, zum Opfer gefallen waren. Im Sommer kam Gras hinzu. Hunde waren damals schon – und daran hat sich bis heute nichts geändert – Allesfresser, die zu sich nahmen, was sich gerade anbot.

Auf diese Weise versorgten sich die Tiere mit Proteinen und anderen wichtigen Nährstoffen. Von Muskelfleisch und Innereien bis hin zu Haut und Haaren fraßen sie alles und blieben dabei gesund. Und dadurch, dass sie das Aas bis auf die Knochen abnagten, nahmen sie nicht nur genügend Kalzium auf, sondern taten auch etwas für ihre Zähne.

In den Anfängen der Domestikation durch den Menschen behielten sie diese Ernährungsweise noch bei. Im Gegenzug zu den Verdiensten, die sie sich bei der Jagd erwarben, bekamen sie alles, was die Menschen nicht essen mochten – und das war eine ganze Menge. Sie verwerteten die Reste, und es bekam ihnen gut. Das war wahrscheinlich auch mit ein Grund dafür, dass das Miteinander von Mensch und Hund so gut funktionierte.

Erst im Zuge der Industrialisierung, die der »gemeinsamen« Ernährung die Grundlage entzog, änderten sich die Fressgewohnheiten des Hundes. Von nun an verzehrten die Menschen alles, was ihnen schmeckte, und Speisereste fielen kaum mehr ab. Stattdessen entwickelten sie Futter, von dem sie dachten, dass es für den Hund gut wäre.

Viele Leute halten die frühere natürliche Ernährung des Hundes für bedeutend ausgewogener und gesünder. Zum einen meinen sie, dass bereits durch den industriellen Prozess des Verarbeitens und Kochens der Nahrungsmittel mehr als siebzig Prozent aller Nährstoffe verloren gehen. Zum anderen vermuten sie, dass viele der weit verbreiteten Hundekrankheiten – von Zahnverfall und übel riechendem Atem bis hin zu Darmentzündungen, Nierenversagen, Hautproblemen und rheumatischer Arthritis – auf Mängel der modernen Tiernahrung zurückzuführen seien. Halter, die ihre Hunde nach den Prinzipien der BARF-Diät füttern, behaupten, ihre Tiere seien schlanker, fitter, besser in Form und muskulöser als andere, und brechen daher eine Lanze für die Rückkehr zur natürlichen Ernährung.

Was heißt eigentlich »natürliche Ernährung« für Hunde?
Die wichtigsten Zutaten sind rohes Fleisch, der Saft aus frischem Obst sowie Gemüse und ungekochte Knochen. Im Einzelnen:

- Pro zehn Kilo Körpergewicht bekommt der Hund 100 bis 150 Gramm Fleisch.
- Gefüttert werden sollten möglichst viele verschiedene Fleischsorten. Grundsätzlich tabu ist nur Schwein.
  Bei Haut- oder Darmproblemen des Hundes sollte allerdings auch auf Rind verzichtet werden.
- Einmal in der Woche gibt es statt Fleisch Innereien: Nieren, Herz, Lunge oder Leber.
- Pro zehn Kilo Körpergewicht sollte der Hund 200 bis 300 Gramm Obst und Gemüse zu sich nehmen, ersatzweise Nüsse, Kräuter und gekochte Bohnen.
- Setzen Sie dem Hund mindestens einmal pro Woche rohe Knochen vor, damit seine Zähne etwas zu tun haben.
- Füttern Sie keine Getreideprodukte.

Wie und wann beginnen?
In der freien Natur bekommen die Wolfswelpen schon kurz nachdem sie abgestillt wurden, rohe Nahrung, zunächst in vorgekauter, ausgewürgter Form von der Mutter beziehungsweise den Ersatzeltern. Sehr bald fressen sie aber auch schon selbstständig. Es besteht also kein Grund, den Haushund nicht genauso früh an eine natürliche Ernährungsweise zu gewöhnen. Vorsichtig sein muss man nur mit Knochen. Füttern Sie keine, bei denen die Gefahr besteht, dass sie splittern. Sie könnten zur Erstickung führen. Das gilt vor allem für Geflügel. Achten Sie unbedingt darauf, dass Huhn & Co. keine kleinen, scharfen Knöchelchen enthalten, die leicht in der Kehle stecken bleiben.

Wenn Sie sich einen Hund anschaffen, der bis dato nicht naturgemäß gefüttert wurde, sollten Sie seine Ernährung schrittweise umstellen. Fangen

Sie am besten mit ein oder zwei natürlichen Mahlzeiten pro Woche an. In dem Maße, in dem er sich daran gewöhnt, ersetzen Sie immer mehr Mahlzeiten durch die BARF-Diät, bis die Nahrungsumstellung vollständig abgeschlossen ist.

Die erste Fütterung von Hand

Ein ganz wichtiger Moment! Da Hunde den Akt des Fressens automatisch mit Hierarchie assoziieren, besteht jetzt nicht nur eine erstklassige Gelegenheit, eine Beziehung zu dem Tier aufzubauen, sondern Sie können dabei gleich auch Ihren Rang verdeutlichen. Die Phase der Handfütterung ist schnell vorbei, machen Sie also das Beste daraus.

Viele Hundehalter füttern während der Entwöhnung ihren Hund mit Getreide, zum Beispiel Haferbrei mit Milch. Andere geben fertigem Welpenfutter aus der Dose den Vorzug oder auch trockener »Vollnahrung«, die aus sorgfältig ausgesuchten Zutaten besteht und tatsächlich gut geeignet ist. Viele plädieren aber auch zu diesem Zeitpunkt bereits für rohes Fleisch.

schritt für schritt

Die erste Fütterung

- Nehmen Sie den Hund sanft so hoch, wie Sie es gelernt haben.
- Sprechen Sie ihn mit weicher Stimme freundlich an.
- Vermeiden Sie plötzliche Bewegungen.
- Legen Sie die Spitzen von Daumen, Mittel- und Ringfinger zusammen.
- Mit dem dadurch entstehenden Löffelchen nehmen Sie einen kleinen Happen Futter auf und halten ihn dem Hundekind unter die Nase.
- Lassen Sie es einen Moment lang daran riechen.
- Wie schnell das Tier den Happen annimmt, ist eine Frage der Persönlichkeit und von Hund zu Hund unterschiedlich. Der eine langt sofort zu, der andere zögert erst etwas und geht dann mit äußerster Vorsicht zu Werke.

Der Welpe hat jetzt beinahe alle ersten Zähne, die Kiefer sind aber immer noch zu schwach zum Kauen und auch die Kehle ist noch so eng, dass kaum etwas Festes durchkommt. Daher ist es wichtig, dass die Konsistenz des Futters stimmt, egal, wofür Sie sich entscheiden. Haferbrei sollte sehr viel Milch enthalten, damit er so weich ist wie irgend möglich. Trockenfutter muss über Nacht in kaltem Wasser eingeweicht und dann in der Küchenmaschine zerkleinert werden. Selbst Dosenfutter sollten Sie so bearbeiten, dass es keine Probleme beim Schlucken bereitet. Und wenn Sie rohes Fleisch reichen, sollte es natürlich fein gehackt sein.

Der Welpe wird Sie nun zum ersten Mal in seinem Leben mit Futter in Verbindung bringen. Tun Sie alles, damit es für ihn eine möglichst positive Erfahrung wird. Vermeiden Sie etwa alle hastigen Bewegungen. Die Zeit, die Sie darauf verwenden, wird sich auszahlen, trägt sie doch entscheidend zu einer funktionierenden Beziehung mit Ihrem Hund bei. Lassen Sie es also langsam angehen.

Immer ein bisschen mehr

Je mehr der Welpe wächst, desto größer wird auch sein Appetit. In der ersten Woche der Entwöhnungsphase sollte er dreimal am Tag gefüttert werden. In der zweiten, wenn er schon einen Monat alt ist, dürfen es bis zu fünf Mahlzeiten sein. Wichtig ist, dass er häufig etwas bekommt, aber immer nur kleine Portionen. So lassen sich Verdauungsprobleme vermeiden.

Füttern mit Augenmaß

Natürlich sind nicht alle Hunde gleich. Unabhängig von irgendwelchen Fütterungsplänen auf Dosen und Tüten muss daher jeder Hundehalter selbst entscheiden, wie viel sein Tier zu fressen braucht. Es ist also Ihr eigenes Urteilsvermögen gefragt.

Eines der größten Probleme bei Welpen – oder eigentlich allen Hunden – ist die Gefahr, dass sie sich überfressen. Ob ein Hund Unter- oder Übergewicht hat, ist leicht zu erkennen, am besten an den Schultern. In dieser Partie legen Welpen oft ordentlich zu, was zur Folge hat, dass sie bald aussehen, als hätten sie keinen Hals. So weit dürfen Sie es nicht kommen lassen, insbesondere weil zu viel Futter schnell zu Durchfall und anderen Gesundheitsproblemen führen kann. Bei Durchfall gibt es vierundzwanzig Stunden gar nichts zu fressen. Keine Angst, Ihr Kleiner wird schon nicht verhungern.

Umgekehrt führt zu wenig Futter leicht zu Unterernährung. Tasten Sie den Brustkorb des Tieres ab und achten Sie darauf, ob Sie die Rippen spüren oder ob der Rücken zu dünn ist. In solchen Fällen füttern Sie den Hund öfter, geben ihm aber keine größeren Portionen. Wie bei allem in dieser Entwicklungsphase gilt auch hier: ganz allmählich, Schritt für Schritt.

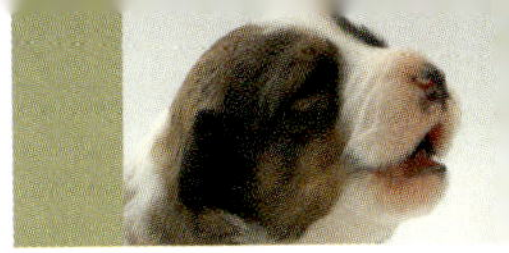

Reinlichkeitserziehung

Wann?

Wie bereits erwähnt, regt das Muttertier in der ersten Zeit den Kotabsatz ihrer Welpen an und macht hinterher auch wieder sauber. Damit hört sie nach drei Wochen auf. Machen Sie sich darauf gefasst: Praktisch unmittelbar nachdem das Jungtier seine Wurfkiste verlassen hat, sollten Sie mit der Reinlichkeitserziehung anfangen.

Zunächst einmal sollte Ihnen klar sein, dass es sich dabei um etwas handelt, das Sie nicht steuern können. Mit drei oder vier Wochen muss ein Welpe mindestens zwölfmal am Tag Urin absetzen, darüber hinaus sind fünf bis sechs große Geschäfte fällig. Und es ist nicht an Ihnen, diese Zeitpunkte zu bestimmen. Zwar lässt er Sie wissen, wann es so weit ist, indem er sich vorher ein paar Mal um die eigene Achse dreht, Sie werden dann aber beim besten Willen nicht immer zugegen sein können.

Mit anderen Worten: Egal, wie ernst Sie die Sache auch nehmen – »Unfälle« werden sich nicht vermeiden lassen. Das Gute ist aber, dass Sie die meisten »großen Geschäfte« vorhersagen können, denn der Hund muss in der Regel nach dem Aufwachen und nach dem Fressen. Dann können Sie im richtigen Moment zur Stelle sein.

Geschäftszeiten: Unter der richtigen Führung lernt der Welpe sehr schnell, wann, wie und wo er sich erleichtern darf.

Wo?

Zunächst macht der Welpe sein Geschäft wahrscheinlich in seinem Bau. Da Hunde aber von Natur aus sehr reinlich sind, versucht auch schon das Junge, sein Geschäft möglichst weit von der Stelle, an der er frisst und schläft, entfernt zu verrichten. Verbauen Sie ihm diese Chance nicht. Denn je mehr Sie auf dieses Bedürfnis eingehen, desto besser ist es auch für Sie.

Natürlich müssen Sie ein Plätzchen vorbereiten, das sich als Toilette eignet. Dafür gibt es viele Möglichkeiten, zum Beispiel Zeitungspapier, Katzenstreu oder vielleicht auch Holzspäne (die aber kein Sägemehl enthalten sollten).

Da der Welpe dieses Örtchen natürlich nicht immer erreicht, sollten Sie auch sein Schlaflager in dieser Phase peinlich sauber halten. Auch dafür eignet sich jedes Material, das die Feuchtigkeit an die Unterlage abgibt. Darunter legen Sie am besten noch eine Lage Zeitungspapier. Dieses »Bettzeug« sollte so oft wie nötig gewechselt werden, ganz am Anfang der Reinlichkeitserziehung möglicherweise zwei- oder dreimal am Tag.

Hunde verrichten ihr Geschäft gern in der Natur, daher ist es für beide Parteien gut, wenn es bald ins Freie geht. Mit ungefähr vier Wochen ist der Welpe so weit, dass Sie damit anfangen können.

Aber auch dann wird es noch nicht immer klappen. Ideal wäre es natürlich, wenn Sie den ganzen Weg vom Bau bis in den Garten mit Putzlappen pflastern könnten.

schritt für schritt

Reinlichkeitserziehung

- Führen Sie den Hund jeden Morgen gleich nach dem Aufstehen, nach jeder Mahlzeit und immer, wenn er ein Nickerchen gemacht hat, zu seiner Toilette.
- Bleiben Sie draußen bei ihm.
- Geben Sie ihm ein Leckerchen, sobald er sich hinhockt, und bekräftigen Sie die positive Assoziation mit einem Lob oder kurzen Satz (beispielsweise »Sauberer Hund!«), den Sie von nun an bei dieser Gelegenheit immer verwenden.
- Passiert ein Missgeschick, putzen Sie es ohne ein Wort weg. Bleiben Sie stumm, sagen Sie wirklich gar nichts.

Wie?

In seinem Bau überwachen Sie den Hund natürlich nicht. Ihre Verantwortung besteht in dieser Phase lediglich darin, den Boden sauber zu halten. Kommt es außerhalb des Baus zu Zwischenfällen, ist es das Wichtigste, das Tier nicht zu bestrafen. Das in Bezug auf die Reinlichkeitserziehung Entscheidende ist nämlich, dass der Hund in die Lage versetzt wird, eine positive Assoziation herzustellen. Alles Negative wäre daher nur kontraproduktiv. Wenn die Reinlichkeitserziehung dann ins Freie verlagert wird, wird die positive Verstärkung sogar noch wichtiger.

Hat der Welpe diese positive Assoziation erst einmal durchgängig hergestellt, dauert es nicht mehr lange und er bringt sein Bedürfnis, sich zu erleichtern, mit Rausgehen in Verbindung.

Persönlichkeitstests

Ein wichtiger Faktor in der Entwicklung des Hundes ist die Persönlichkeit. Was auch immer sich ändern mag, eine Hundepersönlichkeit bleibt immer gleich. Daher erfahren Sie viel über das künftige Verhalten eines Hundes, sei es allgemein oder auch in bestimmten Situationen, wenn Sie herausfinden, um welchen Persönlichkeitstyp es sich bei ihm handelt.

In vielerlei Hinsicht zahlt sich das später aus. Falls Sie den Hund behalten möchten, können Sie aus der Bestimmung seines Persönlichkeitstyps wichtige Informationen beziehen, die von unschätzbarem Wert sein werden, wenn Sie es irgendwann einmal mit Verhaltens- oder anderen Problemen zu tun bekommen. Bei einem scheuen Welpen zum Beispiel können Sie mit einiger Wahrscheinlichkeit davon ausgehen, dass er später ängstlich wird und eine Pfütze macht oder anfängt, Dinge zu zerstören, wenn er sich erschreckt. Handelt es sich dagegen um einen eher selbstbewussten, dominanten Charakter, so deutet alles darauf hin, dass er sich in der Zukunft als Alphatier beziehungsweise Anführer sieht – mit den entsprechenden Konsequenzen.

Aber auch und gerade, wenn Sie den Hund später abgeben wollen, müssen Sie sein Temperament kennen. Schließlich wollen Sie als Züchter ja keinem Menschen, der einen ruhigen Begleiter sucht, einen extrovertierten Hund vermitteln; und ebenso wenig möchten Sie jemandem ein gefügiges, scheues Exemplar verkaufen, der eigentlich vorhat, mit seinem Hund ein sportliches Leben zu führen. Die Konsequenzen, die es hat, wenn Hund und Mensch nicht zusammenpassen, können ziemlich unerfreulich sein.

Charaktertest: Wie sich der Welpe verhält, wenn Sie ihn hochnehmen, verrät viel über seine Persönlichkeit. Cooler Typ: Aus einem Jungtier, das sich gern in den Arm nehmen lässt, wird später aller Wahrscheinlichkeit nach ein entspannter, zufriedener Hund.

Manche Persönlichkeitstypen treten schon sehr früh zutage. Da gibt es zum Beispiel die starken Charaktere, die sich wie selbstverständlich die besten Plätze an der Mutterbrust sichern. Oder die schwächeren Wurfgeschwister, die sich leicht verdrängen lassen und buchstäblich um ihre Milch kämpfen müssen – und damit ums schiere Überleben. Die Frage der Persönlichkeit ist jedoch bedeutend komplexer und macht intensivere Beobachtungen erforderlich. Wenn sich der Welpe schon etwas weiterentwickelt hat, also in der fünften, sechsten Lebenswoche, können Sie einen einfachen Persönlichkeitstest mit ihm durchführen, der sehr aufschlussreich ist.

In der Literatur werden mitunter Charaktertests für Hunde vorgeschlagen, die meiner Ansicht nach an Quälerei grenzen. So wird zum Beispiel empfohlen, das Tier zu kneifen, um zu sehen, ob es sich wehrt. Etwas Schlimmeres kann ich mir kaum vorstellen.

1. Genaue Beobachtung

Ein guter Züchter sollte seine Welpen ganz genau kennen. Er sollte viel Zeit mit dem Wurf verbringen, in den ersten Tagen den Umgang der Jungtiere mit der Mutter beobachten und sich dann nach drei Lebenswochen der Welpen zunehmend selbst einbringen. So kann man sich ein gutes Bild von den verschiedenen Charakteren der Welpen machen.

Die ersten Hinweise auf die Persönlichkeit erhalten Sie schon kurz nach der Geburt. Wenn Sie beobachten, welche Jungtiere sich als Erste eine Zitze erobern, erkennen Sie die dominanten Charaktere mit einem Blick. Und die, die sich mit aller Kraft vorkämpfen müssen und vielleicht sogar vertrieben werden, sind die scheuen, defensiven Mitglieder des Rudels. Wenn sich die Welpen dann aus der vollkommenen Abhängigkeit von der Mutter lösen, lassen sich diese Unterschiede weiterverfolgen. Nimmt ein Welpe den anderen immer das Spielzeug weg? Sitzt ein anderer vielleicht einfach nur da und beobachtet seine Geschwister beim Herumtollen? Da haben Sie den Denker im Wurf, der sein ganzes Leben lang immer erst alle Möglichkeiten, die er hat, gegeneinander abwägt, bevor er etwas tut.

Beobachten Sie auch die Körpersprache. Manche Welpen versuchen beispielsweise sich zu behaupten, indem sie sich auf diejenigen ihrer Wurfgeschwister legen, die sie als unterlegen empfinden. Aber alles, was Sie wissen müssen, erfahren Sie damit natürlich auch noch nicht. Daher gibt es zwei weitere Tests, die Sie ergänzend durchführen können.

Test beim Hochnehmen

Mit diesem Test können Sie prüfen, wie Ihr Welpe reagiert, wenn er hochgenommen wird. Daran hat er sich mittlerweile schon gewöhnt; trotzdem lässt sich aus seiner Reaktion eine Menge ableiten.

schritt für schritt

Persönlichkeitstest 1

- Nehmen Sie den Welpen hoch.
- Halten Sie ihn etwa zehn Sekunden in der Hand. (Bei Angehörigen größerer Rassen empfiehlt es sich, beide Hände zu nehmen.)
- Wenn das Tier ganz weich in Ihrer Hand liegt, handelt es sich mit aller Wahrscheinlichkeit um eine sehr entspannte Hundepersönlichkeit.
- Wenn der Welpe sofort anfängt zu strampeln, deutet dies auf ein eigensinnigeres Tier hin, das später vermutlich größere Anforderungen an Sie stellt. Möglicherweise hat der Kleine aber auch Angst.
- Bleibt er zunächst eine Weile ruhig liegen, bevor er anfängt zu strampeln, handelt es sich um einen Hund, der erst einmal nachdenkt, bevor er handelt.

Test in Rückenlage

Auch den folgenden Test sollten Sie nicht mehr als zehn Sekunden lang durchführen.

schritt für schritt

Persönlichkeitstest 2

- Nehmen Sie den Welpen vorsichtig hoch und wiegen Sie ihn sanft im Arm.
- Fassen Sie ihn an beiden Seiten an und drehen ihn auf den Rücken.
- Dabei zeigen sich fünf mögliche Persönlichkeitstypen:

Der Trotzige. Mancher Hund kann das einfach nicht leiden. Sowie Sie ihn umdrehen, versucht er immer sofort, wieder auf die Pfoten zu kommen. Ein solcher Welpe entwickelt später bestimmt den starken Charakter eines Alphatieres. Dann braucht es eine feste, eindeutige und klare Rudelführerschaft, um ihn im Zaum zu halten.

Der Widerstandskämpfer. Er wird sich Ihnen zunächst widersetzen, dann aber klein beigeben und – wenn auch unter Protest – liegen bleiben. Auch bei diesem Hund werden Sie es mit einigen Problemen zu tun bekommen, wenn Sie ihm jedoch die richtigen Signale geben, kann alles gut gehen.

Der Denker. Manche Welpen bleiben am Anfang brav liegen, drehen sich nach einigen Sekunden jedoch um. Dies deutet auf einen Hund hin, der die Situation abwägt, eine Entscheidung trifft – dass ihm das alles nämlich überhaupt nicht gefällt – und entsprechend handelt. Ein solches Tier hat beträchtlichen Mut und ist von hoher Intelligenz.

Der Coole. Es gibt auch Welpen, die nicht den geringsten Widerstand leisten, sich einfach entspannen und liegen bleiben. Das sind die lockeren, gelösten Typen. Bei richtiger Führung bereitet Ihnen ein solcher Hund relativ wenig Probleme.

Das Nervenbündel. Manche Hunde rollen sich fötusähnlich zusammen, was eindeutig auf Ängstlichkeit hinweist. Ein Tier, das so reagiert, wird später aller Wahrscheinlichkeit nach zu Panikattacken neigen, wenn es ein lautes Geräusch hört oder in eine unbekannte Situation gerät. Im schlimmsten Fall nässt es sogar ein. Wenn Sie jedoch um diesen Wesenszug wissen, können Sie sich rechtzeitig darauf einstellen und ersparen sich so größere Probleme.

Wohlbefinden

Alles gesund: Wie Sie Ihren Welpen vor Krankheiten schützen

Die Umgebung, in der ein Hund lebt, mag noch so ungefährlich, sauber und insgesamt zufriedenstellend sein, gesundheitliche Risiken drohen ihm trotzdem. Das reicht von Parasiten wie Flöhen und Würmern bis hin zu lebensbedrohlichen Erkrankungen wie Hepatitis oder Staupe. Jeder Hundebesitzer muss sich dieser Gefahren bewusst sein und wissen, wie er seinen Liebling davor bewahren kann.

Vorbeugung ist immer das Beste: frühzeitiges Entwurmen, Impfen, regelmäßige Untersuchungen, sorgfältige Zahn- und umfassende Fellpflege. Auch ernsthafte Erkrankungen lassen sich vermeiden, indem Sie mit diesem Präventionsprogramm in den ersten Lebenswochen Ihres Hundes beginnen.

Innenparasiten: Entwurmen

Würmer – die größten Gefahren

Die Parasiten, die eine mögliche Gefahr für den Hund darstellen, lassen sich in zwei Hauptgruppen unterteilen: äußere, wie die so genannte Scherpilzflechte, Läuse, Flöhe und Zecken, und innere, insbesondere vier Arten von Würmern.

Es hilft nichts: Würmer sind ein ganz normaler Bestandteil des Lebens. Früher oder später haben alle Hunde damit zu tun, meistens sogar schon im Welpenalter, wenn sie am anfälligsten dafür sind. Sie dürfen diese Sache nicht auf die leichte Schulter nehmen. Wurmbefall kann zu Gewichtsverlust, Erbrechen, Durchfall und zu schmerzhaften Schwellungen des Bauches führen, im schlimmsten Fall sogar zum Tod. Daher ist es unverzichtbar, Hunde von klein auf zu entwurmen.

Es gibt vier Haupttypen von Würmern, die im Darm des Hundes leben und sich von unverdautem Futter ernähren.

Spulwürmer Bei Welpen am weitesten verbreitet sind Spulwürmer. Man kann sogar sagen, dass fast jeder Hund schon damit auf die Welt kommt. Sie sehen ein bisschen aus wie Gummibänder und können im Extremfall eine Größe von bis zu zwanzig Zentimetern annehmen.

Verbreitet werden sie unter anderem durch Hundekot. (Auch ein Grund, die Hinterlassenschaften Ihres Lieblings ordentlich zu entsorgen!) Spulwürmer befallen überwiegend den Dünndarm, sie können jedoch auch auf den Dickdarm, die Blutgefäße und die Luftwege übergreifen.

Da diese Würmer die Darmwand durchdringen und über die Blutbahn auch die inneren Organe erreichen und dort eine Lungenentzündung oder auch Hepatitis verursachen können, stellen sie für den Welpen eine ernsthafte Gefahr dar.

Auch Menschen, insbesondere Kinder, sind vor Spulwürmern nicht gefeit.

Bandwürmer Es gibt verschiedene Arten von Bandwürmern, die Hunde befallen können. Die am weitesten verbreitete Art nistet sich im Dünndarm ein, wo sich der Kopf in der Schleimhaut festsetzt. Für das menschliche Auge sieht ein Bandwurm wie eine Kette aus vielen weißen Reiskörnern aus. Je größer er wird, desto mehr Kettenglieder kommen hinzu.

Bei Welpen sind Bandwürmer selten, bedeutend häufiger treten sie bei erwachsenen Hunden auf. Ihre Verbreitung erfolgt über verschiedene Zwischenwirte. Das auffälligste Anzeichen für einen Bandwurmbefall ist ein Jucken der Analregion, was dazu führt, dass der Hund sein Hinterteil über den Fußboden zieht. Bandwürmer lassen sich im Kot oder auch am After des Tieres erkennen.

Hakenwürmer Hakenwürmer sind nicht so weit verbreitet wie Spulwürmer. Sie ernähren sich vom Blut des Hundes und können Anämie verursachen. Wie ihr Name andeutet, haken sie sich mit sechs scharfen Zähnen im Darm fest. Es gibt drei mögliche Übertragungswege: Durch zufällige orale Aufnahme der Larven, die sich auf der Erde oder im Gras befinden. Das Jungtier beziehungsweise sogar schon der Embryo können sich über die Muttermilch oder die Plazenta infizieren. Schließlich können Hakenwürmer, die sich in der Muskulatur anderer Tiere aufhalten, auf den Hund übertragen werden. Hakenwürmer können bis zu einem Zentimeter lang werden und sind mit bloßem Auge zu erkennen. Dasselbe gilt für die Eier im Kot.

Peitschenwürmer Diese fadenartigen Parasiten werden fünf bis sieben Zentimeter groß und leben im Grimm- und Dünndarm. Die Übertragung erfolgt durch die Aufnahme von Eiern aus der Umgebung. Auch Peitschenwürmer ernähren sich von Blut und können bei starkem Befall blutigen Durchfall sowie erheblichen Gewichtsverlust verursachen. In der Regel le-

gen sie jedoch nur wenige Eier. Das allerdings macht es selbst für Tierärzte häufig schwer, sie zu erkennen.

Andere Würmer

Die meisten Würmer leben im Darm, es gibt jedoch auch eine ganze Reihe von Parasiten, die in anderen Organen angesiedelt sind. Hier die wichtigsten:

Herzwürmer Dieser Wurm wird von Moskitos übertragen und parasitiert – wie der Name schon sagt – meistens im Herzen, mitunter aber auch in der Lungenschlagader. In Europa ist er nicht verbreitet, in wärmeren Klimazonen, besonders in Australien, stellt er jedoch ein echtes Problem dar.

Lungenwürmer Dieser Parasit tritt in zwei verschiedenen Formen auf. Die eine Art wird durch den Verzehr von Regenwürmern auf den Hund übertragen, die andere durch den Speichel des Muttertieres.

Nierenwürmer Dieser Wurm kann eine beträchtliche Größe erreichen und macht unter Umständen die operative Entfernung der Niere erforderlich.

Wann entwurmen?

Da Würmer bereits vor der Geburt oder mit der Muttermilch übertragen werden können, ist es wichtig, dass die erste Wurmkur sehr früh erfolgt, im Idealfall bereits in der zweiten oder dritten Lebenswoche. Im späteren Leben sollte der Hund dann mindestens dreimal pro Jahr entwurmt werden.

Wie entwurmen?

Die gute Nachricht: Allen Würmern lässt sich heutzutage relativ leicht beikommen. Es steht sogar eine große Auswahl an möglichen Behandlungsmethoden zur Verfügung: Tabletten, Granulate, aber auch flüssige Wurmkuren. Flüssige Medikamente haben natürlich immer den Vorteil, dass sie sich mit Hilfe einer Spritze leicht direkt ins Maul verabreichen lassen.

Augenuntersuchungen

Augenkrankheiten sind bei Hunden weit verbreitet und können in jedem Lebensalter auftreten. Die erste Augenuntersuchung sollte daher schon mit sechs oder sieben Wochen durchgeführt werden, noch bevor der Welpe den Wurf verlässt. Dabei schaut der Tierarzt nach angeborenen und erblich bedingten Störungen. Die Retinadysplasie etwa, eine Erbkrankheit, tritt mit etwa einem Jahr auf. Von diesem Zeitpunkt an empfehlen sich jährliche Kontrolluntersuchungen. Zu den häufigsten Augenleiden gehören:

Augenlider und Wimpern

Entropium (Rollauge) Das Entropium ist die wahrscheinlich häufigste Anomalie des Augenlids. Es handelt sich dabei um eine Einwärtskehrung des Lids, die zur Folge hat, dass der Augapfel durch Härchen gereizt wird, was Beschwerden verursacht und sogar zur Bildung von Geschwüren und letztlich zum Erblinden führen kann. Ein Entropium tritt gewöhnlich in den ersten sechs Lebenswochen auf, kann sich aber auch zu einem späteren Zeitpunkt noch herausbilden.

Ektropium (Hängeauge) Hierbei handelt es sich um eine Auswärtsstülpung des Augenlids, bei der die Schleimhaut freigelegt wird, wodurch es zu Entzündungen kommt. Weil dadurch das natürliche Blinzeln des Auges erschwert wird, kann die Hornhaut trocken werden, was sehr schmerzhaft ist. Bleibt ein Ektropium unbehandelt, droht Erblinden.

Trichiasis In diesem Fall wachsen die Wimpern nach innen und reiben direkt gegen das Auge. Das tut weh und kann zu Geschwüren führen.

Distichiasis Hierbei handelt es sich um eine zusätzliche, überflüssige Reihe von Wimpern, die das Auge reizen. Daraus können sich Entzündungen und eventuell sogar Geschwüre ergeben.

Kirschaugen Hunde haben ein drittes Augenlid, das auch Nickhaut genannt wird. Es reinigt und befeuchtet das Auge, wirkt also wie eine Art Scheibenwischer. Bei einigen Rassen wie dem Bernhardiner oder dem Bluthund ist es ganz normal, wenn das dritte Augenlid zu sehen ist. Bei anderen weist es auf eine Störung, etwa einen Nickhautvorfall, hin. Symptom ist ein kirschenförmiges rotes Klümpchen im inneren Augenwinkel.

Bindehautentzündung Wie beim Menschen ist eine Bindehautentzündung auch beim Hund sehr unangenehm. Sie kann verschiedene Ursachen haben – etwa Staub, Rauch, kleine Kratzverletzungen oder Entzündungen. Die auffälligsten Symptome sind Rötungen der Augen und Eiterfluss.

Keratokonjunktivitis sicca (KCS), »Trockenes Auge« »Trockene Augen« treten auf, wenn nicht genügend Tränenflüssigkeit produziert wird. Tränen säubern das Auge, halten die Hornhaut feucht und spielen eine wichtige Rolle bei der Abwehr von Infektionen. Ist zu wenig Tränenflüssigkeit vorhanden, kann dies zu chronischer Horn- und Bindehautreizung führen. Mögliche Folgen: Hornhautgeschwüre und sogar Erblinden.

Trockene Augen können durch Virusinfektionen und Entzündungen verursacht werden, sind jedoch meistens erblich bedingt. Zu den Hunden, die besonders dazu neigen, gehören der West Highland White Terrier, der Cocker Spaniel und alle Rassen mit hervortretenden Augen. Die Standardbehandlung besteht darin, die Augen regelmäßig zu befeuchten, die Produktion von Tränenflüssigkeit zu fördern und einer möglichen Schädigung der Tränendrüsen medikamentös vorzubeugen.

Grauer Star Der Graue Star beeinträchtigt die Linse des Auges, die an der betroffenen Stelle ihre Transparenz verliert und trübe wird. Von der Größe der Schädigung hängt ab, wie ernst das Problem ist. Handelt es sich lediglich um eine kleine Stelle, die sich auch nicht vergrößert, wird das Sehvermögen nur unwesentlich beeinträchtigt. Ist jedoch die ganze Linse betroffen, wird der Hund auf diesem Auge blind.

Der Graue Star ist im Prinzip erblich bedingt. Manche Formen stellen sich jedoch auch als Folge von Verletzungen oder anderer Erkrankungen ein. Bei Welpen kann dies der Fall sein, wenn das Muttertier während der Trächtigkeit erkrankt oder schlecht ernährt wird. Manchmal ziehen auch andere Augenprobleme wie die Progressive Netzhautatrophie (PRA), Entzündungen oder ein Glaukom einen Grauen Star nach sich.

Grüner Star Zur vollen Funktionstüchtigkeit ist das Auge auf ständige Zufuhr von Flüssigkeiten angewiesen. Gefährlich wird es, wenn deren Abfluss blockiert ist und sie sich aufstauen. Dadurch erhöht sich der Augeninnendruck. Anzeichen für einen Grünen Star (Glaukom) können Rötung und Trübung der Augen sein, exzessiver Tränenfluss, Schwellung des Augapfels, Schmerz und Lichtempfindlichkeit. Behandelt werden kann das Glaukom durch Reduktion der produzierten Flüssigkeit, Verbesserung des Abflusses oder eine Laser-OP, die Erfolge lassen jedoch zu wünschen übrig. Der Grüne Star ist eine sehr ernst zu nehmende, schwere Augenkrankheit.

Progressive Netzhautatrophie (PRA) Auch beim Hund bezeichnet man als Netzhaut jene lichtempfindliche Schicht im hinteren Auge, die Licht in Nervenimpulse umwandelt, welche dann über den Sehnerv ans Gehirn weitergeleitet werden. Eine sehr ernste Erkrankung der Netzhaut ist die PRA. Dabei sterben die lichtempfindlichen Zellen ab. Dieses Krankheitsbild ist erblich bedingt und unheilbar, in den ersten Stadien der Erkrankung jedoch häufig schwer zu diagnostizieren, weil es sich erst nach und nach entwickelt. Daher werden sich Hundehalter des Problems häufig erst bewusst, wenn der Hund schließlich quasi über Nacht sein Sehvermögen verliert und völlig erblindet. Es versteht sich von selbst, dass betroffene Hunde nicht zur Züchtung verwendet werden dürfen. Glücklicherweise wird an DNS-Tests gearbeitet, mit deren Hilfe man die Krankheit diagnostizieren kann, bevor sie zum Ausbruch kommt. Dabei erfährt man auch, ob ein Hund genetisch vorbelastet ist.

Collie-Augen-Anomalie Es gibt auch rassespezifische Augenerkrankungen. So beschränkt sich beispielsweise die Collie-Augen-Anomalie (Collie Eye Anomaly, CEA) fast ausschließlich auf Collies und Shelties. Dabei kommt es zu Missbildungen der hinteren Gefäße des Auges, was zu Blutungen und zur Ablösung der Netzhaut mit nachfolgender Erblindung führen kann. Erschreckend viele Collies sind mehr oder weniger schwer von dieser Krankheit betroffen, wobei aber nur jeder zwanzigste sein Augenlicht verliert. Auch in Bezug auf CEA kann gar nicht oft genug betont werden, dass man solche Hunde auf gar keinen Fall zur Züchtung heranziehen darf. Gegenwärtig wird daran gearbeitet, diese Erkrankung wieder wegzuzüchten. Seit Kurzem stehen auch entsprechende DNS-Tests zur Verfügung.

Retinadysplasie Auch bei dieser Augenkrankheit besteht das größte potenzielle Risiko im Erblinden als Folge einer Ablösung der Netzhaut. Zwar ist das Sehvermögen bei den meisten erkrankten Hunden nicht sehr beeinträchtigt, es besteht aber immer die Gefahr, dass eventueller Nachwuchs unter einer schweren Form der Retinadysplasie leidet.

Augenuntersuchungen – warum eigentlich?

Einige der schlimmsten Augenkrankheiten sind erblich. Das Problem ist nicht nur, dass sie im Leben des Hundes schon sehr früh auftreten können, sondern dass sie durch die Skrupellosigkeit und Ignoranz gewisser Züchter sogar noch weiter verbreitet werden. Glücklicherweise gibt es heute Untersuchungsmöglichkeiten, mit deren Hilfe man ermitteln kann, ob ein Hund Träger einer genetisch bedingten Augenkrankheit ist. Solche Vorsorgeuntersuchungen werden in vielen Ländern Europas von speziell fortgebildeten Tierärzten durchgeführt. In Deutschland nimmt sich der Dortmunder Kreis (DOK), Gesellschaft für Diagnostik genetisch bedingter Augenerkrankungen bei Tieren e.V., dieser Angelegenheit an.

Wann und wo? Die erste Augenuntersuchung sollte mit sechs oder sieben Wochen durchgeführt werden und von da an einmal pro Jahr. Ihr Tierarzt empfiehlt Ihnen gern einen spezialisierten Fachkollegen.

Woraus besteht der Test? Die Untersuchung auf genetisch bedingte Augenerkrankungen ist für den Hund weder schmerzhaft noch schädlich. Er bekommt Tropfen zum Weitstellen der Pupillen eingetröpfelt, was es dem Arzt ermöglicht, alles im Auge genauestens zu erkennen.

Die Untersuchungsergebnisse ermöglichen es verantwortungsbewussten Haltern und Züchtern zu entscheiden, ob sich ein Tier zur Nachzucht eignet oder nicht.

Zähne

Die Entwicklung des Gebisses

In der Entwicklung des Gebisses spiegelt sich die Vergangenheit des Hundes wider. Wie bei den Wölfen wachsen auch Hundewelpen quasi zur Eingewöhnung ins Rudel zunächst einmal Milchzähne, bevor mit etwa sieben Monaten der Zahnwechsel stattfindet und das Erwachsenengebiss durchkommt.

In der Wildnis ist dies auch der Zeitpunkt, an dem der junge Wolf zu seinen ersten gemeinsamen Unternehmungen mit dem Rudel aufbricht und seine Lehrlingszeit als Jäger beginnt.

Normalerweise verläuft dieser Entwicklungsprozess wie folgt:

3. – 4. Woche: Sobald die Welpen anfangen, sich miteinander zu beschäftigen, kommen die ersten Milchzähne durch.

6. Woche: Gegen Ende der sechsten Woche sind alle Milchzähne da. Es sind in der Regel achtundzwanzig.

3. – 5. Monat: Im Laufe der nächsten Entwicklungsphasen treten an die Stelle der Milchzähne die »richtigen« Schneide-, Eck- und schließlich Backen- beziehungsweise Mahlzähne.

5. – 6. Monat: Durchbruch der Eckzähne.

7. Monat: Gegen Ende des siebten Lebensmonats ist auch der letzte Backenzahn im Unterkiefer vorhanden. Ein gesund entwickelter Hund hat jetzt im Allgemeinen zweiundvierzig Zähne, zwölf Schneidezähne, vier Eckzähne, sechzehn Prämolare (vordere Mahlbackenzähne) und zehn Backenzähne.

Zähneputzen

Voraussetzung für gesunde Zähne und gesundes Zahnfleisch ist regelmäßiges Putzen. Knochenkauen und knackfrisches Futter können diese Hygienemaßnahme zwar unterstützen, an der guten alten Zahnbürste führt aber letztlich kein Weg vorbei.

Da sich Ihr Hund natürlich nicht selbst die Zähne putzen kann, müssen wohl oder übel Sie es für ihn erledigen. Dabei haben Sie eine weitere wunderbare Gelegenheit, das Vertrauen, das der Hund inzwischen schon zu Ihnen gefasst hat, weiter zu vertiefen. Gehen Sie es daher zunächst ganz langsam und vorsichtig an. Wichtig ist:

- Verwenden Sie eine Kinderzahnbürste und spezielle Hundezahncreme.
- Die ersten Male putzen Sie die Zähne immer nur einige Sekunden lang. Im Laufe der folgenden Tage und Wochen können Sie die Zeit dann verlängern.

Pfoten

Krallenpflege

Wolfswelpen halten ihre von Natur aus extrem scharfen Krallen stumpf, indem sie viel in der Erde buddeln. So schützen sie sich selbst und das Muttertier vor eventuellen Verletzungen. Weil aber die Bedingungen, unter denen der Haushund lebt, in dieser Hinsicht viel unnatürlicher sind, müssen ihm die Krallen ungefähr von der dritten Lebenswoche an regelmäßig geschnitten werden, damit die Mutter beim Säugen nicht schmerzhaft gekratzt wird.

Vorsicht, scharf! Schon mit etwa drei Wochen sollten Sie anfangen, dem Welpen regelmäßig die Krallen zu schneiden, damit sie dem Muttertier beim Säugen keine Verletzungen zufügen.

schritt für schritt

Krallenschneiden

- Setzen Sie den Hund auf einen Tisch, halten Sie ihn mit einem Arm in der Körpermitte fest und wenden Sie sich jeder Pfote einzeln zu.
- Die Krallen sind durchblutet, daher tut es dem Hund weh, wenn Sie zu viel abschneiden, und es blutet stark. Seien Sie daher ganz besonders vorsichtig. Bei Welpen ist die Nagelspitze ganz weiß. Tragen Sie mit einer Nagelschere oder einem Knipser nur ganz wenig davon ab, bis Sie die Vene, das so genannte Leben, sehen.
- Wenn die Kralle wächst, wächst auch das empfindliche Gewebe. Daher empfiehlt sich regelmäßiges behutsames Schneiden.
- Bei dunkleren Krallen lässt sich das Leben schwerer erkennen. In diesem Fall ist es ratsam, die spitzen Enden mit einer Nagelfeile stumpf zu feilen. Denselben Effekt hat es, wenn der Hund häufig über längere Zeit auf hartem Boden läuft.
- Halten Sie für alle Fälle ein Antiseptikum oder ein kleines Verbandspäckchen griffbereit.

»... Der weinerliche Bube, der mit Bündel
Und glattem Morgenantlitz wie die Schnecke
Ungern zur Schule kriecht ...«

DAS ZWEITE LEBENSALTER

Der Pionier

Achte bis zwölfte Woche

Bei den Wölfen in der Wildnis

Mit etwa acht Wochen ist das Wolfsjunge bereit, seinen Aktionsradius ein wenig auszuweiten. Es fängt an, Jagd auf Insekten, Vögel und andere Tiere zu machen, die sich in der Nähe des Rudels aufhalten. Die rituellen Spiele mit seinen Geschwistern und den anderen Mitgliedern des Rudels nehmen immer mehr Raum ein. Der junge Wolf verbessert seine Fähigkeiten beim Laufen, Springen, Ringen und Beißen. All das muss er können, wenn er sich später den Jägern anschließt.

Falls ein Wolfsjunges jedoch schon zu diesem Zeitpunkt auf die Idee kommen sollte, auf die Pirsch zu gehen, würde ihm dies schnell ausgetrieben. Den Bau in diesem frühen Entwicklungsstadium zu verlassen wäre viel zu gefährlich. Daher geben die älteren Mitglieder des Rudels ihrem Nachwuchs Signale, die deutlicher und unmissverständlicher nicht sein könnten: Bleibt zu Hause, ihr seid noch nicht so weit, dass ihr mit uns auf die Jagd gehen könntet. Sie stellen auch ein älteres, erfahreneres Tier ab, das auf die Kleinen aufpasst. An den Machtstrukturen innerhalb des Rudels – und dem Platz, den der Jungwolf darin einnimmt – können keinerlei Zweifel aufkommen.

Entdecker auf Reisen: Ein Wolfsjunges entdeckt die Welt.

Überblick

Der dritte Lebensmonat ist eine Phase intensiven Wachstums. Bis Ende der zwölften Woche entwickelt sich der Hund nach menschlichen Maßstäben vom Zweieinhalbjährigen in ein vierjähriges Kind. Das gilt auch für seine Bedürfnisse. In erster Linie möchte er sich sicher fühlen und wissen, dass ihm nichts passieren kann. In dieser Lebensphase hat der Hund vielerlei Ängste. Daher braucht er das Gefühl, vor den mitunter ziemlich verwirrenden Vorgängen in der Außenwelt beschützt zu werden. Bei manchen Welpen ist dieses Bedürfnis auch deshalb so groß, weil sie zur gleichen Zeit den Wurf verlassen, in ein anderes Zuhause kommen und Anschluss an eine neue Familie finden müssen.

Während der Hund anfängt, sein Umfeld intensiver zu erkunden, besteht sein zweites entscheidendes Bedürfnis darin zu begreifen, wie seine neue Umgebung eigentlich funktioniert. Er muss seine Grenzen kennen lernen, herausfinden, welche Verhaltensweisen akzeptabel sind und welche nicht. Und da die Mutter nicht mehr zur Verfügung steht, ist er darauf angewiesen, eine Beziehung zu einer neuen Bezugsperson aufzubauen. Er muss sich einen neuen Beschützer suchen.

Beide Bedürfnisse hat von nun an der Hundehalter zu befriedigen. Doch glücklicherweise ergänzen sie einander geradezu perfekt. Indem man sich der ersten Aufgabe widmet, erfüllt man zugleich auch die zweite.

In der Menschenwelt – Bedürfnisse

Das Wesen des Hundes wird in den ersten acht Wochen im Wurf geprägt. Doch wie wir alle wissen, hat Entwicklung nicht nur mit den Genen zu tun, sondern auch mit Erziehung. Natürlich begann auch diese bereits im Wurflager. Doch jetzt, da der Hund in die Welt der Menschen eintritt, geht es damit erst richtig los.

Was also braucht der Welpe, um später ein glücklicher, friedfertiger Hund werden zu können? Und welche Fragen stellt er sich jetzt, insbesondere, da er zu dieser Zeit ja auch – was jedenfalls für die überwiegende Mehrzahl aller acht Wochen alten Hunde gilt – in sein neues Zuhause kommt.

In der Praxis besteht die Antwort aus drei Teilen: Er braucht Plätze, an denen er schlafen, fressen, spielen und sein Geschäft machen kann. Zweitens ist er darauf angewiesen, dass ihn sein Besitzer füttert, ihm Bewegung verschafft und ihm zeigt, was es mit der Menschenwelt eigentlich so auf

sich hat. Darüber hinaus aber ist es das Wichtigste, dass sich der Welpe sicher sein kann, dass ihm nichts geschieht und es keinen Grund gibt, Angst zu haben. Während er sich also an seine neue Umgebung gewöhnt, sucht er zugleich auch nach Beistand und Frieden.

Sind diese Bedingungen gegeben, beginnt der Hund die Grenzen seiner neuen Welt zu erkunden, und versucht, seinen Platz darin zu finden, auszuloten, wo er überall hingehen kann, ohne sich in Gefahr zu begeben. Seine Welt ist in dieser Zeit sein unmittelbares Zuhause, das er auch erst verlassen wird, nachdem er geimpft wurde und noch ein bisschen gewachsen ist.

Da die Mutter nun nicht mehr da ist, sucht der Hund nach einer Ersatzfigur, die ihn beschützen kann. Daher stellt sich der Welpe jetzt eine ganze Reihe bedeutender Fragen. Wie weit kann ich – ganz real, aber auch in meinem Verhalten – gehen, ohne mich in Gefahr zu bringen? Wer ist hier der Chef? Und welchen Platz habe ich im Machtgefüge dieses Rudels? Der Hund sucht in seinem neuen Zuhause nach einer Struktur, die ihm die Möglichkeit gibt, sich wieder vollkommen sicher zu fühlen. Anfänglich weiß er noch nicht, wo er diese Struktur finden soll, also sondiert er die Lage und stellt Nachforschungen an. Natürlich macht er dabei auch Fehler.

In diesem Moment ist der Einfluss des Menschen von großer Bedeutung. Er kann diesen Prozess fördern, ihn aber auch behindern. Eigentlich gewöhnt sich der Hund in der Regel relativ leicht an seine neue Umgebung, an all die Gerüche, Geräusche und optischen Eindrücke der Menschenwelt. Verliefen seine ersten Lebenswochen jedoch nicht so gut – war er beispielsweise die ganze Zeit in einem Zwinger oder dergleichen eingesperrt –, kann ihm das Ganze schnell über den Kopf wachsen. Dann gerät er vielleicht in Panik, wenn er das erste Mal ein Telefon klingeln oder den Krach eines Staubsaugers hört. Falls er nicht ordentlich gefüttert wurde, kann es sein, dass seine Manieren beim Fressen zu wünschen übrig lassen. Womöglich hapert es auch mit der Reinlichkeit. Doch hoffen wir mal, dass Sie die richtige Entscheidung getroffen haben und Ihr Welpe über gute Ausgangsbedingungen verfügt.

Was der junge Hund braucht

Der Hund hat keine Vorstellung, ob er in einer Bretterbude oder einem vornehmen Landhaus wohnt. Und selbst wenn er sie hätte, es wäre ihm egal. Was einem Hund wichtig ist, hat mit dem, worauf wir Menschen Wert legen, nicht das Geringste zu tun. Ihm geht es vielmehr um das Folgende.

Die ersten achtundvierzig Stunden

Seine Mutter und die Geschwister verlassen zu müssen ist für einen acht Wochen alten Hund ein traumatisches Erlebnis. Er tritt jetzt in eine Welt ein, die von einer anderen Spezies bewohnt wird, in der alle eine für ihn unverständliche Sprache sprechen und sich an Regeln halten, von denen er nicht die geringste Ahnung hat. Und zu allem Überfluss ist diese Welt auch noch voller ungewohnter Eindrücke, Geräusche und Gerüche. Auch uns würde das bestimmt in Panik versetzen. In den ersten achtundvierzig Stunden kommt es also vor allem darauf an, dass der Schock nicht zu groß wird. Manche Hunde fühlen sich sofort in ihrem neuen Heim zu Hause. Kaum sind sie durch die Tür, flitzen sie auch schon überall herum. Es kann aber auch länger dauern. Seien Sie also auf alle Eventualitäten gefasst.

Nun kann der Eingewöhnungsprozess beginnen. Als Erstes sollten Sie ihn nach draußen führen, damit er sein Geschäft machen kann. Läuft das zu Ihrer Zufriedenheit, belohnen Sie ihn mit einem Leckerchen, verstärken es mit ein paar warmen Worten wie etwa »Guter Hund« oder »Sauberer Hund« und streichen ihm vielleicht auch noch über den Kopf oder den Nacken. Der entscheidende Punkt dabei ist, dass er gleich in den ersten Minuten in seinem neuen Zuhause einen positiven Eindruck bekommt. So sorgen Sie für einen guten Start.

Als Nächstes darf der Hund seine neue Umgebung kennen lernen. Lassen Sie ihn den gesamten Bereich auskundschaften, in dem er sich von nun an frei bewegen darf. Seien Sie dabei freundlich, lächeln Sie ihm zu und sprechen ihn herzlich an. Aber übertreiben Sie es nicht, sonst schaffen Sie Verhältnisse, hinter die Sie später nicht zurück können.

Die erste Nacht wird für den Hund besonders schwierig. Und in der Dunkelheit kann so ein Haus mit all seinen merkwürdigen Geräuschen ja tatsächlich ziemlich furchteinflößend wirken. Daher wäre es gut, wenn das Tier die erste Nacht ganz in Ihrer Nähe verbringen könnte. Manche Leute gehen sogar so weit, dass sie den Hund in ihr Bett lassen. Das ist aber nicht jedermanns Sache. Eine gute Alternative wäre ein Körbchen mit einer weichen, kuscheligen Decke in der Nähe des Bettes, von dem aus er Sie riechen, hören und sehen kann. Falls Sie den Hund jedoch nicht in Ihrem Schlafbereich haben mögen, können Sie sich auch im Wohnzimmer aufs Sofa legen, den Korb an Ihrer Seite.

Dies alles gilt jedoch nur für die erste Nacht. Höchstens noch für die zweite. Gewöhnen darf sich der Hund nicht daran.

Es geht doch nichts über ein schönes Zuhause: Der Hund muss sich in seiner neuen Umgebung sicher und geborgen fühlen können.

Raum für sich

Wichtig ist, dass der Hund einen Ort ganz für sich hat, eine Zufluchtsstätte, in die er sich gegebenenfalls jederzeit zurückziehen kann. Dieses Plätzchen muss gar nicht groß sein. Als Faustregel gilt: Er sollte sich bequem auf die Seite legen und sich auch ausstrecken können. Geben Sie dann noch an allen vier Seiten fünf Zentimeter zu. Die Hundeecke muss warm, gut isoliert und möglichst ruhig sein.

Es gibt verschiedene Möglichkeiten:

Käfige. Für viele Hunde ist das genau das Richtige, scheint ein Käfig doch ihrem Bedürfnis nach einem abgetrennten Raum perfekt entgegenzukommen. Zusätzlich besteht der Vorteil, dass ein Käfig leicht zu transportieren ist und gut hinten ins Auto passt. Und auch falls es einmal nötig wird, den Hund zu disziplinieren, bietet sich ein Käfig an. Wenn Sie ihn aufgrund seines Verhaltens einmal kurz wegsperren wollen, können Sie ihn in den Käfig packen – genau wie ein Kind in sein Zimmer geschickt wird, wenn es nicht gehorcht.

- **Hundehütte.** Für Halter, die über den nötigen Platz verfügen, ist eine Hundehütte mit Auslauf ideal. Zusätzlich bietet sie den Vorteil, dass sich der Hund in einer natürlichen Umgebung befindet, in der er sich auch unabhängig von Ihnen Bewegung verschaffen kann.
- **Körbe.** Von der einfachen Plastikausführung bis hin zum handgeflochtenen Designerstück gibt es eine große Auswahl an Hundekörben. Dabei kommt es jedoch nicht darauf an, was dem Menschen gefällt. Viel wichtiger ist, dass der Schlafplatz geräumig und bequem genug ist.
- **Selbst gemachte Höhlen.** Ein Hund braucht keinen teuren Korb oder Käfig und auch keine Hundehütte. Ein auf der Seite liegender, weich und kuschelig ausgelegter Pappkarton erfüllt seinen Zweck genauso gut – vorausgesetzt, der Hund fühlt sich darin wohl und sicher. Dazu noch ein Tipp: Wenn Sie ein getragenes Kleidungsstück von sich auf seinen Schlafplatz legen, geht es eigentlich jedem Hund gleich viel besser. Es wärmt nicht nur, sondern strömt auch den Duft des Menschen aus und verstärkt damit sein Gefühl von Sicherheit und Schutz.

Sicherheitsvorkehrungen

Falls Sie einen Garten haben, wird dieser im Leben des Hundes natürlich eine ganz große Rolle spielen. Hier macht er seine Geschäfte, spielt und lernt nach und nach die Kommandos, die er kennen muss, bevor es auf größere Spaziergänge geht. Der Garten muss aber genauso sicher und ungefährlich sein wie der Innenbereich. Achten Sie daher unbedingt darauf, dass der Zaun keine Löcher hat, durch die sich so ein kleiner Hund hindurchzwängen kann. Vergessen Sie seine Neugier nicht! Und vergewissern Sie sich auch, dass er nicht mit dem Kopf zwischen irgendwelchen Gitterstäben hängen bleiben kann. In der Eingewöhnungsphase steckt der Welpe seine Nase buchstäblich in jeden Winkel, daher müssen Sie immer mit dem Schlimmsten rechnen.

Platz zum Spielen

Nichts wirkt auf Hundenerven so beruhigend wie Spielen. Daher ist es wichtig, dass das Tier während der ersten Tage in seinem neuen Zuhause reichlich Spielzeug zur Verfügung hat. Halten Sie aber auch einige Sachen zurück, denn als Anführer entscheiden *Sie,* wann und womit gespielt wird.

In punkto Spielzeug müssen Sie sich gar nicht groß in Unkosten stürzen. Ein acht Wochen alter Hund knabbert mit seinen weichen Zähnen fast an allem gern herum. Meiner Erfahrung nach gehört ein feuchtes altes Handtuch mit einem Knoten drin zu den beliebtesten Spielzeugen.

Tabuzonen

Zwangsläufig gibt es im Haus oder in der Wohnung immer auch Bereiche, in denen der Hund nicht willkommen ist. So sind zum Beispiel das Bad und die Toiletten, aber auch Arbeits- und Esszimmer normalerweise Räume, zu denen der Hund keinen Zugang haben soll. Wie Sie das halten möchten, legen Sie am besten frühzeitig fest. Dann sollten alle Familienmitglieder darauf hingewiesen werden, welche Zimmer für den Hund tabu sind, und streng darauf achten, dass sich der Hund auch an die Regeln hält. Am einfachsten geht das natürlich, indem die betreffenden Türen stets geschlossen bleiben. Gelingt es dem Hund jedoch trotzdem einmal, auf verbotenes Terrain vorzudringen, entfernen Sie ihn schnell, ohne größeres Aufheben darum zu machen.

Manche Leute sind der Meinung, es dürfe einem Hund grundsätzlich nicht erlaubt sein, auf Polstermöbel zu klettern. Dagegen ist jedoch überhaupt nichts einzuwenden. Vergessen Sie dabei nur eines nie: Der Hund muss immer von Ihnen auf den Stuhl oder das Sofa eingeladen werden. Er darf nie selbst die Entscheidung treffen. Wenn er auf ein Möbel springt, ohne dazu aufgefordert worden zu sein, muss er sofort wieder runter. Machen Sie auch hierbei wieder kein großes Theater. Danach können Sie ihn dann gern einladen, sich zu Ihnen zu gesellen. Dies ist ein weiterer wichtiger Schritt, ihm die ersten Regeln der häuslichen Rudelhierarchie beizubringen.

In dieser Phase wird Ihnen der Hund höchstwahrscheinlich überallhin folgen wollen. Und in der Eingewöhnungsphase ist es tatsächlich wichtig, dass Sie Nähe zulassen, insbesondere in den ersten achtundvierzig Stunden. Dabei beweisen sich Kindergitter als sehr nützlich, mit denen Sie bestimmte

Bereiche wie die Küche oder den Hausflur abtrennen können. Das hat sich sowohl für Hunde als auch für ihre Besitzer sehr gut bewährt. Sie können das Tier im Auge behalten und auch der Hund kann seinen neuen Beschützer beobachten.

Nur müssen Sie natürlich auch bei einem Kindergitter darauf achten, dass die Gitterstäbe so eng beieinander stehen, dass der Hund auf gar keinen Fall seinen Kopf dazwischen zwängen kann. Gibt es dafür auch nur die geringste Chance, wird er nicht zögern, sie zu ergreifen.

Die Toilette

Ein Hund, der glücklich und selbstbewusst seine Geschäfte verrichtet, ist auf dem besten Weg in ein gutes, entspanntes Leben. Anderenfalls wird es eher schwierig.

Der Hund dürfte jetzt bereits stubenrein sein. In diesem Fall sollte er dafür ein eigenes Plätzchen haben, vorzugsweise irgendwo im Freien, wo er seine Exkremente ganz natürlich verbuddeln kann. Bei der Wahl des richtigen Ortes sollten Sie Folgendes im Auge haben:

- **Das Örtchen sollte mühelos zugänglich sein. Befindet es sich im Freien und muss der Hund rausgelassen werden, sollten Sie seine Toilettengepflogenheiten genau beobachten, also zum Beispiel am Morgen als Erstes die Haustür öffnen, damit der Hund hinaus kann.**
- **Die Toilette sollte so weit wie möglich von seinem Schlafplatz entfernt sein. In dieser Hinsicht unterscheiden sich Mensch und Hund überhaupt nicht. Wer von uns würde schon gern neben der Kloschüssel schlafen?**
- **Befindet sich die Hundetoilette im Haus selbst, muss sie natürlich regelmäßig sauber gemacht werden.**

Ist der Hund noch nicht stubenrein, wenn er zu Ihnen kommt, sollten Sie sofort mit der Reinlichkeitserziehung beginnen. Sobald Sie zu Hause eingetroffen sind, bringen Sie das Tier nach draußen und zeigen ihm das Örtchen, das Sie für ihn vorgesehen haben. Bleiben Sie bei ihm, während er sein Geschäft macht, und loben Sie ihn dann mit den Worten, die Sie auch in Zukunft dabei verwenden wollen, beispielsweise »Sauberer Hund«. Wie

bei allen anderen Dingen in dieser Phase ist auch hier das Entscheidende Geduld. Und dass Sie kein Drama daraus machen, wenn einmal ein Missgeschick passiert. In einem solchen Fall machen Sie die Stelle einfach sauber und sagen dabei kein Wort. Läuft dagegen draußen alles zu Ihrer Zufriedenheit, brauchen Sie mit Lob und Belohnung nicht zu sparen.

Bringen Sie dem Hund ohne großes Tamtam bei, dass er morgens als Erstes rausgeht. Öffnen Sie einfach die Tür zum Garten oder wo immer die Stelle sein mag, die Sie ausgesucht haben, und lassen Sie den Welpen sein Geschäft machen. Wenn alles vollbracht ist, dürfen Sie ihn ausgiebig belohnen.

Dasselbe tun Sie auch nach jeder Mahlzeit: Sie ermuntern den Hund, das Haus zu verlassen, und belohnen ihn, wenn er getan hat, was getan werden musste.

Der mit einem Umzug verbundene Stress kann zu Magenproblemen und Durchfall führen. Welpen dehydrieren leicht und verlieren auch schnell an Gewicht. Wenn sich der Zustand nach vierundzwanzig Stunden nicht gebessert hat oder sich sogar verschlimmert, sollten Sie sofort den Tierarzt konsultieren.

Ernährung

Da der Umzug ins neue Heim viel Stress bedeutet, ist jegliche Kontinuität sehr willkommen. Da Fressen immer der beste Trost ist, sollten Sie im Moment nicht versuchen, die Ernährung des Hundes umzustellen – jedenfalls so lange nicht, bis er sich ein wenig eingewöhnt hat.

Falls der Züchter, von dem Sie den Welpen haben, sein Geld wert ist, hat er Ihnen bestimmt einen schriftlichen Ernährungsplan mitgegeben, aus dem genau hervorgeht, welches Futter das Tier gewöhnt ist, in welchen Mengen und wann er es frisst.

Auch wenn Ihnen die bisherige Ernährungsweise nicht besonders zusagt, ist es empfehlenswert, sie noch ein paar Tage lang beizubehalten. Schon allein aufgrund des Traumas, von der Mutter getrennt und in eine neue Umgebung zu kommen, stellen sich bei jungen Hunden häufig Magenbeschwerden und Durchfall ein. Eine radikale Ernährungsumstellung würde jetzt alles nur noch viel schlimmer machen.

Warten Sie damit lieber, bis sich der Hund richtig eingelebt hat. Und auch dann sollten Sie das Futter, das Sie ihm geben, nicht abrupt, sondern nur schrittweise verändern. Sie müssen mit drei bis vier Tagen rechnen, bis die Ernährung vollkommen umgestellt ist.

Gute Freundschaft: Wenn die Hunde einander richtig vorgestellt werden, kann sich eine ganz tolle Kameradschaft entwickeln.

Vierbeinige Freunde

Hunde haben im Grunde einen ähnlichen Familiensinn wie wir. In der Regel lieben sie Gesellschaft, sei es die von Menschen oder auch von anderen Hunden. Diese gesellige Natur wurzelt vielleicht in der fernen Vergangenheit, als die ersten Wölfe anfingen, sich mit unseren Vorfahren zu vergesellschaften. Möglicherweise liegen die Ursachen aber auch viel tiefer. Denn warum sonst hätte sich der Mensch ausgerechnet dieses Tier aussuchen sollen, um es als Erstes zu domestizieren? Hielt er den Wolf vielleicht für umgänglicher als andere Arten? Diese Frage wäre bestimmt einmal einer näheren Untersuchung wert.

Aber wie dem auch sei. Der Faktor Geselligkeit darf nicht vernachlässigt werden, wenn ein Welpe ins Haus kommt. Falls schon ein Artgenosse da ist, lebt sich der Kleine möglicherweise schneller ein. Aber auch – oder vielleicht gerade – dann muss sein Eintreffen sorgfältig geplant werden. Einen Welpen von acht Wochen in ein existierendes Rudel einzuführen ist meistens nicht weiter kompliziert. Anders, wenn er schon, sagen wir, ein Dreivierteljahr alt ist. Das ist dann so, als käme plötzlich ein hyperaktiver Zwölfjähriger ins Haus. Und gerade ältere Hunde tun sich häufig schwer, wenn der häusliche Frieden gestört wird.

Es gibt aber auch andere Faktoren zu bedenken – zum Beispiel, wenn es sich um Angehörige verschiedener Rassen handelt. Dass ein Zwergpudel und ein Irischer Wolfshund irgendwann einmal miteinander klarkommen, ist nicht prinzipiell ausgeschlossen. Aufgrund der enormen körperlichen Unterschiede und der daraus resultierenden Kommunikationsschwierigkeiten können aber einige Spannungen auftreten, bevor sie sich zusammenraufen.

Aus allen diesen Gründen ist es ratsam, den neuen Hund so früh wie möglich in sein späteres Rudel einzuführen. Das geht wahrscheinlich am besten, wenn Sie den Welpen, den Sie ins Auge gefasst haben, bei seinem Züchter besuchen – gemeinsam mit Ihren anderen Hunden. Die Vorteile, die sich daraus ergeben, liegen auf der Hand. Territorial gesehen ist der Lebensbereich des Züchters neutrales Gebiet. Für den Fall, dass es zu Problemen kommt, hat dann auch der neue Hund Menschen um sich, die ihn kennen und sein Verhalten gegebenenfalls steuern können. Was aber am wichtigsten ist: Falls nach ein paar Begegnungen immer noch größere Spannungen zwischen den Tieren existieren, kann sich der Halter alles noch einmal in Ruhe durch den Kopf gehen lassen.

Sind solche vorherigen Begegnungen nicht möglich, sollte sich der Besitzer genau überlegen, wie er die Hunde in den ersten Tagen voneinander getrennt halten kann. Welpen gewöhnen sich in der Regel sehr schnell ein und brauchen häufig nicht länger als achtundvierzig Stunden, um sich im neuen Zuhause zurechtzufinden. Trotzdem kann es immer zu Konfrontationen kommen. Folglich sollte der Halter lieber auf Nummer sicher gehen. Teilen Sie in den ersten Tagen sowohl dem neuen als auch dem oder den »alten« Hund(en) klar abgegrenzte Räume zu. Auch beim Füttern kann es zu Zusammenstößen kommen. Beugen Sie also vor.

Die Sinne Ihres Hundes – und wie Sie sie zu Ihrem Vorteil nutzen

Bei der Erkundung seiner neuen Welt verlässt sich der Hund auf seine Sinne, die jetzt schon gut entwickelt sind. Davon kann der Halter profitieren, um dem Tier das Gefühl von Sicherheit zu geben, nach dem es sich so sehnt.

Der Mensch geht oft fälschlicherweise davon aus, dass alle anderen Lebewesen die Welt auch so sehen und wahrnehmen wie er. Hunde haben beispielsweise eine ganz andere Hierarchie der Sinne als wir. Wir Menschen schauen erst einmal genau hin, dann hören wir und ganz zuletzt ziehen wir die Nase hinzu, um eine Situation zu beurteilen. Bei Hunden ist es genau umgekehrt. Bei ihnen geht der Geruchssinn über alles. Dann kommt das Hörvermögen und ganz zuletzt das Auge. Entsprechend gestaltet sich ihre Welt.

Geruchssinn

Beim Hund ist der Geruchssinn hundertfach stärker entwickelt als bei uns und das dafür zuständige Gehirnareal vierzehnmal so groß. Daher kann ein Wolfsrudel seine Beute schon auf achthundert Meter wittern. Diese unglaublichen Fähigkeiten macht sich der Mensch zunutze, um Hunde alles Mögliche aufspüren zu lassen, von Drogen und Sprengstoff bis hin zu Krebsgeschwüren.

Der Geruchssinn ist beim Hund auch der erste, der sich überhaupt entwickelt. Daher überrascht es nicht, dass sich ein acht Wochen alter Welpe für alles interessiert, was er erschnüffeln kann. Auch darauf sollte der frischgebackene Hundehalter vorbereitet sein. Sorgen Sie dafür, dass es bei Ihnen nicht allzu sehr riecht. Intensive Gerüche – seien es Küchendüfte, Reinigungsmittel, Rauch, selbst Blumen – können den Hund richtiggehend in Panik versetzen. Auch auf viel Parfüm oder Aftershave sollten Sie daher lieber verzichten.

Außer im Garten, wo ihm unter Umständen einiges vertraut vorkommt, kennt der Hund in den entscheidenden ersten achtundvierzig Stunden im neuen Heim möglicherweise keinen einzigen Geruch. Grund genug, ein paar vertraute Gegenstände aus seinem vorherigen Zuhause mitzunehmen. Ein Eckchen von der Schlafauflage oder ein Stück Stoff kann für den kleinen Hund dieselbe Bedeutung haben wie die Kuscheldecke für Kinder und entscheidend dazu beitragen, dass der Übergang nicht ganz so belastend wird.

Gehör

Das zweitwichtigste Sinnesorgan des Hundes sind seine Ohren. Er hört um einiges besser als wir; den Ruf eines Erwachsenen etwa bis auf eine Entfernung von acht Kilometern. Er hört aber auch Insekten tief im Erdboden. Kein Wunder also, dass Geräusche für ihn so aufregend sind. Und dass er die Stille so liebt. Hunde mögen ein ruhiges Leben ohne fremde, möglicherweise bedrohliche Geräusche. Auch diesen Tatbestand können und sollten Sie sich zunutze machen.

Die Schule des Krachs – wie Ihr Pionier seine Angst vor Geräuschen überwindet

Für einen acht Wochen alten Welpen ist die Ankunft in seinem neuen Zuhause ein massiver Kulturschock. Versetzen Sie sich doch einmal in seine Lage: Für ihn ist Ihr Haushalt eine Ansammlung seltsamer, rätselhafter Objekte, die eine ganze Menge seltsamer, rätselhafter Töne von sich geben. Sie müssen also alles tun, was in Ihrer Macht steht, um dem Hund zu helfen, sich an diese Geräusche zu gewöhnen. Das erreichen Sie nicht, indem Sie ihm die einzelnen Gegenstände genau erklären. So etwas versteht er natürlich nicht. Eines jedoch versteht er: Wenn *Sie* keine Angst vor dem betreffenden Objekt haben, gibt es auch für ihn keinen Grund, sich zu fürchten – vorausgesetzt, er vertraut Ihnen als seinem neuen Hüter und Beschützer.

schritt für schritt

Gewöhnung an Geräusche

- Bevor Sie beginnen, im Haus zu saugen, tun Sie den Hund in die Küche hinter ein Kindergitter; am besten in Anwesenheit einer Person, die er kennt und der er vertraut.
- Beginnen Sie mit dem Saugen in dem Zimmer, das am weitesten von der Küche entfernt ist.
- Sowie der Hund anfängt, auf den Krach des Staubsaugers zu reagieren, sollte die Person in der Küche ihn ermuntern, zu ihr zu kommen, und ihn dann in den Arm nehmen, allerdings ohne übertriebene Zuneigungsbekundungen. Der Hund sollte nicht gestreichelt oder angesprochen, sondern wirklich nur beruhigt werden, damit er merkt, dass er keinen Grund hat, sich zu ängstigen.
- Wenn Sie mit dem ersten Zimmer fertig sind, stellen Sie den Staubsauger ab.
- Saugen Sie dann den nächsten Raum. Falls der Hund wieder auf das Geräusch reagiert, wird er ein weiteres Mal beruhigt.
- Fahren Sie so fort. Die Küche wird ganz zuletzt gesaugt.

Wann immer der Welpe Angst zeigt, sobald er ein Geräusch zum ersten Mal hört, sollten Sie sofort reagieren. Dabei ist ein Kindergitter immer sehr hilfreich, weil es dafür sorgt, dass der Hund einen bestimmten abgegrenzten Bereich nicht verlassen, Sie aber trotzdem im Auge behalten kann.

Erfolge werden sich nicht sofort einstellen, also können Sie sich ruhig Zeit lassen. Sie müssen die Botschaft nur oft genug wiederholen. Es dauert in der Regel nicht länger als eine Woche oder höchstens zehn Tage, bis der Hund seine Angst abgelegt hat.

Verschiedene Rassen – verschiedene Bedürfnisse

Jahrhundertelange Züchtungen haben zu einem geradezu unüberschaubaren Spektrum unterschiedlichster Hunderassen geführt. Und bei aller grundsätzlichen Ähnlichkeit haben alle diese verschiedenen Rassen doch auch ihre ganz spezifischen Bedürfnisse. So brauchen beispielsweise manche viel mehr Bewegung als andere. Oder mehr Pflege. Wieder andere haben eine geringere Lebenserwartung, was zur Folge hat, dass die höheren Tierarztkosten, die mit zunehmendem Alter des Hundes unweigerlich auf den Halter zukommen, schon bedeutend früher anfallen. Auch die Größe ist ein Faktor, den Sie berücksichtigen müssen. Ein großer Hund benötigt viel Platz. Über alle diese Dinge sollte sich jeder, der mit dem Gedanken spielt, sich einen Hund zuzulegen, klar sein. Grob lassen sich die Anforderungen, welche die verschiedenen Rassen an ihre Halter stellen, wie folgt umreißen:

Körperliche Anforderungen

Manche Hunderassen wurden extra so gezüchtet, dass sie sportlicher und energiegeladener sind als andere. So brauchen Jagdhunde beispielsweise außergewöhnlich viel Auslauf. Schließlich wurden beispielsweise Springer Spaniels, Pointer und Setter eigens dafür gezüchtet, erhebliche Lauf- und Arbeitsleistungen zu erbringen. Auch mögen sie das Wasser, apportieren und jagen Vögel – alles züchtungsbedingt. Mit Hirten- und Hütehunden verhält es sich ganz ähnlich. Sie fühlen sich wie magisch von anderen Tierarten angezogen und versuchen instinktiv, sie zusammenzutreiben. Nun wird nicht unbedingt jeder Hundehalter seinem Collie oder Deutschen Schäferhund eine Schafherde bieten können, die er hüten darf. Trotzdem muss er bereit und in der Lage sein, ihm ein Ventil für seine übersprudelnden Energien zu verschaffen. Seien Sie also gewappnet. Diese Hunderassen brauchen ein Zuhause, in dem man ihren Anforderungen gerecht wird, ihnen viel Bewegung verschafft und ausgiebig mit ihnen spielt.

Am anderen Ende des Spektrums befinden sich die Kleinhunde, die praktisch ausschließlich gezüchtet wurden, um dem Menschen Gesellschaft und Wärme zu bieten. Chihuahuas, Pekinesen, Spitze und Malteser brauchen nur wenig Auslauf.

Platzbedürfnisse

Auch die Größe ist ein Faktor, den Sie in Betracht ziehen müssen. Im Unterschied zu den ganz kleinen Rassen, die kaum Platz benötigen, können etwa große Gebrauchshunde so ziemlich jeden Raum ausfüllen, der ihnen zur Verfügung steht. Handelt es sich dann auch noch um ein besonders aktives Tier, kann das einen Halter, der nur wenig Raum hat, vor arge Probleme stellen. Auch gibt es Rassen, die bedeutend lieber auf dem Land leben als in der Stadt.

Natürlich darf sich jeder den Hund aussuchen, der ihm gefällt. Trotzdem müssen die Voraussetzungen stimmen.

Pflegeaufwand

Hunde sind von Natur aus saubere Tiere und kümmern sich auch sehr um sich. Manche Rassen stellen infolgedessen so gut wie gar keine Ansprüche an die Fellpflege. Hunde mit kurzem, glattem Fell wie der Labrador Retriever oder die Dänische Dogge zum Beispiel müssen nur relativ selten gebürstet werden. Andererseits gibt es aber auch langhaarige Rassen, die nur ihres Aussehens wegen gezüchtet wurden und deren Haarkleid daher äußerster Pflege bedarf. Beispiele wären etwa: Afghanen, Spaniels, Bobtails, der Bichon frisé und bestimmte Pudelarten. Manche Terrier müssen von Hand gestrippt werden, damit ihr Fell schön aussieht.

Größe
S = Klein
M = Mittelgroß
L = Groß
X = Sehr groß

Pflege und Auslauf
G = Gering
M = Mittel
V = Viel

Durchschnittliche Lebenserwartung
A = geringer als 9 Jahre
B = 9–15 Jahre
C = mehr als 15 Jahre

Bedürfnisse verschiedener Rassen

HUNDERASSE	GRÖSSE	PFLEGE	AUSLAUF	LEBENSERWARTUNG
VORSTEHHUNDE				
English Setter	L	M	V	B
Deutscher Langhaariger Vorstehhund	L	M	V	B
Deutscher Kurzhaariger Vorstehhund	L	G	V	B
Deutscher Drahthaariger Vorstehhund	L	M	V	B
Gordon Setter	L	M	V	B
Vizsla	L	G	V	B
Rot-weißer Irish Setter	L	M	V	B
Irish Setter	L	M	V	B
Pointer	L	G	V	B
Chesapeake Bay Retriever	L	M	V	B
Curly-coated Retriever	L	M	V	B
Flat-coated Retriever	L	M	V	B
Golden Retriever	L	M	V	B
Labrador Retriever	L	G	V	B
American Cocker Spaniel	M	V	M	B
Cocker Spaniel	M	V	M	B
English Springer Spaniel	M	M	V	B
Field Spaniel	M	M	V	B
Irish Water Spaniel	M	M	V	B
Sussex-Spaniel	M	M	V	B
Welsh Springer Spaniel	M	M	V	B

VORSTEHHUNDE				
Weimaraner	L	G	V	B

GEBRAUCHSHUNDE				
Alaskan Malamute	L	V	V	B
Berner Sennenhund	X	M	M	A
Bouvier Des Flandres	L	V	V	B
Boxer	L	G	V	B
Bullmastiff	L	G	V	B
Dobermann	L	G	V	B
Pinscher	M	G	M	B
Riesenschnauzer	L	V	V	B
Deutsche Dogge	X	G	V	A
Mastiff	X	G	M	A
Neufundländer	X	V	V	B
Rottweiler	L	G	V	B
Bernhardiner	X	V	M	A
Siberian Husky	L	M	V	B

TERRIER				
Airedale Terrier	L	V	M	B
Australian Terrier	S	M	M	B
Bedlington Terrier	M	M	M	B
Border Terrier	S	M	M	B
Bullterrier	M	G	M	B
Miniatur Bullterrier	M	G	M	B
Cairn Terrier	M	M	M	B
Foxterrier Glatthaar	S	G	M	B
Foxterrier Drahthaar	M	V	M	B

Größe
S = Klein
M = Mittelgroß
L = Groß
X = Sehr groß

Pflege und Auslauf
G = Gering
M = Mittel
V = Viel

Durchschnittliche Lebenserwartung
A = geringer als 9 Jahre
B = 9–15 Jahre
C = mehr als 15 Jahre

TERRIER				
Irish Terrier	M	M	M	B
Kerry Blue Terrier	M	V	M	B
Lakeland Terrier	M	V	M	B
Norfork Terrier	S	M	M	B
Scottish Terrier	M	V	M	B
Skye Terrier	M	M	M	B
Staffordshire Bullterrier	M	G	V	B
Welsh Terrier	S	V	M	B
West Highland White Terrier	S	V	M	B

LAUF- UND SCHWEISSHUNDE				
Afghanischer Windhund	L	V	V	B
Basenji	M	G	M	B
Basset Hound	M	G	V	B
Beagle	M	G	V	B
Bluthund	L	G	V	A
Barsoi	L	M	V	B
Normaldackel Langhaar und Drahthaar	M	M	M	B
Zwergdackel Langhaar und Drahthaar	S	M	M	C
Dackel	M	G	M	B
Zwergdackel	S	G	M	C
Norwegischer Elchhund	L	M	V	B
Foxhound	L	G	V	B
Greyhound	L	G	M	B
Irish Wolfhound	X	M	V	A
Pharaonenhund	L	G	V	B
Rhodesian Ridgeback	L	G	V	B
Saluki	L	M	V	B

LAUF- UND SCHWEISSHUNDE				
Whippet	M	G	V	B

HÜTE- UND TREIBHUNDE				
Anatolischer Hirtenhund	L	M	V	B
Australian Cattle	M	G	M	B
Australischer Hirtenhund	L	M	V	B
Bearded Collie	L	V	M	B
Border Collie	M	M	V	B
Collie Kurzhaar	L	V	V	B
Collie Langhaar	L	G	V	B
Deutscher Schäferhund	L	M	V	B
Bobtail	L	V	V	B
Pyrenäen-Berghund	X	V	M	A
Pyrenäenschäferhund	M	M	M	B
Samojede	L	V	V	B
Shetland Sheepdog	M	V	M	B
Welsh Corgi Cardigan	M	G	M	B
Welsh Corgi Pembroke	M	G	M	B

GESELLSCHAFTSHUNDE				
Affenpinscher	S	M	G	B
Australian Silky Terrier	S	M	G	B
Bichon frisé	S	V	M	B
Cavalier King Charles Spaniel	S	M	G	B
Chihuahua Langhaar	S	M	G	B
Chihuahua Kurzhaar	S	G	G	B
Malteser	S	V	G	B
Zwergpinscher	S	G	G	B

Größe
S = Klein
M = Mittelgroß
L = Groß
X = Sehr groß

Pflege und Auslauf
G = Gering
M = Mittel
V = Viel

Durchschnittliche Lebenserwartung
A = geringer als 9 Jahre
B = 9–15 Jahre
C = mehr als 15 Jahre

Gesellschaftshunde				
Schmetterlingshündchen	S	M	G	B
Pekinese	S	V	G	B
Zwergspitz	S	V	G	B
Mops	S	G	G	B
Yorkshire Terrier	S	V	G	B

Gebrauchshunde				
Akita	L	M	V	B
Boston Terrier	S	G	M	B
Bulldogge	M	G	M	A
Chow-Chow	L	V	M	B
Dalmatiner	L	G	V	B
Französische Bulldogge	S	G	M	B
Kleinspitz	S	V	G	B
Mittelspitz	M	V	G	B
Shiba	M	M	M	B
Japanischer Spitz	M	V	M	B
Lhasa Apso	S	V	G	B
Mexikanischer Nackthund	M	G	M	B
Zwergschnauzer	S	V	M	B
Zwergpudel	M	V	M	C
Pudel	L	V	V	C
Toy-Pudel	S	V	M	C
Schnauzer	M	V	M	B
Shar Pei	M	G	M	B
Shih Tzu	S	V	M	B
Tibet-Terrier	M	V	M	B

Besondere Bedürfnisse

Die durchschnittliche Lebenserwartung kann von Rasse zu Rasse ganz erheblich variieren (s. Tabelle S. 82–86). Gebrauchshunde sind in der Regel größere Hunde mit einer geringeren Lebenserwartung, während kleinere Rassen im Schnitt älter werden.

Bei einem Hund mit einer geringeren Lebenserwartung kommen die höheren Tierarzt- und Pflegekosten, die mit dem Alter zwangsläufig fällig werden, natürlich schneller auf Sie zu. Bedenken Sie, was das heißt, wenn Ihr Hund höchstwahrscheinlich nicht viel älter als sieben Jahre wird. Jeder Besitzer eines solchen Tieres sollte sich also darüber im Klaren sein, was auf ihn zukommt.

Grenzen setzen – Struktur und Geborgenheit

Erziehung – die Grundlagen

Im Laufe des zweiten Lebensmonats lässt der Welpe seine erste Entwicklungsphase und die Zeit bei der Mutter und den Geschwistern immer weiter hinter sich. Er fängt an, die Welt um sich herum zu erkunden und nimmt Kontakt zu den Menschen und gegebenenfalls anderen Tieren in seiner Umgebung auf. Er hat jetzt wahrscheinlich einen Ball. Steckt seine Nase in alles, schnappt sich gern einmal einen Socken und rennt damit weg, rollt Wollknäuel ab und verursacht überhaupt das reine Chaos. Daran haben beide Spaß, sowohl der Hund als auch sein Halter. Die Scheidelinie zwischen Ausgelassenheit und Unfug ist jedoch äußerst schmal. Daher ist es jetzt an der Zeit, dass der Hund ein wenig Selbstbeherrschung lernt – und der Halter sich mit den ersten Grundkommandos vertraut macht.

Dazu ist es unabdingbar, dass der Hund eine der allerwichtigsten Lektionen überhaupt lernt – den Menschen als Anführer zu akzeptieren. Das geht aber nur, wenn sich der Halter angewöhnt, in einer Sprache mit dem Hund zu kommunizieren, die dieser auch verstehen kann.

Kommunikation unter Hunden

Jeder Hund glaubt, dass die Gruppe, der er angehört, nach den Gesetzen des Rudels funktioniert. Auch in diesem frühen Stadium ist er bereits felsenfest davon überzeugt. Wenn er also seine Mutter und die Wurfgeschwister verlassen hat und beginnt, mit seinem neuen Rudel, den Menschen, bei denen er lebt, in Kontakt zu treten, sucht er nach einem Anführer, bei dem er sich wohl fühlt und dem er vertrauen kann.

Wäre er noch ein Wolf in der freien Natur, würde er diese Informationen aufgrund klarer, unzweideutiger Signale sowohl des Alphapaares als auch der anderen, untergeordneten Angehörigen des Rudels erhalten. Sie alle würden dafür sorgen, dass bei den Welpen nicht der geringste Zweifel aufkommen könnte, welchen Platz sie in der Rangordnung einnehmen. Und das Alphapärchen würde ihnen klar machen, dass sie ihm vertrauen können.

Da der Haushund aber in einer Welt lebt, die von Menschen geprägt und regiert wird, ist es nicht überraschend, dass ihn das neue Rudel, dem er jetzt angehört, in höchstem Maße verwirrt. Und was noch erschwerend hinzukommt: Ohne dass sie sich dessen bewusst sind, gehen von vielen Haltern Signale aus, die den Hund zu falschen Vorstellungen bezüglich der Hierarchie innerhalb des Rudels verleiten. Das wiederum kann dazu führen, dass er auf irrige Ideen im Hinblick auf seinen Rang kommt, was später erhebliche Verhaltensprobleme nach sich ziehen kann.

Die gute Nachricht: Es gibt eine Reihe ganz einfacher Signale, derer Sie sich bedienen können, um dem Hund die wichtigsten Botschaften bezüglich der Hierarchie zu übermitteln. Damit ersparen Sie ihm nicht nur viel Verwirrung, sondern präsentieren sich zugleich auch – was noch viel wichtiger ist – von vornherein als Anführer des Rudels. Das hat enorme Vorteile.

Die entscheidenden vier Signale, die ich Ihnen gleich vorstellen möchte, beruhen auf den Kommunikationsmitteln der Wölfe in der Wildnis. Damit Sie diese auch verstehen können, richten wir den Blick am besten noch einmal dorthin zurück.

Die vier Rituale

Bei den Wölfen in der freien Natur gibt es vier ganz entscheidende Bereiche, in denen das Alphapärchen seine Überlegenheit zum Ausdruck bringt. Das Rudel stellt seine Anführer insgeheim ständig auf den Prüfstand, wirft kleine Fragen auf, mit denen es herausfinden will, ob sich die Machtverhältnisse mittlerweile nicht vielleicht verändert haben. Dass das Alphapärchen nach wie vor am Ruder ist, beweist es in der Regel immer dann, wenn das Rudel nach einer vorübergehenden Trennung wieder zusammenfindet.

Das Alphapaar beansprucht seinen eigenen Raum, eine Komfortzone, in der es sich bewegt. Damit bringen die beiden sehr effektiv zum Ausdruck: »Ruft nicht an, wir melden uns schon.« Kein anderer Wolf darf in diesen Raum vordringen, wenn er nicht eigens dazu aufgefordert wurde. Trifft das

Rudel nach einer Trennung wieder zusammen, verlässt das Alphapärchen diesen Raum erst in dem Moment, in dem es bereit ist, die Jungtiere zu empfangen. Wenn es dann so weit ist – und keinen Moment früher –, dürfen sich die untergeordneten Tiere nähern, um dem Alphapärchen ihre Referenz zu erweisen.

Diese Prozedur nimmt nicht viel Zeit in Anspruch. Sobald sich die Alphatiere davon überzeugt haben, dass das Rudel sie nach wie vor als Anführer akzeptiert, werden die untergeordneten Wölfe auch schon vorgelassen. Aber immer erst, wenn das Alphapaar die Respektbezeugungen erhalten hat, die ihm zustehen. Dies ist eine einfache, aber enorm effektive Methode, die eigene Vorherrschaft zu bekräftigen, ohne dass es zu Grausamkeiten, offenen Konfrontationen oder irgendeiner Form von Gewalt kommt.

Was kaum überraschen wird: Auch alles, was mit dem Fressen zu tun hat, ist hervorragend geeignet, die Vorrangstellung zu behaupten, und dies gleich zweifach. Die erste Gelegenheit dazu bietet sich dem Alphapaar bei der Jagd, einer Unternehmung, die eine Kombination von Organisationsvermögen, Entschlossenheit, Taktik und Managementqualitäten voraussetzt. All dies wird von den beiden Alphatieren erwartet. Sie sind es, die die Jagdgründe auswählen, die Hatz anführen und den Befehl zum »Zuschlagen« geben. Aufgabe der Untergebenen ist es, ihnen zu folgen und sie zu unterstützen. Auch hierbei wird keinerlei Infragestellung der Autorität geduldet.

Ist die Beute erlegt, heben die Alphatiere ihren Status in der Regel dadurch hervor, indem sie vor allen anderen fressen. Erst wenn sie signalisieren, genug zu haben, darf sich der Rest des Rudels bedienen – und auch das streng nach Hackordnung, die Älteren zuerst, die Kleinen ganz zuletzt. Zum Lager zurückgekehrt, werden die Welpen und die Tiere, die auf sie aufgepasst haben, mit Brocken gefüttert, die die Jäger hervorwürgen. Für das Rudel hat das alles durchaus seinen Sinn. Schließlich hängt das Überleben der gesamten Gemeinschaft davon ab, dass das Alphapärchen körperlich in guter Verfassung bleibt.

Das letzte Gebiet, auf dem die beiden ihre Vorherrschaft demonstrieren, sind Zeiten vermeintlicher Gefahr. Bei einer Bedrohung des Rudels besteht ihre Aufgabe darin, es um jeden Preis zu beschützen. Das tun sie, ohne Einschränkung, mit der ganzen Autorität, die das Rudel von ihm erwartet. Sie entscheiden sich für eine von drei möglichen Handlungsweisen: Flucht, Erstarrung oder Angriff. Welche dieser Reaktionen das Paar auch an den Tag legt, das gesamte Rudel wird sich ihm anschließen.

Die vier Fragen, die ein Hundehalter beantworten muss

Wenn Sie einen glücklichen, wohlgeratenen Hund an Ihrer Seite haben möchten, müssen Sie eines begreifen: Sie sind der Anführer – und nicht er. Um das gleich zu Beginn zu verdeutlichen, müssen Sie sich auf die vier entscheidenden Gebiete konzentrieren, auf denen Hunde miteinander kommunizieren, und dabei die entsprechende Rolle einnehmen. Insbesondere auf die folgenden vier Fragen müssen Sie stets die richtige Antwort parat haben:

- **Wer ist der Chef, wenn das Rudel nach einer vorübergehenden Trennung wieder zusammenkommt?**
- **Wer ist der Anführer, wenn das Rudel auf die Jagd geht?**
- **Wer darf zuerst fressen?**
- **Wer beschützt uns, wenn das Rudel bedroht wird?**

Der Halter muss dafür sorgen, dass sein Hund in ihm, dem Menschen, die Antwort auf diese vier Fragen sieht. Zugleich muss der Hund ohne Druck oder gar Gewalt von selbst darauf kommen.

Kommunikation – die ersten Schritte

Jeder Hundehalter, dem sich die Chance bietet, einen Welpen von Geburt an bei sich zu haben, hat die einmalige Gelegenheit, sich ganz allmählich und fast unbemerkt als Oberhaupt einzuführen. Das beginnt schon bei den ersten Kontakten mit drei Wochen und geht dann bei der Entwöhnung von der Muttermilch und während der ersten Akte der Fellpflege weiter. Auch indem man bestimmt, wann gespielt wird, kann man seinen Status klarmachen.

Bei all diesen Gelegenheiten kann der Besitzer dem Hund die Botschaft übermitteln: *Ich übernehme die Verantwortung für dein Wohlergehen, und du kannst dich darauf verlassen, dass ich dieser Verantwortung auch gerecht werde.* Und da bereits der ganz junge Hund um die Bedeutung der Hierarchie weiß, kann er seinem Herrchen oder Frauchen getrost eine überlegene Position im Rudel zugestehen.

Das intensiviert sich später noch. Irgendwann wird der Hund keinerlei Zweifel mehr daran haben, dass sein Halter nicht nur in den vier für ihn

entscheidenden Lebenssituationen den Hut aufhat, sondern überhaupt der Chef des Rudels ist, dem er angehört. Im Entwicklungsstadium des Pioniers hat der Halter eine weitere Gelegenheit, dieser Erkenntnis mehr Nachdruck zu verleihen, und zwar durch Einführung der ersten Grundkommandos, die erforderlich sind, um die Sicherheit des Tieres zu gewährleisten.

Grundbefehle – »Komm« und »Sitz«

»Komm«

Das Leben eines acht Wochen alten Welpen ist noch bemerkenswert unkompliziert. Sein gesamtes Denken dreht sich um Schlafen, Fressen und Spielen. Wenn Sie das erste der wichtigsten Grundkommandos einführen möchten, die der Hund kennen muss – »Komm« –, können Sie auf die beiden letztgenannten Instinkte zurückgreifen. Fangen Sie unmittelbar nach den ersten achtundvierzig Stunden im neuen Zuhause damit an, sobald sich der Welpe ein bisschen eingelebt hat.

schritt für schritt

»Komm«

- Planen Sie die erste Übung im Anschluss an eine Mahlzeit.
- Halten Sie als Belohnung ein paar Leckerchen bereit, zum Beispiel kleine Streifen Trockenfleisch oder Käsestückchen.
- Ist der Hund mit Fressen fertig und möchte spielen, rufen Sie ihn mit seinem Namen.
- Wenn er Ihnen dann seinen »Sprichst du mit mir?«-Blick zuwirft, hocken oder knien Sie sich hin, strecken ihm die Hand mit dem Leckerchen entgegen und bitten ihn zu »kommen«. Ihre Stimme sollte sich dabei warm und einladend anhören.
- Rührt sich der Hund nicht vom Fleck, halten Sie ihm den Leckerbissen näher hin, so dass er ihn besser sehen, vor allem aber riechen kann.
- Kommt der Hund näher, belohnen und loben Sie ihn. Übertreiben Sie es aber nicht, vermitteln Sie ihm einfach nur, dass er seine Sache gut gemacht hat.
- Streicheln oder wuscheln Sie den Hund im Nacken, um Ihre Vorrangstellung zu betonen (in der freien Natur ist die Berührung dieser ungeschützten Körperstelle ein deutliches Zeichen für Autorität).
- Wenn der Hund auf Sie losstürmt beziehungsweise an Ihnen hochspringt oder

sich hinlegt, um weiter gestreichelt zu werden, stehen Sie sofort auf und gehen weg.

- Das tun Sie auch, wenn der Hund nach ein paar Minuten immer noch nicht auf Ihre Aufforderung reagiert. Versuchen Sie es ein paar Stunden später erneut.
- Kommt der Hund überhaupt nicht, wenden Sie sich ab und gehen Ihren Alltagsverrichtungen nach. Machen Sie erst nach ein paar Stunden weiter. Verlieren Sie aber nicht die Geduld. Irgendwann wird der Hund reagieren, und damit haben Sie dann schon einen bedeutenden Grundstein für die weitere Erziehung gelegt.

»Sitz«

In bestimmten Situationen, etwa beim Kämmen und Bürsten oder wenn Medizin verabreicht werden muss, ist es äußerst nützlich, wenn Sie Ihren Hund dazu bekommen können, dass er sich setzt. Auch dieses Kommando sollte er daher schon sehr früh kennen lernen. Und nun möchten Sie zwar, dass er von nun an völlig problemlos »Sitz« macht, aber natürlich nicht aus Angst oder weil er sich bedroht fühlt. Er soll sich aus freien Stücken hinsetzen, einfach weil er weiß, dass es eine gute Sache ist. Wie wir Menschen sind auch Hunde im Grunde ziemlich selbstsüchtig und funktionieren nach dem Motto »Was bringt mir das?«. Folglich muss der Hund schon ganz früh eine positive Assoziation herstellen können, damit er es freiwillig tut. Am Anfang gelingt dies am besten mit einem Leckerchen als Verstärkung.

schritt für schritt

»Sitz«

- Nehmen Sie ein Leckerchen in die Hand, zeigen Sie es dem Hund und bewegen Sie es über seinem Kopf hin und her.
- Dabei sagen Sie »Sitz«. Ihre Stimme ist freundlich, warm und nicht die Spur bedrohlich.
- Der Hund wird dem Leckerchen sicherlich mit dem Blick folgen. Dabei legt er instinktiv den Kopf nach hinten. Dann neigt sich auch der Körper des Hundes nach hinten, bis er mit dem Po den Boden berührt.
- In dem Moment, in dem er mit dem Hinterteil auf dem Boden aufkommt,

1. »Sitz«: Um zu erreichen, dass sich der Hund setzt, bewegen Sie ein Leckerchen über seinem Kopf hin und her.

2. »Guter Hund«: Er bekommt es als positive Verstärkung, sobald er getan hat, was Sie von ihm erwarten.

belohnen und loben Sie den Hund aus vollem Herzen, streicheln ihn und geben ihm noch einen Leckerbissen.

- Hunde können keine Gedanken lesen. Wenn es also nicht gleich beim ersten Mal richtig klappt, versuchen Sie es noch einmal und immer wieder. Bleiben Sie dabei ganz ruhig und gelassen.
- Falls der Hund nach hinten ausweicht, statt zurückzukippen, üben Sie vor einer Wand oder einer geschlossenen Tür, um ihm diesen Weg zu verbauen.
- Wenn es dann immer noch nicht klappt, berühren Sie den Hund leicht am Hinterteil und bewegen das Leckerchen wieder über seinem Kopf hin und her. Ihre Hand dient dabei nur als Orientierungshilfe. Es ist ähnlich wie bei einem Baby, das noch nicht allein sitzen kann.
- Im Erfolgsfall wiederholen Sie das Ganze gleich noch zwei-, dreimal.
- Die drei Elemente – das Wort »Sitz«, das Auf den-Hintern-Kippen und die Belohnung – sind im Kopf des Hundes jetzt unauslöschlich und positiv miteinander verbunden.

Den Kontrolleur kontrollieren

Es scheint mir wichtig, darauf hinzuweisen, dass Sie die Grundkommandos am Anfang nur sehr sparsam einsetzen sollten. Keinesfalls dürfen Sie den

Hund jedes Mal, wenn er zu Ihnen kommt, auffordern, sich zu setzen. Die Gründe dafür sind ganz simpel: So ein Hund ist ein äußerst manipulatives Wesen, das die Tatsache, dass es diese Prinzipien kapiert hat – und Sie sich so offensichtlich darüber freuen – nach Kräften ausnutzen könnte. Nicht auszuschließen, dass das Tier von nun an ständig ankommt und freiwillig anbietet, sich zu setzen. Darauf dürfen Sie sich gar nicht erst einlassen. Denn vergessen Sie nicht: Der Sinn der Grundkommandos besteht darin, Ihren Status als Anführer zu untermauern. Wenn Sie nun aber dem Hund die Entscheidung überlassen, wann er sich setzt – und seine Belohnung bekommt –, gefährden Sie Ihre Position und lassen sich von ihm dirigieren. Sehen Sie sich also vor.

Alles dreht sich ums Fressen

Futter als Instrument der Disziplinierung

Futter ist eines der wichtigsten Erziehungsmittel, die uns zur Verfügung stehen. Jeder Wolf in der Wildnis weiß, dass man sich sein Futter verdienen muss und dass es keineswegs selbstverständlich ist. Genau diese Botschaft muss auch Ihr Hund so früh wie möglich erhalten. Im Einzelnen sollte er lernen:

- **Futter ist nicht einfach so da. Man muss es sich erarbeiten.**
- **Der Mensch, der ihm das Fressen hinstellt, ist sein neuer Beschützer, den er braucht und den er sucht.**
- **Beim Fressen sind bestimmte Verhaltensregeln zu beachten.**

All diese Punkte müssen von Anfang an klargestellt werden.

Regeln, die Sie beim Füttern beachten sollten

In diesem Alter sind beim Füttern einige ganz einfache Regeln zu beachten. Die vier wichtigsten beziehen sich auf Dinge, die Sie unbedingt vermeiden sollten.

Gebissgymnastik: Kaustreifen trainieren das Gebiss und sorgen dafür, dass die Zähne gesund bleiben.

Kein Fressen zwischendurch

Beim Fressen sind Hunde Opportunisten. Wenn sich ein Häppchen bietet, greifen sie zu. Aber dadurch wird natürlich das Grundprinzip unterminiert, das Sie Ihrem Hund gerade versuchen beizubringen, nämlich dass ausschließlich Sie das Futter bereitstellen. Deshalb dürfen Sie ihn damit nicht durchkommen lassen. Es ist wichtig, dass Sie das auch den anderen Familienmitgliedern verständlich machen. Eventuelle Besucher müssen es ebenfalls wissen. Anderenfalls kann es nämlich sein, dass sie die bereits erzielten Erfolge zunichte machen – einfach dadurch, dass sie ihm ein Leckerchen zustecken.

Keine festen Fütterungszeiten

Hunde sind ja ziemlich schlau. Würden Sie nun feste Fütterungszeiten einführen, würde das Tier schnell spitz kriegen, wann er mit seinem Futter rechnen kann. Folglich sollten Sie die Fütterungszeiten ganz bewusst variabel halten, damit sich der Hund nicht darauf einstellen kann. So sorgen Sie dafür, dass er die Botschaften, die Sie ihm übermitteln wollen, auch tatsächlich versteht: *Ich bin hier der Anführer und bestimme, wann es etwas zu fressen gibt.*

Immer mit der Ruhe!

Die Fütterung bietet eine ausgezeichnete Gelegenheit, gutes Benehmen zu lehren, deshalb sollte es dabei ruhig und kontrolliert zugehen. Da der Geruchssinn des Hundes so gut entwickelt ist, zieht es ihn magisch in die Küche (oder an jeden anderen Futterplatz), sobald Sie sich anschicken, ihm sein Fressen vorzubereiten. Wenn er dann anfängt herumzuspringen oder allzu aufgeregt ist, warten Sie einfach ab. Sie müssen gar nichts sagen, sondern stehen nur da, die Schüssel mit dem Futter außer Reichweite, bis er sich wieder beruhigt hat. Erst jetzt fahren Sie fort und stellen ihm sein Fressen hin. Danach sollten Sie weggehen. Als Anführer verdeutlichen Sie somit, dass nun der Hund an der Reihe ist.

Gestatten Sie nicht, dass der Hund sein Fressen stehen lässt

Ihr Hund muss lernen, dass nicht er bestimmt, wann es etwas zu fressen gibt. Und deshalb darf er zwar mal eine kurze Verdauungspause vor dem Napf einlegen, weggehen aber ist nicht gestattet. Falls er das tut, MÜSSEN Sie den Napf sofort entfernen. Und Sie dürfen ihn auch nicht wieder hinstellen, wenn der Hund zurückkommt. Er muss begreifen, dass Fütterung genau das ist – Fütterung. Und keine Gelegenheit für einen kleinen Spaziergang oder sonstige Dinge. Das hört sich vielleicht hart an, der Hund wird die Lektion aber bestimmt schnell begreifen.

Häufig auftretende Probleme

Zähne: Schnappen und Beißen

Es gibt kaum etwas Schöneres als einen ausgelassenen kleinen Welpen, der es sich gut gehen lässt. In diesem Alter scheint die Energie des Hundes geradezu grenzenlos zu sein. Und er schöpft sie nach Kräften aus, tobt herum und erkundet jeden Flecken seiner immer größer werdenden neuen Welt. Doch die Grenzen zwischen Übermut und schlechtem Benehmen sind fließend, und so mancher Pionier neigt dazu, sie zu überschreiten.

In diesem Alter fangen viele Hunde an, zu schnappen oder zu beißen. Oder sie nagen an Möbeln, Polstern und Kleidung herum. Das ist natürlich nicht böse gemeint. Den Unterschied zwischen einem Spüllappen und einer teuren Gardine kennt der Hund nun einmal nicht: Für ihn ist beides potenzielles Spielzeug. Trotzdem ist ein solches Benehmen natürlich inakzeptabel und muss von vornherein unterbunden werden, damit es sich später nicht zu einem ernsten Verhaltensproblem auswächst.

Vergessen Sie nicht: Ihr Hund ist immer noch am Zahnen. Allmählich werden seine Milchzähne durch das Erwachsenengebiss ersetzt, und auch diese neuen Zähne müssen trainiert werden. Nicht zuletzt deshalb ist es empfehlenswert, dem Tier regelmäßig Knochen vorzusetzen. Beim Spielen

haben Sie reichlich Gelegenheit, eventuelles schlechtes Benehmen im Keim zu ersticken.

Wenn der Hund etwas tut, was Ihnen nicht gefällt, also etwa an einem Stuhl nagt, seine Zähnchen ins Sofa schlägt oder am Vorhang zupft, gehen Sie an die Spielzeugbox und werfen ihm einen Kauknochen oder dergleichen hin. Damit machen Sie ihm ein weiteres Mal klar, dass allein Sie bestimmen, wann und womit gespielt wird. An seinem Kauspielzeug darf der Hund nun nach Herzenslust herumnagen und sein Gebiss trainieren. Zehn, fünfzehn Minuten sind ausreichend. Wenn sein Interesse anfängt nachzulassen, holen Sie sich das Spielzeug zurück. Achten Sie dabei aber darauf, dass es nicht zu einem Tauziehen zwischen Ihnen und dem Hund kommt. Wenn er sich etwas beruhigt hat, rufen Sie ihn zu sich und belohnen ihn mit einem leckeren Häppchen.

Sollte er sofort wieder anfangen, an irgendwelchen Sachen herumzukauen, ist das ein Zeichen, dass Sie ihm vorher nicht genügend Zeit gelassen haben. Geben Sie ihm sein Kauspielzeug dann ruhig wieder.

Die Angst vor der Unabhängigkeit

Für einen acht Wochen alten Welpen ist die Erfahrung, von seinem Wurf getrennt zu werden, meistens ausgesprochen traumatisch. Er weiß instinktiv, dass er dringend auf die Sicherheit des Rudels angewiesen ist. Und dieses Rudel bestand nun einmal – bisher jedenfalls – aus seiner Mutter und den Wurfgeschwistern. So ist es kaum verwunderlich, wenn sich der Pionier in den ersten Tagen und Wochen im neuen Heim mitunter verängstigt und verlassen vorkommt. Er wird viel jaulen. Eigentlich ist es eher ein ständiges leises Wimmern, trotzdem ist es für den Halter quälend. Damit der Hund nicht noch mehr Angst bekommt, müssen Sie jetzt schnell und entschieden handeln.

In den ersten achtundvierzig Stunden haben Sie ihn für den Verlust seiner Hundefamilie entschädigt, indem er sich ganz in Ihrer Nähe aufhalten durfte. Doch jetzt muss er lernen, unabhängig zu werden. Sie müssen ihm beibringen, dass er manchmal allein sein wird, ihm aber zugleich vermitteln, dass seine Sicherheit auch dann gewährleistet ist.

Das fällt vielen Hundebesitzern gar nicht so leicht, gerade wenn das Tier erst so kurz im Haus ist. Doch für das Wohl des Hundes ist es unerlässlich. Das Schlechteste, was Sie in dieser Situation tun könnten, wäre, das Ganze als eine Übergangsphase zu betrachten, die sich von selbst erledigt. Denn dann bleibt die Angst bestehen und wird zu einer Gewohnheit, die sich später zu einer ernsthaften Trennungsphobie auswachsen kann, die ziemlich anstrengend sein kann.

Sie sollten den Hund jedoch ganz allmählich an die Unabhängigkeit heranführen. Er muss sich daran gewöhnen können, dass Sie weg sind, zunächst nur kurze Zeit, dann aber auch für länger.

Hier die wichtigsten Schritte:

- Wenn Sie den Hund zum ersten Mal allein lassen möchten, sollten Sie ihn zunächst füttern und ihn seine Geschäfte machen lassen und dann ein bisschen mit ihm spielen.
- Danach verlassen Sie den Raum und sorgen dafür, dass der Hund Ihnen nicht folgen kann. Sie bleiben etwa zehn bis dreißig Minuten fort. Am besten verlassen Sie das Haus am Anfang gar nicht, sondern nutzen die Zeit, um irgendwelchen Beschäftigungen nachzugehen oder ein Bad zu nehmen.
- Stellen Sie leise das Radio an, damit keine so große Stille entsteht, wenn Sie gehen.
- Der Hund wird jetzt wahrscheinlich ein Nickerchen machen wollen.
- Wenn Sie dann wiederkommen, ist er bestimmt außer sich vor Freude, aber Sie dürfen trotzdem kein Riesentheater veranstalten. Vermeiden Sie in den folgenden ungefähr fünf Minuten, bis er sich wieder beruhigt hat, jeden Kontakt. Achten Sie vor allem darauf, dass Sie dem Hund in dieser Zeit nicht direkt in die Augen schauen.
- Danach dürfen Sie gute zehn Minuten mit ihm spielen, ihn streicheln und ihm Ihre Zuneigung zeigen.
- Wiederholen Sie diese Prozedur von nun an regelmäßig und verlängern Sie die Zeit der Trennung von Mal zu Mal um ein paar Minuten.

Bei dieser Übung lernt der Hund zwei wichtige Lektionen. Zunächst einmal beginnt er zu begreifen, dass zeitweilige Trennungen ganz normal sind. Und zweitens lernt er, dass sie kein Grund sind, Angst zu haben. Beides ist von großer Bedeutung, wenn sich der Hund in den Haushalt integrieren und im Alltag bewähren soll.

Nächtliches Jaulen

Viele Welpen weinen nachts während der Eingewöhnungsphase. Das ist, wie gesagt, nicht weiter überraschend. Wir Menschen gehen abends erst ins Bett, nachdem wir Türen und Fenster fest verriegelt haben und sicher sind, dass uns nichts geschehen kann. Ob wir bei sperrangelweit geöffneten Türen wohl auch nur ein Auge schließen könnten?

Das aber ist genau die Situation, in der sich der Welpe befindet. Er kann ja nicht wissen, was es mit einem Türschloss auf sich hat. Für ihn drohen dem Haus alle nur möglichen Gefahren. Und in der Dunkelheit der Nacht steigert sich seine Angst vor diesen potenziellen Bedrohungen ins schier Unermessliche.

Wenn Ihr Hund also in der Nacht jault, müssen Sie ganz entschieden auftreten, damit er weiß, dass er in Sicherheit ist.

Vergewissern Sie sich zunächst, dass er kein Geschäft machen muss. Tun Sie das ganz sachlich, indem Sie ihm einfach die Gelegenheit geben, durch die Tür zu gehen und das Haus zu verlassen. Will er nicht, bekunden Sie Ihr Missfallen. Jedoch nicht, indem Sie schimpfen oder die Stimme erheben. Bedenken Sie ihn nur mit einem missbilligenden Blick – schauen Sie genau so streng wie Ihre Mutter, als Sie noch ein Kind waren.

Der Welpe wird sich höchstwahrscheinlich mit wedelndem Schwanz hinstellen und Sie inständig bittend angucken. Gehen Sie nicht darauf ein, sondern schalten Sie das Licht aus und begeben sich ins Bett.

Das werden Sie bestimmt einige Male wiederholen müssen. Bleiben Sie stark. Irgendwann wird der Hund begreifen, dass er nicht allein ist und er sich deshalb auch nicht zu fürchten braucht. Zudem muss er lernen, sich an die Regeln zu halten, die von den Menschen in diesem Haushalt aufgestellt wurden. Und diese Regeln besagen: In der Nacht wird geschlafen. Um es noch einmal zu wiederholen: Das Wichtigste ist, dass der Hund allmählich lernt, sich nicht fürchten zu müssen, wenn es dunkel wird.

Die praktische Umsetzung ist unter Umständen gar nicht so leicht. In diesem Fall zahlt sich Beharrlichkeit jedoch aus zwei Gründen aus: Indem Sie wie beschrieben vorgehen, bringen Sie dem Hund erstens schon früh bei, Ihren Gesichtsausdruck zu deuten, was für die Zukunft wichtig ist. Und da Sie in der gegebenen Situation darauf verzichten, die Stimme zu erheben, halten Sie sich zweitens diese Option für spätere Eventualitäten offen. Falls Sie dieses Mittel dann bewusst einsetzen, wird seine Wirkung umso stärker sein.

Rivalität unter Hunden

Einen neuen Hund in einen Haushalt zu integrieren, in dem es bereits einen oder mehrere Artgenossen gibt, ist mitunter schwierig, was aber auch nicht verwundert. Die Vorrangstellung der menschlichen Mitglieder des »Rudels« sollte zwar klar sein, doch davon abgesehen haben auch die Hunde ihre eigene Rangordnung. Diese ergibt sich manchmal ganz von selbst, ohne größere Konfrontationen. Mitunter sind die Tiere aber auch so konkurrenzbetont, dass es zu Aggressionen und sogar Gewalttätigkeiten kommt.

Aus diesem Grund wäre es empfehlenswert, den Neuen seinen späteren Hausgenossen schon vorab vorzustellen, und zwar auf neutralem Gebiet. Im Idealfall lassen sich sogar mehrere Treffen arrangieren. Ein guter Züchter räumt Ihnen diese Möglichkeit gern ein und ist auch bereit, den Welpen so lange bei sich zu behalten, bis der Integration im neuen Zuhause nichts mehr im Weg steht. Im (unwahrscheinlichen) Extremfall, dass die gegenseitige Antipathie unter den Hunden bedrohliche Züge annimmt, müsste er auf Wunsch auch den Kaufvertrag ohne weiteres rückgängig machen.

Sollte es jedoch nicht so ideal laufen, müssen wir überlegen, wie es trotzdem möglich ist, einen neuen Hund in die existierende Gemeinschaft zu integrieren. Falls die anderen Hunde den Neuen tatsächlich erst bei seiner Ankunft kennen lernen, hat diese Begegnung absoluten Vorrang. Der Halter muss dafür ein neutrales Terrain wählen – keinesfalls einen Ort, mit dem

Unterschiedliche Charaktere: Ein neuer Hund wirft häufig Rangfragen auf.

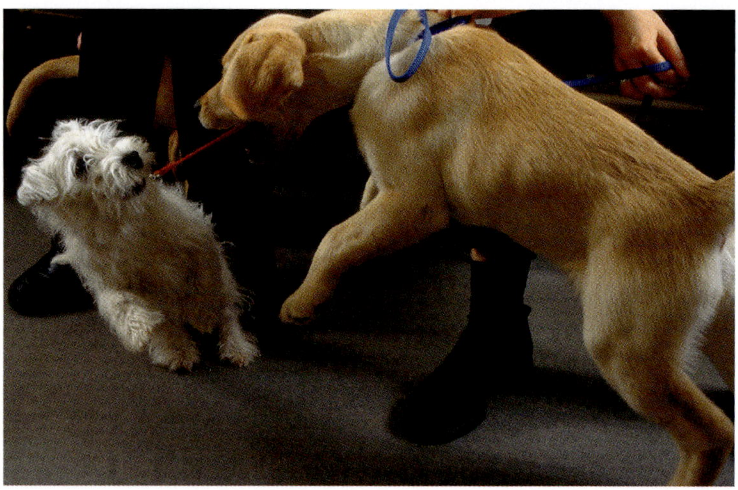

das Rudel starke Assoziationen verbindet. Darüber hinaus sollte er sich von jemandem unterstützen lassen, der sich entweder um den Neuen oder um die alteingesessenen Hunde kümmert.

Besteht das existierende Rudel aus mehr als einem Hund, sollten die Tiere dem Neuankömmling einzeln vorgestellt werden, und zwar in jedem Fall auf gleicher Augenhöhe. Da der Neue vermutlich eine Leine um hat, sollten auch die anderen nicht frei herumlaufen dürfen. Bekommt der eine etwas zu spielen oder ein Leckerchen, darf auch der andere nicht leer ausgehen. Dadurch bekräftigen Sie zugleich auch Ihre Vorrangstellung im Rudel.

Dann dürfen sich die Hunde kennen lernen. Für Sie lautet dabei die Devise: Keine Panik! Die Hunde werden einander taxieren. Machen Sie sich keine allzu großen Sorgen, sollten sie anfangen, sich gegenseitig anzuknurren. Wenn Sie ganz entspannt bleiben, stellen Sie damit zugleich Ihre unerschütterliche Überlegenheit unter Beweis. Letztlich genießen alle Hunde die Gemeinschaft von Artgenossen. Und mit genügend Zeit und Platz können sich sogar aus den verrücktesten Paarungen noch enge Freundschaften ergeben.

Haben die Hunde erst einmal Kontakt aufgenommen, dürfen sie einander allmählich näher kommen. So nahe, dass sie miteinander spielen können. Das ist das Natürlichste von der Welt, und Sie sollten es einfach geschehen lassen.

Je länger das so geht, desto besser. Doch irgendwann heißt es nach Hause gehen. Heimfahren sollten alle gemeinsam. Sträubt sich der »alte« Hund, wird zuerst der Neue ins Auto verfrachtet. Sollte es während der Fahrt brenzlig werden, kommt der Neue auf einen anderen Sitz. Zu Hause behandeln Sie die Hunde gleich. Zunächst bleiben alle an der Leine. Wenn es dann in den Garten geht, dürfen alle zur gleichen Zeit raus und sich näher beschnuppern, aber immer nur unter Aufsicht.

Es kann natürlich sein, dass sie nicht sofort miteinander klarkommen. Dann ist der Halter aufgefordert, gesunden Menschenverstand und Flexibilität an den Tag zu legen. Wenn sich die Tiere auf Anhieb verstehen, dürfen sie ruhig nahe beieinander schlafen. Gehen sie sich allerdings an die Gurgel, müssen sie getrennt werden. Das gilt auch für eventuelle andere Haustiere, die Sie noch haben: Katzen, Kaninchen oder was auch immer. Wenn alles reibungslos läuft, dürfen die Tiere zusammenbleiben. Kommt es zu Spannungen, werden sie getrennt. Gehen Sie lieber auf Nummer sicher. Und verlieren Sie nicht die Geduld.

»Wie Hund und Katz«: Wenn Sie es richtig anstellen, lassen sich Konkurrenzkämpfe mit Angehörigen anderer Tierarten schnell beilegen.

Machtkämpfe mit anderen Tieren

Kein Hund schert sich großartig darum, wie sich das Rudel zusammensetzt, in dem er lebt. Er akzeptiert so ziemlich alles, was sich den Raum mit ihm teilt, egal ob Mensch, Hund oder auch andere Tiere. In der Regel hat er damit keinerlei Probleme.

Trotzdem kommt es auch vor, dass sich ein Hund einmal nicht so leicht mit anderen Tieren vergesellschaften lässt. Dann ist große Umsicht gefragt. Falls es dem Hund schwer fällt, ein anderes Tier, zum Beispiel eine Katze, unter demselben Dach zu akzeptieren, sollten Sie ihn anleinen, sobald die beiden in einem Zimmer zusammen sind. So können Sie ihn zurückhalten, falls er Anstalten macht, auf die Samtpfote loszugehen. Ganz wichtig ist dabei, dass Sie kein großes Drama daraus machen. Schreien oder schimpfen Sie nicht. Ignorieren Sie es einfach. Irgendwann wird sich der Hund schon wieder beruhigen.

Mit anderen Kleintieren könnte es gefährlicher werden, schließlich dürfen Sie nie vergessen, dass der Hund ein Raubtier ist. Mit Hamstern, Hühnern und dergleichen sollten Sie ihn daher nie allein lassen.

Wohlbefinden

Impfungen

Jetzt ist die Zeit gekommen, dass Sie die ersten Impfungen ins Auge fassen sollten. Der Immunschutz des Welpen durch die Muttermilch wird in den Wochen nach der Geburt schnell schwächer. Er halbiert sich, wie Tierärzte sagen, alle acht Tage, so dass er irgendwann zwischen der sechsten und der zwölften Lebenswoche praktisch völlig erlöscht. Danach ist der Welpe nicht mehr von Natur aus gegen die fünf gefährlichsten Infektionskrankheiten gefeit, die Hunde heimsuchen können. Da Vorbeugung bekanntlich die beste Medizin ist, sollten Sie also nicht zögern, Ihren Kleinen jetzt schon, also zwischen der sechsten und der zehnten Woche, impfen zu lassen.

Die fünf gefährlichsten Hundekrankheiten

Hundestaupe

Diese hochinfektiöse Viruserkrankung, die zu den gefährlichsten überhaupt gehört, trifft insbesondere junge Hunde in städtischen Gebieten. Übertragen wird sie in der Regel über Urin, Kot und Speichel. Der Hund kann sich aber auch durch Tröpfcheninfektion anstecken. Das Virus greift Haut, Augen, Nase, Lungen, Magen und Darm an und führt zu üblem Ausfluss der Augen und der Nase. Weitere Folgen können sein: Lungenentzündung, Durchfall, Erbrechen und Dehydrierung. Etwa jeder zweite betroffene Hund bekommt auch Krämpfe.

Da Hundestaupe sehr häufig zum Tode führt, muss das Tier, wenn sich die ersten Symptome zeigen, sofort zum Arzt gebracht werden.

Hepatitis

Diese Krankheit, bei der zunächst die Leber angegriffen wird, stellt gerade für junge Hunde eine große Gefahr dar, insbesondere in den ersten zwei Lebensjahren. Genau wie Staupe wird auch Hepatitis über Kot, Speichel, Urin sowie auf dem Wege der Tröpfcheninfektion übertragen.

Die Erreger kommen durch die Blutbahn in die Leber und zerstören dort die Zellen, was dazu führt, dass sich die Leber vergrößert und entzündet. Die Folgen: Gelbsucht, starke Leibschmerzen, Erbrechen und Dehydrierung. Das Virus kann auch Augen und Nieren schädigen. In ganz schweren Fällen führt Hepatitis innerhalb von vierundzwanzig Stunden zum Tod. Eines sollten Sie noch wissen: Falls sich der Hund wieder erholt, bleibt er noch bis zu neun Monaten Träger des Virus und kann die Krankheit über den Urin weiterverbreiten.

Parvovirose

Diese Viruserkrankung kam erst in den Achtzigerjahren des letzten Jahrhunderts auf. Übertragen wird sie überwiegend direkt, also von Hund zu Hund, aber auch über den Kot infizierter Tiere. Dabei wird der Magen angegriffen. Eine besondere Gefahr stellt die Parvovirose für Welpen dar, bei denen es in der Folge sogar zu Entzündungen des Herzens kommen kann. Parvovirose ist insbesondere auch deshalb sehr ernst zu nehmen, weil die Erreger extrem widerstandsfähig sind. In unserer normalen Umgebung können sie länger als ein Jahr überleben und sind auch gegen viele Desinfektionsmittel immun.

Der Verlauf der Parvovirose kann von Hund zu Hund sehr unterschiedlich sein. Während einige »nur« unter Erbrechen, blutigem Durchfall, erhöhter Temperatur und innerer Austrocknung leiden, kommt es bei anderen zu völliger Entkräftung und schließlich zum totalen körperlichen Zusammenbruch. Manche Hunde sterben sogar daran, mitunter innerhalb von nur vierundzwanzig Stunden.

Leptospirose

Hierbei handelt es sich um eine bakterielle Infektion, die auch beim Menschen zu einer ernsten Erkrankung – in seltenen Fällen sogar zum Tode – führen kann. Leptospirose schädigt Leber, Nieren und Blutgefäße. Sie wird durch direkten Kontakt von Hund zu Hund übertragen, überwiegend jedoch durch den Urin. Das Tier kann sich aber auch infizieren, wenn die Erreger beispielsweise durch kleine Schnittwunden oder Kratzer in den Ballen der Pfoten eindringen.

Als Folge der Infektion kann es zu Gelbsucht, inneren Blutungen, Erbrechen, schwarzem Durchfall und schwerer Dehydrierung kommen. Eine eventuelle Vergrößerung der Leber verursacht extreme Bauchschmerzen, die Schädigung der Niere kann im schlimmsten Fall zu Nierenversagen führen. Glücklicherweise ist das Virus, das die Leptospirose erregt, nicht so unverwüstlich wie das Parvovirus. Desinfektionsmittel töten es ab.

Auch diese Erkrankung kann in unterschiedlich schwerer Form auftreten. Im Extremfall kommt es innerhalb von zwei Tagen zum Tod.

Zwingerhusten

Zwingerhusten ähnelt in vieler Hinsicht der Erkältung beim Menschen. Er ist äußerst ansteckend und wird auf dem Wege der Tröpfcheninfektion hauptsächlich in größeren Hundepopulationen, wie etwa Hundepensionen, Hundeschulen oder -ausstellungen, von Tier zu Tier übertragen. Die Inkuba-

tionszeit beträgt etwa zehn Tage. Die ersten wahrnehmbaren Symptome der Erkrankung sind Niesen, trockener Husten und Appetitlosigkeit. Glücklicherweise führt sie aber selten zum Tode. Akut ist der Zwingerhusten nur für kurze Zeit, in der Regel zwei bis drei Wochen. Der Halter muss trotzdem äußerste Vorsicht walten lassen, denn nach dem Abklingen der Symptome kann das Tier die Krankheit noch bis zu zehn Wochen lang übertragen.

Wann impfen?

Über den Zeitpunkt der Erstimpfung gehen die Meinungen auseinander. Besitzer von Hunden, die ein besonders hohes Risiko haben, sich eine der fünf genannten Infektionskrankheiten zuzuziehen, lassen ihr Tier bereits in der sechsten oder siebenten Lebenswoche impfen, andere warten bis zur zehnten. Dass die ersten Impfungen jedoch spätestens mit drei Monaten erfolgen sollten, wird von niemandem in Frage gestellt.

Im Grunde hängt es ganz davon ab, was Sie persönlich in den kommenden Wochen und Monaten mit dem Hund vorhaben. Soll er beispielsweise mit in den Urlaub fahren oder kommt an einen Ort, an dem zahlreiche Hunde frei herumlaufen, ist das Risiko einer Virusinfektion groß und entsprechend früh sollte er geimpft werden. Bleibt er dagegen bei Ihnen und seinen Wurfgeschwistern zu Hause, ist es nicht ganz so eilig. Wenn Sie nicht genau wissen, wie Sie sich verhalten sollen, konsultieren Sie am besten den Tierarzt.

Warum impfen?

Viele Halter fragen sich, warum sie ihren Hund überhaupt impfen lassen sollen. Die Antwort hört sich zunächst paradox an, ist aber im Grunde ganz einfach: Weil lebensbedrohliche Krankheiten in unseren Breiten heute ausgesprochen selten auftreten. Die Tatsache, dass tödliche Krankheiten wie Staupe und Parvovirose bei uns nur noch äußerst sporadisch vorkommen, ist praktisch zu hundert Prozent dem existierenden Impfwesen zu verdanken. Ein anderer wichtiger Punkt, über den man sich im Klaren sein muss, ist, dass es im Unterschied zur Humanmedizin für die wichtigsten Hundekrankheiten keine speziellen Heilmittel gibt. Zieht sich Ihr Tier eine davon zu, ist es mit hoher Wahrscheinlichkeit dem Tod geweiht. Kein verantwortungsbewusster Hundebesitzer käme auch nur auf die Idee, sein Tier nicht impfen zu lassen.

Auffrischungsimpfungen

Wie lange der Impfschutz anhält, ist nicht so genau bekannt und wird in der Tiermedizin heute heftig diskutiert. Einige Veterinäre empfehlen jährliche Folgeimpfungen, andere sprechen sich für einen Dreijahresrhythmus aus. Wie Sie es damit halten möchten, werden Sie wohl für sich entscheiden müssen. Dabei ist eines klar: Wenn Sie mit dem Tier ins Ausland fahren oder es in eine Hundepension geben wollen, müssen die Impfpapiere auf einem aktuellen Stand sein.

Fellpflege: Gesundheitsvorsorge

Die Bedeutung der Fellpflege kann gar nicht hoch genug bewertet werden. Es geht um viel mehr als nur um das ansprechende Aussehen des Tieres. Zunächst und vor allem bietet sich Ihnen dabei eine wunderbare Gelegenheit, die Gesundheit Ihres Hundes zu erhalten und regelmäßig zu checken. Sein Fell ist allerlei Gefährdungen ausgesetzt und muss daher kontinuierlich gepflegt werden.

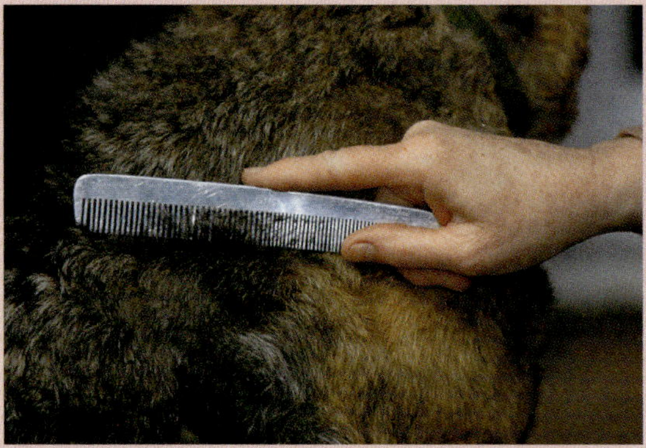

Kammkontrolle: Auch kurzhaarige Hunde sollten regelmäßig gründlich durchgekämmt werden, damit sie gesund bleiben.

Beim Kämmen und Bürsten lassen sich aber auch allgemeinere Gesundheitschecks vornehmen.

Während der Welpe dabei das Vertrauen, das er zu seinem Halter aufbaut, intensivieren kann, hat dieser zugleich die Gelegenheit, seinen Status im Rudel weiter zu verdeutlichen. Denn bei der Pflege berührt er auch die empfindlichsten Körperpartien des Hundes, und das ist bei den Wölfen auf freier Wildbahn nur den Alphatieren gestattet. Zudem übernimmt er das Säubern und Putzen, was der Hund normalerweise selbst macht – auch das ist ein Zeichen für den obersten Platz in der Rangordnung. Schließlich und endlich nimmt der Mensch dabei auch rein körperlich eine dominante Stellung ein, indem er sich über den Hund beugt, während er das Fell striegelt. Aus allen diesen Gründen sollten Sie so früh wie möglich anfangen, Haut und Haar des Tieres mindestens einmal pro Woche ausgiebig zu pflegen.

Die Bedeutung der Fellpflege

Das Haarkleid schützt den Hund vor zahlreichen möglichen Krankheiten. Es besteht aus zwei Schichten – dem schützenden Deckhaar und der feinen, wärmeisolierenden Unterwolle. Aufgrund der jahrhundertelangen Züchtungen ist das Fell bei den heutigen Rassen allerdings sehr unterschiedlich. So hat beispielsweise der Deutsche Schäferhund praktisch nur Deckhaar und so gut wie keine Unterwolle.

Unter natürlichen Bedingungen wälzen sich Wölfe im Staub oder Sand, um ihr Fell sauber zu halten. Das ist nicht nur eine gute Massage, sondern dabei werden auch Schmutzpartikel entfernt und es kommt zu einer vermehrten Produktion von Talg, einem natürlichen fetthaltigen Haut- und Fellschutzmittel. Auch unsere Hunde wälzen sich gelegentlich im Dreck, um sich sauber zu halten. Normalerweise aber lecken sie sich zu diesem Zweck. Das ist jedoch nicht ausreichend, insbesondere aufgrund der zahllosen unsichtbaren Gefahren, die dem Hund in der Menschenwelt drohen. Daher ist es an uns Menschen, das Fell des Tieres regelmäßig zu untersuchen und zu pflegen.

Hilfsmittel und Werkzeuge

- Softbürste
- Feinzinkiger Kamm
- Grobzinkiger Kamm
- Weichgummibürste
- Hundehandschuh
- Drahtbürste
- Gummihandschuhe
- Entfilzungsstriegel
- Schere zum Ausdünnen des Fells
- Schere mit abgerundeten Enden

Die Pflegebedürfnisse der unterschiedlichen Rassen

Im Grundsatz sind die Pflegebedürfnisse immer dieselben, egal, um welche Fellart es sich handelt. Zweck der Übung ist stets die Entfernung abgestorbener Haare, Haut- und Fellreinigung, Stimulation der Fett produzierenden

Drüsen in der Haut, die dazu dienen, das Haarkleid so geschmeidig zu machen, dass es glatt und gesund aussieht. Tun Sie dem Hund aber nicht weh und stressen Sie ihn auch nicht mehr als nötig. Beherzigen Sie am besten folgende Grundregeln:

- Zerren Sie nicht an den Haaren.
- Wenn einige Stellen verfilzt oder verknotet sind und sich nicht mit einer weichen Bürste bearbeiten lassen, schneiden Sie das Fell dort lieber raus, als dass Sie minutenlang daran herumreißen. Es gibt nicht den geringsten Grund, dem Hund Schmerzen zuzufügen.
- Wenn Sie sich für eine Drahtbürste entscheiden, probieren Sie sie vor dem Kauf am besten auf Ihrem Handrücken aus. Ist sie für Sie zu hart, dann bestimmt auch für den Hund. Kaufen Sie lieber eine weichere.
- Bei Rüden sollten Sie darauf achten, den Genitalbereich nicht zu verletzen. Nehmen Sie die Hoden in die Hand, während Sie das Fell bürsten oder kämmen.

Je nach Fellart sind darüber hinaus spezifische Pflegehinweise zu beachten:

Glattes Fell

Es gibt zwei Arten von glattem Fell: das kurze, feine Haar des Whippets oder Boxers und das längere, dichtere wie beim Labrador oder Welsh Corgi. Das längere kann mit Kamm und Bürste gepflegt werden, für kürzeres Haar reicht in einer Regel sogar ein Hunde- oder Gummihandschuh.

Verschmutzungen lassen sich mit ein paar Tropfen Speiseöl anfeuchten und dann sanft entfernen. Bei längeren Haaren dürfen Sie generell auch das Unterfell nicht vernachlässigen.

Drahthaar

In diese Kategorie fallen die meisten Terrier-Arten sowie Rauhaardackel und Schnauzer. Alle diese Hunde sollten, genau wie Labradore und Welsh Corgis auch, mindestens zweimal in der Woche gründlich gekämmt und durchgebürstet werden. Bei diesem Felltyp ist das Verfilzen ein besonderes Problem. Verknotete Stellen müssen gegebenenfalls mit der Schere herausgeschnitten werden.

Ergänzend zu dieser normalen Pflege sollte die Unterwolle etwa alle drei Monate gestrippt und ausgezupft werden, am besten vom Hundefriseur. Da-

nach gibt es ein schönes Bad. Falls Sie es vorziehen, den Hund mit der Maschine scheren zu lassen, empfiehlt sich ein Rhythmus von sechs bis acht Wochen. Dabei wird das Fell jedoch vor allem gekürzt und kaum ausgedünnt, was aber nötig wäre. Auf Dauer ist das problematisch. Bei Drahthaarrassen wächst das Fell auch in der Augenpartie und rund um die Ohren. Dort sollten Sie es mit der Schere nachschneiden.

Langes Fell

Zu den Langhaarrassen gehören unter anderem der Collie, der Deutsche Schäferhund und der Bobtail. Bei ihnen ist tägliche Pflege unabdingbar. Zunächst entwirren Sie das Fell mit dem Entfilzungsstriegel (eventuelle Knoten schneiden Sie mit der Schere raus), dann bürsten Sie es ordentlich durch und kämmen es abschließend mit einem grobzinkigen Kamm. Besondere Aufmerksamkeit widmen Sie dabei bitte den Beinen, der Brust, dem Schwanz und dem Hinterteil. Zusätzlich müssen mindestens einmal im Monat alle überschüssigen Haare entfernt und schlimme Knoten herausgeschnitten werden.

Von Kopf bis Pfote: Hunde mit langem Fell brauchen intensive Ganzkörperpflege. Auch die Ohren dürfen dabei nicht zu kurz kommen.

Lockiges Haar ohne Fellwechsel

Solches Fell haben Pudel und Bichon frisés. Im Unterschied zu anderen Hunderassen gibt es bei ihnen keinen Fellwechsel, was die Pflege umso wichtiger macht. Diese Hunde sollten täglich ausgiebig mit einem speziellen »Entfilzungskamm« bearbeitet werden, besonders an den Außenseiten der Ohren und an den Pfoten. Das Wichtigste ist jedoch, dass ein solches Fell alle sechs bis acht Wochen geschoren werden muss. Am besten vielleicht von einem professionellen Hundefriseur. Der sollte sich auch um die Härchen kümmern, die im Inneren des Ohres wachsen und zu Problemen führen können, wenn sie nicht ständig gestutzt werden.

Seidiges Fell

Diese Fellart findet man bei vielen Rassen, unter anderem bei Afghanen, Lhasa Apsos, Spaniels und Yorkshire Terriern. Aus verschiedenen Gründen erfordert sie ganz besondere Pflege und Aufmerksamkeit. Zunächst einmal können die weichen Haare leicht völlig verknäueln. Um derartige Verfilzungen zu verhindern, müssen die Tiere daher regelmäßig gebürstet und gebadet werden. Auch besitzen einige Rassen, wie etwa der Malteser und der Yorkshire Terrier, keine schützende Unterwolle, entsprechend empfindlich ist die Haut. Beim täglichen Bürsten und Kämmen kommt es schnell einmal zu Verletzungen. Benutzen Sie deshalb als Erstes die Softbürste. Achten Sie aber bitte darauf, dass Sie nicht bis auf die Haut kommen. Danach nehmen Sie eine Bürste mit Naturborsten und kämmen das Fell abschließend mit einem grobzinkigen Kamm gründlich durch. Da sich bei ihnen viele abgestorbene Haare ansammeln, sollten solche Hunde darüber hinaus etwa alle drei Monate getrimmt werden – aber mit der Schere und nicht maschinell.

Baden

Über das Thema Baden wird unter Hundebesitzern heftig debattiert. Die einen befürworten ein regelmäßiges monatliches Bad, während die anderen völlig dagegen sind. Ein definitives Richtig oder Falsch gibt es in dieser Frage nicht. Letztlich bleibt es jedem selbst überlassen – und hängt natürlich auch von Rasse und Felltyp ab.

Dass viele Hunde gar nicht gern gebadet werden, verwundert nicht. Sie handeln nicht gern ihren Instinkten zuwider. Genau das aber wird beim Baden von ihnen verlangt.

Beim Wolf in der Wildnis kümmert sich das Fell sozusagen um sich selbst, ganz natürlich. Jedes Jahr wächst ihm ein schönes warmes Winterfell, das im Frühling mit dem Fellwechsel wieder ausfällt. Dieser Prozess wird noch dadurch unterstützt, dass sich die Tiere an Steinen und Felsen, Bäumen und Geröll schubbern. Auch gehen sie ins Wasser, um sich von den abgestorbenen Haaren zu befreien. Den Rest des Jahres über pflegt sich das Haar aufgrund des Talgs, den der Körper produziert, ganz von allein. Das ist ein vollkommen natürlicher Kreislauf.

Vom Haushund jedoch verlangen wir, dass er sich unseren Lebensverhältnissen und Hygienestandards anpasst. Wir mögen keine stinkenden Hunde – und zwar völlig zu Recht. Was natürlich den Standpunkt des Tieres außer Acht lässt. Für den Hund ist sein Geruch wichtig, um völlig mit dem Milieu, in dem er lebt, zu verschmelzen. Denn wenn er nach der ihn umgebenden Natur riecht, minimiert sich sein Risiko, aufzufallen und angegriffen zu werden. Und natürlich weiß der Hund auch, dass er umso »riechbarer« wird, je mehr er mit Seife und Shampoo traktiert wird. Und so kommt es häufig genug vor, dass sich der Hund unmittelbar nach Verlassen der Badewanne schon wieder im Dreck wälzt. Und das nicht etwa, weil er den

Wasserratte: Wenn Sie es geschickt anstellen, kann das Baden ein richtiges Vergnügen für den Hund werden.

Schmutz so liebt. Eigentlich ganz im Gegenteil, denn Hunde sind von Natur aus sehr sauber. Nein, der Hund tut so etwas, weil sein Fellgeruch nach dem Baden nicht mehr natürlich ist. Dann riecht er doch lieber etwas zünftiger.

Beim Baden kann das natürlich ein Problem darstellen. Folgendes sollten Sie daher beherzigen:

Verzichten Sie auf stark parfümierte Shampoos

Je intensiver der Duft ist, den der Hund nach dem Trocknen des Fells an sich hat, desto größer ist die Wahrscheinlichkeit, dass er ihn schnellstmöglich wieder loswerden möchte. Glücklicherweise gibt es jedoch viele praktisch geruchsneutrale Shampoos, denen Sie unbedingt den Vorzug geben sollten.

Welpen lieber nicht baden

Während der ersten Lebenswochen kümmert sich die Mutterhündin um die Fellpflege ihrer Kleinen. Danach sollte der Welpe erst einmal eine Weile in Ruhe gelassen werden. Zu den vielen Dingen, die er in dieser Zeit lernen muss, gehört auch, sich selbst sauber zu halten. Und in diesen Lernprozess sollten wir uns lieber nicht einmischen.

Badevergnügen – so geht's

Am besten sind Sie zu zweit, damit einer den Hund beim Einshampoonieren festhalten kann.

- Nehmen Sie dem Hund das Halsband ab und stellen ihn in die Wanne.
- Verwenden Sie die Handbrause oder einen Eimer, um das Fell am Rücken, an den Flanken und in der hinteren Körperpartie gut zu durchfeuchten.
- Arbeiten Sie das Shampoo im gesamten Fell ein, auch an den Beinen, den Ohren und am Kopf.
- Achten Sie darauf, dass der Hund kein Shampoo in die Augen bekommt.
- Für den Fall, dass dies doch einmal geschieht, sollten Sie ein feuchtes Handtuch bereithalten, mit dem Sie dem Hund ganz sanft die Augen abwischen können.
- Duschen Sie das Tier gründlich ab – vom Kopf aus nach hinten.
- Bei warmem Wetter können Sie dem Hund danach einen langen Auslauf gönnen, damit das Fell trocknen kann.
- Wenn es kühl ist, frottieren Sie ihn mit einem Handtuch gut ab und weisen ihm dann ein warmes Plätzchen zu, damit er sich nicht erkältet.
- Falls Sie einen Fön benutzen, muss der Hund ganz vorsichtig an das Gerät herangeführt werden, da ihn die Geräusche möglicherweise irritieren.

Kein zu häufiges Baden

Übertreiben Sie es nicht mit dem Baden. Die körpereigene Talgproduktion ist ein wichtiger Pflegefaktor. Durch zu häufiges Waschen riskieren Sie eventuell, dass dieser natürliche Prozess gestört wird. Und das kann problematisch werden.

Rassetypische Unterschiede

Aufgrund des menschlichen Erfindungsreichtums haben sich unsere Hunde sehr, sehr weit von ihrer ursprünglichen Natur entfernt. Das hat zur Folge, dass nicht alle Rassen dieselbe Fellpflege benötigen.

Da wären auf der einen Seite Rassen wie der American Cocker Spaniel, bei dem das Fell bis auf den Boden wächst. Er sieht aus wie ein Luftkissenboot und ist der reinste Staubfänger. Auf der anderen Seite des Spektrums befinden sich die Rassen mit kurzem Fell, wie es die Natur vorgesehen hat. Die müssen sie praktisch gar nicht baden. Und falls sich so ein Hund tatsächlich einmal in etwas absolut Scheußlichem wälzt, reicht es völlig, die verdreckten Stellen gut abzuputzen.

Bei den Hunden, die im Spektrum irgendwo zwischen diesen Extremen anzusiedeln sind, wird die Häufigkeit des Badens von ihren jeweiligen kör-

perlichen Eigenheiten diktiert. Cockerspaniels beispielsweise muss man regelmäßig die Ohren waschen, Boxern und Möpsen die Augen auswischen und dem Shar-Pei schließlich seine zahllosen Falten ausputzen.

Der Hundehalter als Heimtierarzt: Worauf Sie bei der Fellpflege achten sollten

Die Fellpflege ist eine gute Gelegenheit, sich um den gesundheitlichen Allgemeinzustand Ihres Hundes zu kümmern. Ganz so gründlich wie der Tierarzt werden Sie ihn natürlich nicht untersuchen können. Einige der wichtigsten Körperpartien, die der Veterinär kontrolliert, können aber auch Sie abchecken und so eventuelle Befindlichkeitsstörungen oder gar Krankheiten rechtzeitig erkennen.

Hautprobleme und -krankheiten

Hunde können sich zahlreiche Hautkrankheiten zuziehen. Einige von ihnen können ziemlich ernst werden. Die möglichen Ursachen sind ganz unterschiedlich. Sie reichen von Parasiten wie Flöhen, Milben und Zecken bis hin zu Infektionen. Aber auch falsche Ernährung, hormonelle Probleme, Kontakt mit Reinigungsmitteln und erbliche Vorbelastung sind mögliche Auslöser für Hauterkrankungen.

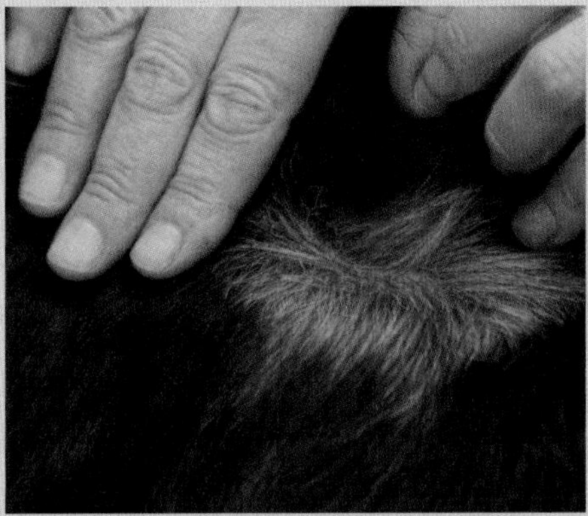

Haut und Haar: Bei der Fellpflege können Sie sich überzeugen, dass alles in Ordnung ist.

Das Ganze wird besonders problematisch, weil sich Hunde so häufig kratzen. Dies führt gegebenenfalls zu weiterem Haarausfall oder anderen Komplikationen – und damit zu noch heftigerem Kratzen. Es ist ein Teufelskreis, und die Narben, die dabei entstehen, gehen mitunter ein Leben lang nicht weg.

Alle potenziellen Probleme wird kein Hundebesitzer entdecken können. Wer jedoch die wichtigsten Symptome kennt, merkt zumindest, wann etwas nicht in Ordnung ist, und kann schnell reagieren. Das beste Heilmittel ist, dafür zu sorgen, dass sich der Hund nicht mehr so viel kratzt, möglicherweise mit Hilfe entzündungshemmender Medikamente, gegebenenfalls mit Beruhigungsmitteln. In manchen Fällen ist das Problem aber auch verhaltensbedingt und bedarf umfassenderer, ganzheitlicher Behandlung.

Haarausfall

Die wichtigsten Symptome

Kahle Stellen, allzu lang andauernder Fellwechsel und abgebrochene Haare: Die Ursachen können übermäßiges Kratzen, aber auch Ernährungs- oder hormonelle Probleme sein. Die Folgen mangelnder Ernährung lassen sich zu Hause leicht mit Multivitaminpräparaten und ein bisschen Pflanzenöl im Fressen behandeln. Im Zweifelsfall wenden Sie sich am besten an den Tierarzt.

Übermäßiges Kratzen

Übermäßiges Kratzen ist das offensichtlichste Symptom einer Hauterkrankung. Aufgrund der zahlreichen möglichen Ursachen liegt die Lösung des Problems allerdings nicht immer klar auf der Hand. Als Erstes müssen Sie sich vergewissern, wo genau sich Ihr Hund kratzt. Wäre es zum Beispiel am Schwanzansatz, der Kruppe, käme als Ursache eine Verstopfung der Analdrüsen in Frage. Anderenfalls ist die Haut nach Parasiten, Pickeln, Wunden oder entzündeten Stellen abzusuchen. Besonders unangenehm ist die juvenile Pyodermie. Dies ist eine Hautentzündung, die auf fehlende Abwehrstoffe gegen eine der häufigsten Milbenarten, die Demodex- beziehungsweise Haarbalgmilbe, zurückgeht. Den meisten Hunden kann sie nichts anhaben, bei Welpen aber unter Umständen Entzündungen am Kopf und an den Schultern hervorrufen, die sich übrigens auch durch einen ganz bestimmten Geruch auszeichnen. Dobermänner, Dackel und Irish Setter sind dafür besonders anfällig.

Viele Parasiten lassen sich zu Hause mit speziellen Medikamenten behandeln. Bei wunden Stellen und Anzeichen einer bakteriellen Infektion sollten Sie jedoch den Tierarzt hinzuziehen.

Hautrötungen

Auch hierfür gibt es eine Vielzahl möglicher Erklärungen, beispielsweise Flöhe, Läuse, Hautpilze, Bakterien oder Hautentzündungen. Ist die betroffene Stelle nicht allzu groß, können Sie Hautrötungen mit einer Kalamin-Lotion behandeln. Bei größeren Partien lassen sich die Beschwerden lindern, indem Sie beim Baden ein Lanolin-Baby-Shampoo verwenden und das Fell nach dem Trocknen vorsichtig mit einem Flohspray einsprühen. Gehen die Beschwerden damit nicht weg, fragen Sie den Tierarzt.

Ausschlag

Juckende rote Flecken an Ohren, Ellbogen und Fußgelenken: Häufigste Ursache ist die Sarcoptes-Räude, die auch auf den Menschen übertragen wer-

den kann, eine sehr unangenehme Angelegenheit. Hervorgerufen wird sie von Sarcoptes-Milben, die sich dem Hund in die Haut graben und in den dadurch entstehenden Tunnel ihre Eier ablegen. Diese Erkrankung juckt extrem stark. Behandeln lässt sich die Sarcoptes-Räude mit Insekten vernichtenden Shampoos. Zusätzlich kann ein Beruhigungsmittel verabreicht werden, damit sich der Hund nicht so heftig kratzt.

Andere Symptome sind heftiges Lecken bestimmter Körperstellen, Schuppen, verfilztes Fell und trockene beziehungsweise schuppige Haut.

Außenparasiten

Da sich auch Ihr Hund mit Sicherheit irgendwann einmal Außenparasiten zuzieht, ist es empfehlenswert, ihn bereits in diesem frühen Stadium nach den wichtigsten der üblichen Verdächtigen abzusuchen: Flöhe, Zecken, Läuse und Milben.

Lebenszyklus

Flöhe

Der Lebenszyklus eines Flohs besteht aus vier Stadien: Ei, Larve, Puppe und ausgewachsenes Tier. Das Weibchen legt seine Eier im Fell des Hundes ab, von wo aus sie etwa auf Polstermöbel oder Teppiche herabfallen. Aus den Eiern werden Larven, die sich von mikroskopisch kleinen Dingen wie Fliegendreck und Bandwurmeiern ernähren, bis sie sich verpuppen. Aus dieser Puppe entwickelt sich dann der Floh.

Das Flohweibchen wird von der Wärme und den Schwingungen des Wirtes oder der ihn umgebenden Natur zum Eierlegen angeregt. Die nächste Generation sucht sich neue Wirtstiere und so schließt sich der Kreis. Der ganze Entwicklungsprozess vom Ei bis zum Floh dauert nicht viel länger als zwei Wochen.

Ein Floh wird nur sieben bis zehn Tage alt. Seinem »Wirt« aber kann er in dieser kurzen Zeit enorme Unannehmlichkeiten bereiten.

Auffinden und behandeln

Meistens merken Sie schon am Verhalten Ihres Hundes, ob er Flöhe hat. Flohstiche reizen die Haut, so dass sich das Tier anfängt zu kratzen, zu beißen oder sich die Stellen zu lecken, an denen der Juckreiz am stärksten ist. Doch nicht immer sind Flöhe so leicht zu erkennen.

Sie sind nämlich sehr, sehr klein und mit bloßem Auge kaum auszumachen. Zudem sind sie äußerst flink. Allerdings neigen sie dazu, immer wieder dieselben Körperregionen des Hundes zu befallen, in der Regel am Schwanzansatz, an den Ohren, am Nacken und am Bauch.

Kämmen Sie das Fell gründlich durch und sammeln Sie alles, was dabei herausfällt, in einem Papiertaschentuch. Finden Sie rote Partikelchen, handelt es sich dabei höchstwahrscheinlich um Flohexkremente.

Wenn Sie jetzt nicht einschreiten, können Flöhe Ihrem Hund erhebliche Probleme bereiten, beispielsweise sogar Blutarmut. Außerdem vermehren sie sich in geradezu atemberaubendem Tempo und können bald den gesamten Haushalt befallen – von all seinen Bewohnern ganz zu schweigen. Daher müssen Sie aktiv werden, und zwar schnell.

Viele Mittel helfen gegen Flöhe, angefangen bei speziellen Halsbändern bis hin zu Pudern, Shampoos und Sprays. Früher mussten Sie den Hund von Kopf bis Fuß damit bearbeiten. Heute gibt es aber auch so genannte Spot-on-Behandlungen, bei denen es reicht, das Medikament auf dem Rücken aufzutragen. Die Wirkung breitet sich dann über den ganzen Körper aus.

Zecken

Zecken sind äußerst unangenehme Blutsauger. Zu den wichtigsten Unterarten gehören die Schafs- und die Igelzecke, die, wie ihr Name andeutet, ursprünglich von anderen Tierarten ausgehen und den Hund im Gras, in waldreichen Gebieten und in jeder Art von Gestrüpp befallen können.

Zecken sind nicht ganz so weit verbreitet wie Flöhe, können aber Abszesse und Infektionen hervorrufen, in manchen Gegenden Europas übertragen sie sogar lebensbedrohliche Krankheiten wie die Borreliose. Im Zweifelsfall kommt es daher darauf an, schnell und zielgerichtet zu reagieren.

Lebenszyklus

Der Lebenszyklus einer Zecke kann bis zu drei Jahre währen. Er beginnt damit, dass das weibliche Tier Tausende von Eiern auf dem Boden ablegt. Wenn aus diesen Eiern Larven geworden sind, lassen sie sich im Gras und Gesträuch nieder und warten nur darauf, ein Tier – oder auch einen Menschen – anfallen zu können. Haben sie sich einmal festgesetzt, saugen sie sich so lange voll, bis sie wieder abfallen und das nächste Entwicklungsstadium erreichen, das so genannte Nymphenstadium. Dieser Prozess wiederholt sich, wenn die Nymphe einen neuen Wirt findet, sich vollsaugt und schließlich zur ausgewachsenen Zecke entwickelt. Diese klettert dann ins Gras oder Gebüsch, bereit, sich an seinen eigentlichen Wirt heranzumachen. Und erst jetzt wird es richtig ernst. Die Zecke sucht den schwächsten Punkt des Hundes, das sind häufig sein Gesicht, die Ohren oder der Bauch. Dort beißt sie sich fest und ernährt sich vom Blut ihres Wirtes. Dabei können

eventuelle Krankheitserreger übertragen werden. Weil sich die Zecke in die Haut bohrt, kann ihr Biss natürlich auch zu üblen Abszessen führen. Sobald sich das weibliche Tier richtig vollgefressen hat, legt es neue Eier und damit beginnt der ganze Zyklus von vorn.

Aufspüren und behandeln

Achten Sie auf eventuelle graue Pünktchen im Fell. Aber Vorsicht: Zeckenbisse lassen sich am Anfang leicht mit einer Warze oder ähnlichem verwechseln. Während sich die Zecke jedoch mit Blut vollsaugt, wird sie dicker und kann schließlich erbsengroß werden.

Eine Zecke zu entfernen ist gar nicht so einfach, weil sie sich ja in der Haut festgebissen hat und man häufig zwar den Körper, nicht aber den Kopf erwischt. Und das kann problematisch werden. Da Zeckenstiche potenziell immer das Risiko einer entstehenden Blutarmut bergen, sollten Sie Ihren Welpen gegebenenfalls sofort zum Tierarzt bringen. Schnelles Handeln ist nicht zuletzt erforderlich, weil Zecken auch auf den Menschen schwere Krankheiten übertragen können.

Sie können Ihren Hund vorbeugend gegen Zecken behandeln, etwa mit entsprechenden Halsbändern. Falls Sie in einer ländlichen Gegend leben und vorhaben, mit dem Tier auf der Wiese und im Wald spazieren zu gehen, ist dies ausdrücklich zu empfehlen. Dasselbe gilt, wenn der Hund mit Schafen in Berührung kommt.

Flöhe und Milben

Hunde sind für alle möglichen Insekten interessant, geradezu wie ein Magnet wirken sie aber auf Flöhe und Milben. Das sind beinahe mikroskopisch kleine Lebewesen, die für das menschliche Auge praktisch unsichtbar sind. Am besten können sie noch bei der Fellpflege aufgespürt werden. Bedenken Sie bitte, dass Flöhe auch eine der wesentlichen Infektionsquellen für Bandwürmer sind. Lassen Sie den Hund gegebenenfalls also auch gleich dagegen behandeln.

Auch drei Milbenarten können zu Problemen führen:

Demodexmilben – verursachen Demodexkrätze und können zu juveniler Pyodermie führen (siehe Hautprobleme, Seite 113)
Sarcoptes-Milben – rufen Räude hervor (siehe Seite 115)
Otodectes-Milben – die einzigen für das menschliche Auge sichtbaren Milben. Sie können Ohrenentzündungen verursachen und lassen sich als bewegliche kleine weiße Fleckchen im Gehörgang erkennen.

Ohrenbeschwerden

Bei Hunden treten Ohrenentzündungen, insbesondere Infektionen des äußeren Gehörgangs (Otitis externa) und Mittelohrentzündungen (Otitis media), relativ häufig auf. Allerdings sind bestimmte Rassen, vor allem die schlappohrigen wie Cockerspaniels und Bassets, dafür besonders anfällig, da bei ihnen die Gehörgänge nicht so gut belüftet werden, was zu Überhitzung und infolgedessen übermäßiger Produktion von Ohrenschmalz führen kann. Auch Hunde mit sehr dichtem, lockigem Fell, wie Pudel und Schnauzer, leiden häufig unter Ohrenentzündungen, weil bei ihnen die Gehörgänge so eng sind, dass sich Härchen und Ohrenschmalz schnell darin festsetzen – eine ideale Brutstätte für Infektionen. Allgemein ausgedrückt gibt es drei sichere Anzeichen einer Ohrenentzündung, von denen Sie die beiden ersten beim regelmäßigen Gesundheits-Check während der Fellpflege selbst erkennen können.

Absonderungen

Auf eine Entzündung des äußeren Gehörgangs deuten drei Arten von Ausfluss hin:

- **Bröckeliges Sekret:** Bröckelige Absonderungen von dunkler Färbung werden in aller Regel von Milben hervorgerufen.
- **Schwarzer Ausfluss:** Dunkle Farbe und flüssige Konsistenz sprechen für Hefepilze.
- **Gelber Ausfluss:** Dickflüssiger gelber Ausfluss deutet auf eine bakterielle Infektion hin.

Geschwollene oder schmerzende Ohren

Sollten Sie beobachten, dass Ihr Hund häufig den Kopf schüttelt, seine Ohren zucken oder er mit der Pfote danach langt, es ihm unangenehm ist und er zurückschreckt, wenn Sie ihn an den Ohren berühren möchten, so gibt es dafür im Wesentlichen zwei Gründe:

- Eine Schwellung im Inneren der Ohrwascheln deutet auf ein Blutgerinnsel hin.
- Wenn das Ohr gesund ist, der Hund es aber trotzdem als unangenehm empfindet, wenn Sie ihn dort berühren, kann dies ein Zeichen sein, dass sich ein Fremdkörper, beispielsweise ein Samenkorn, im Ohr befindet.

Schwerhörigkeit

Ganz taub werden Hunde selten, jedenfalls nicht in jungen Jahren, es kommt allerdings vor, dass das Hörvermögen aufgrund einer Infektion vorübergehend beeinträchtigt wird. Achten Sie auf folgende Symptome:

- **Der Hund stellt die Ohren schräg oder kratzt sich dort häufig.**
- **Er reagiert nicht wie sonst, wenn Sie ihn zum Fressen oder Spazierengehen rufen.**
- **Er hat Sekret im Ohr.**

Die Untersuchung der Ohren

Schauen Sie in den Gehörkanal, wobei Sie gegebenenfalls das Ohrwaschel anheben. Sie können auch gern eine Taschenlampe verwenden. Innen sollte alles glatt und sauber sein, ähnlich wie die unbehaarte Bauchpartie. Achten Sie auf überflüssige Härchen, Ohrenschmalz und jede Art von Absonderungen. Eine gewisse Menge Ohrenschmalz ist völlig in Ordnung. Eventuelle Pfropfen, die den Gehörgang blockieren, müssen jedoch beseitigt werden. Das gilt auch für abgestorbene Härchen, die sich dort befinden können. Bohren Sie aber nicht zu viel herum und benutzen Sie keine Wattestäbchen, um Ihren Hund nicht zu verletzen. Nehmen Sie stattdessen lieber einen Wattebausch und seien Sie vorsichtig, dass Sie nicht zu weit in den Gehörgang vordringen. Zum Schluss verwenden Sie noch ein bisschen von einer Flüssigkeit zur Reinigung der Ohren, die Sie beim Tierarzt kaufen können. Geben Sie ein paar Tropfen ins Ohr und putzen Sie dann das Äußere mit Watte ab.

Achten Sie auch auf eventuelle unangenehme Gerüche, die auf Infektionen hinweisen können. Wenn Ihnen irgendetwas merkwürdig vorkommt, sollten Sie den Tierarzt konsultieren.

Für Erkrankungen der Ohren besonders empfänglich sind beispielsweise die schlappohrigen Rassen wie Cockerspaniels und Bassets, bei denen die Luftzirkulation nicht ausreichend ist, was zu Überhitzung und übermäßiger Produktion von Ohrenschmalz führt, das sich entzünden kann. Bei anderen Rassen, etwa dem Pudel, sind die Gehörkanäle extrem eng, was häufig dazu führt, dass die Ohren verstopfen.

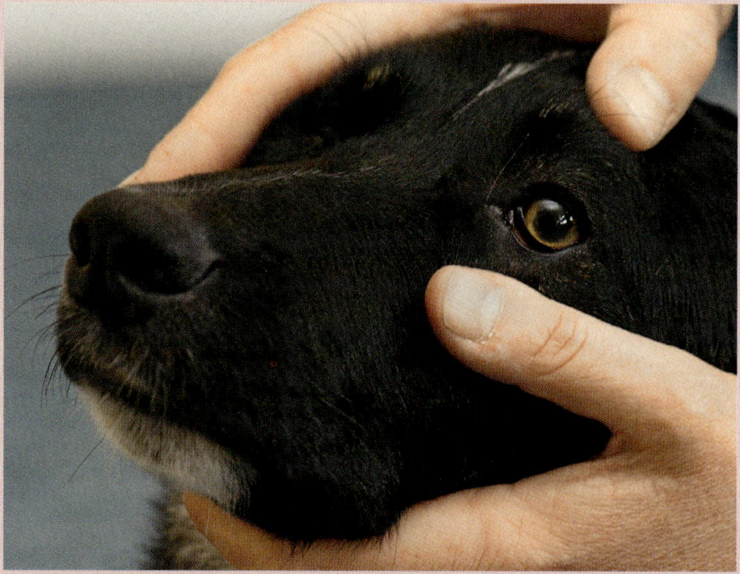

Augen auf: Viele Krankheiten können Sie durch regelmäßige Untersuchungen frühzeitig erkennen.

Augenprobleme

Untersuchungen

Mit sechs oder sieben Wochen sollten Sie Ihren Welpen dem Tierarzt vorstellen, um ihm die Augen untersuchen zu lassen. Dabei werden eventuelle Störungen oder Erbkrankheiten diagnostiziert und registriert, was insbesondere für mögliche Zuchtpläne wichtig ist. Trotzdem sollten Sie bei den regelmäßigen Gesundheits-Checks während der Fellpflege gerade auch die Augen nicht vernachlässigen, da Sie dabei mögliche Krankheitssymptome erkennen können. Sollte der Hund irgendwelche Anzeichen an den Tag legen, die auf Sehstörungen hindeuten, er etwa Gegenstände übersieht oder anfängt, sich langsamer und vorsichtiger zu bewegen, sollten Sie sofort den Tierarzt hinzuziehen.

Auf Folgendes sollten Sie achten:

Schlaf in den Augen

Viele Hunde haben ein bisschen »Schlaf«, also Schleim, in den Augen. Das ist an sich nicht schlimm, wenn er jedoch nicht entfernt wird, können sich Bakterien und andere Infektionserreger ansiedeln. Bei der Fellpflege entfer-

nen Sie den »Schlaf« mit dem Finger oder mit ein bisschen Watte, falls er schon angetrocknet ist.

Tränende Augen

Es gibt verschiedenartige Absonderungen, die auf Probleme oder Krankheiten hinweisen können. Klarer Ausfluss deutet schlimmstenfalls auf eine Bindehautentzündung hin, in weniger ernsten Fällen kann es sich um eine Verstopfung des Tränenkanals handeln. Ist das Sekret dagegen trübe oder verfärbt und dickflüssig, handelt es sich möglicherweise um eine Infektion, wie etwa Staupe. Vorbeugen können Sie, indem Sie die Härchen rund um die Augen immer sorgfältig schneiden. Allerdings überlassen Sie das vielleicht am besten jemandem, der viel Erfahrung damit hat. Kurzfristig können Sie versuchen, dem Problem dadurch zu begegnen, dass Sie das Auge mit kurz aufgebrühtem, abgekühltem Tee auswaschen. Auf lange Sicht jedoch sollten Sie den Tierarzt aufsuchen.

Zahnpflege

In der freien Natur hat der Wolf keine schlagkräftigere Waffe als seine starken, gesunden Zähne. Damit packt er die Beute, tötet sie, zerstückelt das Aas und reißt es sich in Teile.

Genau dadurch hält er auch sein Gebiss in Schuss. Indem er seine Beutetiere reißt, daran nagt und darauf herumkaut – was durchaus längere Zeit in Anspruch nehmen kann –, schärft er zugleich seine Zähne, massiert das Zahnfleisch und regt die gesunde Speichelproduktion an. Dieses beinahe tägliche ausgiebige Training verhindert die Bildung von Zahnstein und beugt möglichen Zahnfleischerkrankungen vor.

Dem Haushund stehen diese Möglichkeiten natürlich nicht zur Verfügung. Wie kläglich mitunter der Zustand der Zähne unserer Hunde ist, wird durch Statistiken belegt, aus denen hervorgeht, dass 85 Prozent aller Hunde Zahnprobleme haben. Bei weitem am häufigsten sind dabei übermäßige Zahnsteinbildung und Zahnfleischerkrankungen, besonders -entzündungen. Bei vielen Haltern steht die Zahngesundheit ihres Hundes nicht gerade weit oben auf der Prioritätenliste, dabei ist sie mit am wichtigsten. Je früher wir uns also angewöhnen, die Zähne regelmäßig zu untersuchen und zu pflegen, desto besser.

Glücklicherweise gibt es heute spezielles zahnfreundliches Futter, das hilft, die Bildung von Zahnbelag und Zahnstein zu verhindern. Dabei handelt es sich um knusprige Bröckchen, an denen der Hund ordentlich zu kauen hat. Ganz so intensiv wie der Wolf in der Wildnis kann er sein Gebiss dabei natürlich nicht trainieren, vor allem nicht die Schneidezähne, so dass Sie um zusätzliches regelmäßiges Putzen nicht herumkommen. Wenn der Hund etwas älter ist, können Sie ihm auch Knochen vorsetzen, an denen er nagen kann. Geben Sie ihm aber die härteren Markknochen und keine Knochen aus gekochtem Fleisch, wie etwa Lamm oder Schwein. Sie sind zu weich und können daher leicht splittern, was die Verdauungsorgane blockieren oder verletzen kann.

Maul- und Zahnprobleme

Ein kräftiges Gebiss und gesundes Zahnfleisch sind von allergrößter Bedeutung. Auf den Zähnen kann sich ein ekliger gelblicher Belag absetzen, aus dem sich zementartiger, mineralisierter Zahnstein entwickeln kann. Dies ist ein idealer Nährboden für Zahnfleischerkrankungen, die, falls Sie nicht rechtzeitig reagieren, zu ernsten gesundheitlichen Beeinträchtigungen führen können. Im Maul des Hundes setzen sich auch häufig Fremdkörper fest. Daher ist es unabdingbar, alle diese Partien in die regelmäßige Fellpflege einzubeziehen.

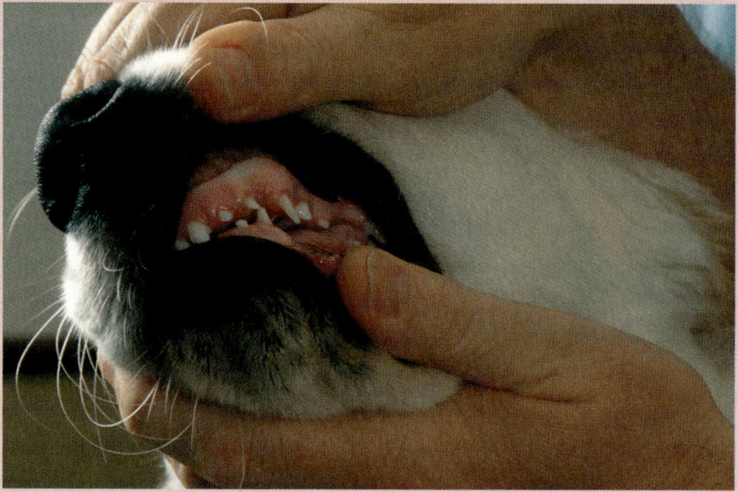

Auf den Zahn gefühlt: Gewissenhafte Gebisskontrollen sind unabdingbar.

Untersuchung des Mauls

Fangen Sie frühzeitig damit an, sobald der Hund ein bisschen Vertrauen zu Ihnen gefasst hat, und gehen Sie sanft und behutsam vor.

- Stellen oder setzen Sie den Hund vor sich auf einen Tisch, damit Sie von allen Seiten an das Maul herankommen.
- Halten Sie den Unterkiefer mit einer Hand fest. Mit der anderen ziehen Sie die untere Lefze herab und die obere nach oben, um Gebiss und Zahnfleisch freizulegen.
- Schauen Sie sich die Zähne zunächst von außen an, wobei Sie insbesondere darauf achten, ob sie verfärbt oder nicht so durchscheinend sind, wie es normal wäre. Verfärbungen können auf eine abgestorbene Zahnpulpa hinweisen.
- Achten Sie auch auf eventuelle Zahnsteinbildung, damit es gar nicht erst zu Zahnfleischerkrankungen kommt.
- Untersuchen Sie das Zahnfleisch auf Anzeichen von Entzündungen oder Verfärbungen.
- Das gesamte Prozedere wiederholen Sie auf der anderen Seite.
- Den Oberkiefer untersuchen Sie, indem Sie das Maul mit Daumen und Zeigefinger noch etwas weiter öffnen.
- Vergessen Sie auch Gaumen und Zunge nicht.
- Achten Sie zum Abschluss auf den Atem. Wenn Sie einen unangenehmen Geruch wahrnehmen, sollten Sie den Tierarzt befragen.

Zu den wichtigsten möglichen Problemen zählen:

Übler Geruch aus dem Maul
Schlechter Atem hat im Allgemeinen eine der folgenden Ursachen: Bakterienbildung in den Zahnzwischenräumen, Zahnstein oder Zahnfleischentzündung. Stellen Sie Ihren Hund daher am besten gleich dem Tierarzt vor.

Zahnfleischerkrankungen

Sowohl das Zahnfleisch selbst als auch der Zahnhalteapparat können sich entzünden. Und fast jeder Hund bekommt es irgendwann in seinem Leben einmal damit zu tun. Daher sind Dentalprobleme auch die häufigsten Gründe für den Besuch beim Tierarzt. Bei guter Pflege muss es jedoch nicht unbedingt so weit kommen. Mit speziellen Zahncremes und Mundspülungen können Sie eventuellen Entzündungen vorbeugen.

Verbleibende, nicht ausgefallene Milchzähne

Mit ungefähr fünf Monaten werden die Milchzähne, die in der Regel zu diesem Zeitpunkt ausfallen, durch die »richtigen« Zähne ersetzt. Doch mitunter bleiben einige Milchzähne stehen. Die neuen müssen sich dann irgendwo daneben reinquetschen und es kommt zu einem Schiefstand. Da dies zu ernsten Problemen führen kann, muss der Tierarzt frühzeitig konsultiert werden. Sobald der Hund das Alter erreicht, in dem die neuen Zähne durchkommen, sollten Sie seinen Kiefer besonders gut beobachten. Falls der eine oder andere Milchzahn stehen bleibt, muss er gezogen werden.

Bissanomalien

Als »perfekt« gilt ein Scherengebiss, bei dem die unteren Schneidezähne ganz knapp hinter den oberen stehen. Alle Abweichungen werden als Bissanomalien bezeichnet. Ist der Unterkiefer kürzer als der Oberkiefer, spricht man von Überbiss, im umgekehrten Fall von Unterbiss. Aufgrund der selektiven Zuchtwahl leiden heute zwanzig Prozent aller Hunde unter derartigen Bissanomalien. Boxern beispielsweise wurde der Unterbiss sogar eigens angezüchtet.

Zahnfehlstände können tiermedizinisch behandelt werden. Betroffene Hunde eignen sich jedoch nicht für die Züchtung.

Abgebrochene Zähne

Junge Hunde nehmen absolut alles ins Maul. Wenn sie ihre neuen Zähne ausprobieren, kauen sie an Steinen, Holzstücken, an Metall und Seilen herum – eben wirklich an allem. Was bei vielen Hunden leider dazu führt, dass sie sich Risse in den Zähnen zuziehen oder sich gar einen Zahn abbrechen, was recht schmerzhaft sein kann. Manchmal hilft in solchen Fällen bereits eine Wurzelbehandlung, vielfach muss der betroffene Zahn jedoch auch gezogen werden.

Maulprobleme

Entzündung der Lefzen

Auch an den Lefzen kann es zu Infektionen kommen. Dabei trocknen die Maulwinkel aus und werden schuppig oder rissig. Auch häufiges Herumkauen an harten Gegenständen kann zu Entzündungen führen. Sie heilen normalerweise ganz von allein, es gibt aber auch Cremes, die das Gewebe wieder geschmeidiger machen.

Entzündung der Lippenfalte

Züchtungsbedingt haben einige Jagdhundrassen in der Unterlippe eine Falte, in der sich Futterreste und Speichel festsetzen, was häufig die Bildung von Bakterien zur Folge hat. Die Lippenfalte kann sich entzünden, was nicht nur übelriechenden Atem verursacht, sondern mitunter sogar Krankheiten. Zu den Rassen, die davon besonders betroffen sind, gehört unter anderen der Cockerspaniel. Zur Vorbeugung sollten Sie ihm diese Partie daher regelmäßig mit Bittersalzen und Wasser reinigen.

Pflege der Pfoten

Spaniels und anderen Hunderassen sprießen zwischen den Zehen Haare, die sich leicht verfilzen. Speziell bei auf dem Lande lebenden Tieren verfangen sich darin gern Grassamen, Schmutzpartikel und dergleichen. Werden diese nicht regelmäßig entfernt, können insbesondere die Grassamen in die Haut eindringen und dort zu Infektionen und sogar Zysten führen. Daher ist es wichtig, die Pfoten regelmäßig zu untersuchen und überflüssiges beziehungsweise verfilztes Haar zwischen den Zehen sowie jeglichen Schmutz zu entfernen.

Die Afterklaue

Bei der Geburt haben Hunde an den Vorderläufen (und gelegentlich auch hinten) eine zusätzliche Zehe, praktisch ein Äquivalent zum Daumen beim Menschen. Man spricht dabei von Wolfs- oder Afterklaue. Es handelt sich um ein Ergebnis der Evolution, einen Teil der Anatomie des Hundes, der – im Laufe der Generationen – obsolet geworden ist. In manchen Fällen muss die Afterklaue entfernt werden, insbesondere wenn sie eingewachsen ist, was weh tut, oder auch bei Diensthunden, die sich damit im Gestrüpp verfangen können. Diese kleine Operation sollte auf jeden Fall vom Tierarzt durchgeführt werden – am besten bereits in den ersten Lebenstagen.

Werden die Afterklauen nicht entfernt, so sollten sie genau wie die anderen Krallen bei der Fellpflege regelmäßig untersucht werden. Haar, Schmutz

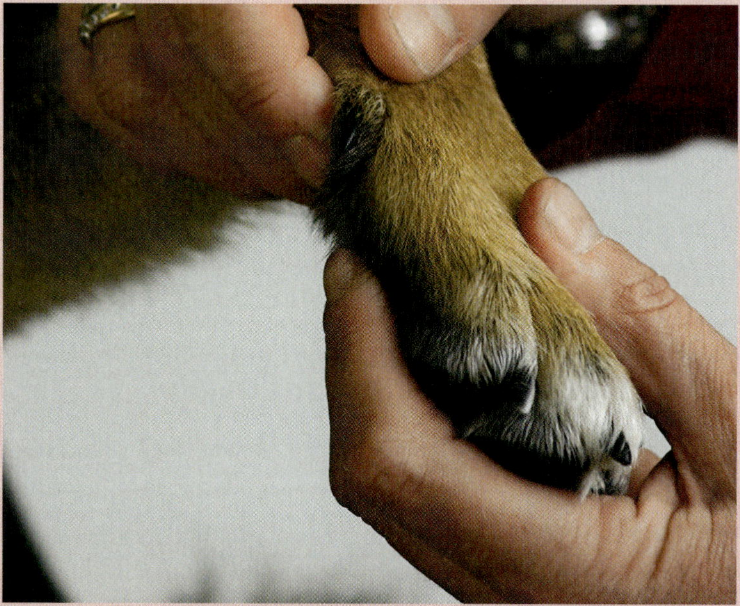

Relikt der Evolution: Obwohl Afterklauen längst keine Funktion mehr erfüllen, dürfen sie beim Gesundheitscheck nicht vernachlässigt werden, um eventuellen Infektionen vorzubeugen.

oder Fett müssen entfernt werden. Und um zu verhindern, dass sie einwachsen, werden sie, wie alle anderen Krallen auch, beschnitten.

Untersuchung der Analdrüsen

Zu den wohl unangenehmsten Pflichten des Hundehalters gehört die Untersuchung der Analdrüsen. Das sind zwei Einbuchtungen von ungefähr fünf Millimeter Durchmesser, die sich beidseitig in der Vier- und Achtuhrposition neben der Afteröffnung befinden. Sie sind von Zellen umgeben, die regelmäßig einen sehr stechenden Geruch absondern. In der freien Natur dienen diese Ausscheidungen zur Reviermarkierung. Beim Haushund haben sie keinen anderen Nutzen, als dass andere Hunde sie (aus Gründen, die uns Menschen wohl immer verschlossen bleiben werden) ziemlich attraktiv finden.

Diese Drüsen müssen regelmäßig entleert werden, was beim Kotablassen häufig ganz automatisch geschieht. Mitunter kommt es jedoch auch zu Verstopfungen, und das tut sehr weh.

Wenn Ihr Hund darunter leidet, bleibt es Ihnen selten verborgen. Er wird mit dem Hintern auf dem Boden herumrutschen oder sich die schmerzhafte Stelle lecken. In solchen Fällen sollten Sie sich gleich an den Tierarzt wenden, denn verstopfte Analdrüsen können sich entzünden und in seltenen Fällen sogar zu Krebs führen. Damit es so weit nicht kommt, tasten Sie diese Partie bei der Fellpflege regelmäßig ab.

Verstopfte Drüsen

Dass die Drüsen voll sind, merken Sie daran, dass sie sich wie ein Bündel Weintrauben anfühlen. Oder aber es tut dem Hund weh, wenn Sie ihn an dieser Stelle berühren. Dann ist es höchste Zeit. Um die Verstopfung zu beheben, gehen Sie mit dem Finger dahinter, so dass der Inhalt austritt, oder Sie drücken die Drüse von außen mit ein bisschen Watte aus. Da diese Prozedur aber für keinen der Beteiligten besonders angenehm ist, wenden Sie sich vielleicht lieber an den Tierarzt – wenigstens beim ersten Mal.

»... dann der Verliebte,
Der wie ein Ofen seufzt, mit Jammerlied ...«

DAS DRITTE LEBENSALTER

Der Playboy

Dritter bis neunter Monat

Bei den Wölfen in der Wildnis

In dieser Zeit entwickelt sich der Wolf sehr schnell, und zwar sowohl körperlich als auch geistig.

In der Höhle und ihrer unmittelbaren Umgebung werden während dieser Phase weitere Vorbereitungen für das spätere Erwachsenwerden gelegt. Immer noch steht die Vergesellschaftung mit den übrigen Mitgliedern des Rudels im Mittelpunkt.

In diesem Entwicklungsstadium wird sich der junge Wolf allmählich auch seiner Geschlechtsidentität bewusst, denn irgendwann zwischen dem sechsten und dem neunten Lebensmonat setzt bei ihm die Pubertät ein. Doch ohne die Erlaubnis des Rudels darf das Jungtier seinen Instinkten keinesfalls folgen. Das liegt hauptsächlich daran, dass sich prinzipiell nur die beiden Alphatiere paaren dürfen. Anderenfalls würden die Grundlagen des *Survival of the Fittest,* des Überlebens des Stärksten, außer Kraft gesetzt und das ganze Rudel käme in Gefahr. Das aber würde keines seiner Mitglieder riskieren.

In dieser Hinsicht unterscheidet sich das Leben des Haushundes natürlich ganz erheblich von dem seines Urahnen. Theoretisch sind alle Hunde in der Lage, sich zu paaren und zu vermehren. Ein verantwortungsbewusster Hundehalter sollte aber – entsprechend der Hierarchie unter den Wölfen – darauf achten, dass auch bei unseren Haustieren die natürliche Auswahl zu ihrem Recht kommt.

Zeit zum Spielen: Beim Tauziehen lernen Jungwölfe viel über ihren Platz in der Rudelhierarchie.

Überblick

Für die Entwicklung des Hundes sind die kommenden sechs Monate von entscheidender Bedeutung. Er wächst in dieser Phase besonders schnell. Mit einem Dreivierteljahr hat er das Körpergewicht des ausgewachsenen Tieres zu achtzig bis hundert Prozent erreicht. Auch sein Erwachsenengebiss ist schon vollständig vorhanden.

Geistig ist das Tier jedoch immer noch auf dem Stand eines Jugendlichen. Und daher wirft sein Status innerhalb des Rudels für den Hund nach wie vor Fragen auf: Wo ist mein Platz? Er wagt sich in dieser Entwicklungsphase schon weiter in die Welt hinaus, bildet seine Körperkraft aus und lässt sich gern zu kleinen Spaziergängen ausführen. Dabei begegnet er natürlich auch anderen Hunden. Was ihn wiederum zu neuen Fragen anregt. Ob mir meine Artgenossen auch nichts tun? Und wie kommuniziere ich am besten mit ihnen? Damit sich der Hund in allen diesen Situationen zurechtfinden kann, muss er jetzt lernen, bei Fuß und an der Leine zu gehen.

Der bei weitem entscheidendste Entwicklungsschritt des Hundes in dieser Phase hat jedoch mit seinem Geschlecht zu tun. Rüden produzieren mit fünf Monaten etwa die ersten Spermien, und Hündinnen werden zum ersten Mal läufig. Kurz und gut, das Tier ist in der Pubertät. Es hat mehr und mehr Kontakt mit anderen Hunden, was wieder neue Fragen aufwirft. Diesmal allerdings für den Halter. Kastrieren oder nicht?

Schnelles Wachstum – die körperlichen Veränderungen

Im ganzen ersten Lebensjahr weist die Entwicklungskurve des Hundes steil nach oben. Am stärksten jedoch wächst er in den sechs Monaten seiner Playboy-Phase.

Je nach Größe und Rasse haben Hunde mit drei Monaten ein Fünftel bis ein Drittel des Körpergewichts erreicht, das sie als ausgewachsenes Tier mit zweieinhalb Jahren besitzen werden. Nach etwa neun Monaten sind es bereits achtzig Prozent.

Wie schnell das Wachstum voranschreitet, ist sehr unterschiedlich. Überraschenderweise legen kleine Rassen sehr viel schneller zu als die größeren, so dass manche der Winzlinge mit einem Dreivierteljahr bereits mehr als

neunzig Prozent ihres Erwachsenengewichts auf die Waage bringen. Bei den großen und sehr großen Rassen findet der entscheidende körperliche Entwicklungsschub zwischen dem dritten und dem fünften Monat statt. Danach wachsen sie zwar noch weiter, das Gewicht nimmt hingegen bedeutend langsamer und kontinuierlicher zu.

In dieser Phase muss der Hund viel fressen. Damit entsteht aber auch die Gefahr von Übergewicht.

Gewichtskontrolle

Wie bei uns Menschen kommt es auch bei Hunden leicht zu Gewichtsproblemen. Übergewicht bei Hunden ist oftmals eine Folge von zu vielem Fressen und zu wenig Bewegung. Jede Kalorie, die er beim täglichen Gassigehen nicht verbrennt, wird als Fett gespeichert.

In einigen Fällen liegt die Ursache für zu viele Kilos auch am Grundumsatz des Hundes, Meistens jedoch werden die Halter ihrer Verantwortung in punkto Futter und Bewegung nicht gerecht. Hier die häufigsten Fehler:

- Füttern mit qualitativ fragwürdigen Essensresten.
- Häufige Zwischenmahlzeiten und Naschereien, insbesondere solche für Menschen, wie beispielsweise Schokolade.
- Zu viele kalorienhaltige Belohnungshäppchen bei der Erziehung. Die Folge: Der Hund will ständig Nachschub.
- Zu wenig Auslauf.

Vierzig bis fünfzig Prozent aller Hunde haben Übergewicht. Wie bei uns Menschen auch handelt es sich dabei geradezu um eine Pandemie, die katastrophale Folgen haben kann. Hunde, die überflüssige Pfunde mit sich herumtragen, haben in der Regel eine geringere Lebenserwartung als Tiere mit Idealgewicht und sind meistens auch nicht so gesund. Übergewicht stellt für Knochen und Gelenke, aber auch für das Herz eine zusätzliche Belastung dar. Fettleibigkeit kann sogar zur Schwächung der Abwehrkräfte führen. Hat der Hund erst einmal ein paar Pfunde zu viel, setzt sich schnell eine Abwärtsspirale in Gang. Er wird immer lethargischer und verliert allmählich das Interesse am Spielen oder überhaupt jeder Art von Bewegung, was eine weitere Verschlechterung des Gesundheitszustands nach sich zieht.

Tierärzten zufolge sind Gewichtsprobleme in vielen Fällen auch genetisch bedingt. Das trifft insbesondere auf Beagles, Bassets, Cairn-Terrier, Cavalier King Charles Spaniels, Dackel, Labradore und Retriever zu. Die folgenden Gesundheitsprobleme gehen meistens auf Übergewicht zurück:

Diabetes
Leberkrankheiten
Herzprobleme
Übermäßige Wärmeempfindlichkeit
Veränderungen der Haut und des Fells
Schwächung der Widerstandskräfte
Atemprobleme
Arthrose
Hüft- und Ellenbogendysplasie
Bandscheibenprobleme
Bänderzerrungen und dergleichen.

Folglich ist es von größter Bedeutung, dass Sie das Gewicht Ihres Hundes bereits in dieser entscheidenden Phase des ersten Lebensjahres genau kontrollieren. Am einfachsten ist es, wenn Sie den Hund beim Tierarzt regelmäßig wiegen lassen. Dann müssen Sie nur noch die Ergebnisse mit dem jeweiligen Rassestandard vergleichen und darauf achten, dass es zu keinen größeren Abweichungen kommt.

Untersuchungen: Gewicht und Allgemeinzustand

Bei Hunden, die zu Übergewicht und daraus resultierenden Erkrankungen neigen, sollten Sie den Gesundheitszustand das ganze Leben über genau beobachten; von besonderer Bedeutung ist dies aber in den sechs Monaten der Playboyphase. Dabei sollten Sie natürlich nicht nur auf mögliches Übergewicht achten. Auch ein Hund, der nennenswert untergewichtig ist, kann Probleme bekommen, die ihn später belasten und schlimmstenfalls sogar zu einer erheblichen Verringerung der Lebenserwartung führen. Den Gesundheitszustand des Hundes genau zu beobachten bedeutet aber mehr, als sich dessen Körper hin und wieder einmal anzuschauen. Eingehendes Abtasten des ganzen Körpers gehört ebenso dazu.

Abtasten

Einer der Vorteile einer von klein auf guten Beziehung zu Ihrem Hund besteht darin, dass er sich von Ihnen anfassen lässt. Das ist jetzt von unschätzbarem Wert. Eine gründliche Untersuchung setzt voraus, das Tier überall berühren zu können.

Die wichtigsten Stellen sind die Rippen und der Schwanzansatz. Fahren Sie mit den Händen darüber und achten Sie darauf, ob Sie die Knochen fühlen können. Wichtig ist auch der Bauch. Um diesen zu beurteilen, stellen Sie sich so hin, dass Sie ihn direkt von oben in Augenschein nehmen können.

Man unterscheidet fünf »Gewichtsklassen«:

1. Auszehrung

Die Gewichtsklasse eins steht für einen Hund, der so dünn ist, dass es gesundheitliche Risiken birgt. Die Rippen treten deutlich hervor und sind praktisch nicht von einer Fettschicht bedeckt. Auch die anderen Knochenpartien sind leicht auszumachen. Der Schwanzansatz ragt hervor und ist ebenfalls so gut wie mit keinem Fettgewebe bedeckt. Von oben sieht man ein deutliches »Tuck-up«, eine Art Einbuchtung.

2. Untergewicht

Untergewichtig ist ein Hund, wenn seine Rippen zwar immer noch genau zu spüren, jedoch wenigstens mit etwas Fett bedeckt sind. Der Schwanzansatz ist knochig und tritt deutlich hervor, das Unterhautfettgewebe ist hauchdünn. Bei Welpen, die älter sind als sechs Monate, erkennt man auch von der Seite eine kleine Einbuchtung. Von oben betrachtet, hat er eine Wespentaille.

3. Idealgewicht

In diesem Fall spürt man beim Abtasten eine dünne Fettschicht zwischen der Haut und den Knochen. Dasselbe gilt für die anderen knochigen Partien des Körpers. Bei Hunden über sechs Monaten ist die Taille von oben betrachtet wohlproportioniert, und von der Seite sieht man eine kleine Einbuchtung in der Bauchpartie.

4. Übergewicht

Hunde in der Gewichtsklasse vier sind übergewichtig. Unter einer starken Fettschicht lassen sich die Rippen nur schwer ausmachen. Der Schwanzansatz ist dicklich und liegt ebenfalls unter einer ordentlichen Schicht Fettgewebe. Die knochigen Partien sind zwar noch relativ leicht auszumachen, jedoch liegen auch sie nicht direkt unter der Haut. Bei Tieren über sechs Monaten ist von der Seite aus betrachtet praktisch keine Taille zu erkennen, dafür sind sie, wenn man sie von oben anschaut, in der Hinterpartie deutlich breiter.

5. Fettleibigkeit

Die fünfte Gewichtsklasse steht für Fettleibigkeit. Rippen und Schwanzansatz lassen sich unter einer dicken Fettschicht kaum ertasten. Ältere fettleibige Hunde haben von der Seite betrachtet praktisch keine Taille, dafür aber ein dickes, pralles Bäuchlein. Wenn man von oben schaut, sieht man deutlich, dass das Tier hinten herum sehr breit ist.

Vom Umgang mit Gewichtsproblemen

Geringe Abweichungen vom Idealgewicht sind keine große Sache. In diesen Fällen reicht es völlig, die Nahrungsmenge, die Sie dem Hund vorsetzen, zu verändern (in den meisten Fällen natürlich zu verringern) und ihm entsprechend viel Bewegung zu verschaffen. Allerdings müssen Sie darauf achten, dass der Übergang nur schrittweise erfolgt. Planen Sie dafür etwa eine Woche ein, damit sich der Organismus langsam darauf einstellen kann. Bei Übergewicht dürfen Sie dem Hund zwischendurch nichts mehr zu fressen

Viel zu schwer: Bei falscher Ernährung und zu wenig Bewegung nimmt der Hund schnell zu. Übergewicht birgt jedoch enorme gesundheitliche Risiken.

geben und auch keine Essensreste an ihn verfüttern. Darüber hinaus müssen Sie dafür sorgen, dass er nicht ständig bettelt – oder damit wenigstens keinen Erfolg hat.

Bei erheblichem Über- oder Untergewicht ist die Sache schon schwieriger. Suchen Sie in diesen Fällen die Zusammenarbeit mit Ihrem Tierarzt. Er weiß genau, wie Sie das Problem am besten angehen, und kann Ihnen vor allem auch die richtige Diät empfehlen.

Glücklicherweise gibt es heute für alle Bedürfnisse die richtige Ernährung, energiearmes Futter bei Übergewicht und kalorienreiches, um Untergewicht zu regulieren. Lassen Sie sich beraten.

Grenzüberschreitungen

Aus zwei Gründen haben Sie den Bewegungsspielraum des Welpen bislang auf den häuslichen Bereich beschränkt. Erstens war er körperlich noch nicht so weit, dass er größere Spaziergänge hätte verkraften können. Er wäre schnell müde geworden und hätte vielleicht sogar riskiert, seinen Füßen und Knochen, die ja immer noch in der Entwicklung waren, Schaden zuzufügen. Zweitens war er noch nicht geimpft. Und ohne ordentlichen Schutz vor einer Vielzahl drohender Infektionserkrankungen konnte er nicht hinausgelassen werden.

Jetzt aber ist das Tier bereit, die ersten Schritte in die große weite Welt zu machen und dem Körper dabei auch das Mehr an Bewegung zukommen zu lassen, das erforderlich ist, damit er sich prächtig entwickeln kann. Ausgedehnte Spaziergänge gibt es trotzdem noch nicht. Die kleineren Rassen haben im Moment noch nichts mit längeren Wegen im Sinn. Und die größeren Rassen mit ihren empfindlichen Knochen dürfen sich nicht überanstrengen, weil sie sonst ernste Schäden davontragen könnten. Spaziergänge sollten daher zunächst nicht länger als etwa anderthalb Kilometer sein.

Bevor es aber überhaupt so weit ist, muss der Hund die entscheidenden Regeln lernen: an der Leine gehen und weitere Kommandos seines Herrchens/Frauchens befolgen.

Natürlich ist das noch nicht alles. Obwohl sich die Welt des Hundes gar nicht so sehr vergrößert, hält sie doch zahllose neue Erfahrungen für ihn bereit – und die wollen auch verarbeitet werden.

Dabei kann ihm der Halter helfen, indem er lernt, seine Körpersprache zu interpretieren.

Bei Fuß – vor dem ersten Spaziergang

Mit vierzehn Wochen hat sich der Hund normalerweise gut in seinem neuen Zuhause eingelebt. Die Ängste, die ihn bis vor Kurzem noch plagten, sind verschwunden. Alles, was er zu Hause sehen, riechen und hören kann, ist ihm wohlvertraut. Außerdem hat er die erforderlichen Impfungen. Nun spricht nichts mehr dagegen, dass er Kontakt zu Hunden außerhalb aufnimmt.

Sie können also bald mit Ihrem Hund Gassi gehen. Doch zuvor muss er alles lernen, was dafür nötig ist.

»Bei Fuß«

Dass der Hund lernt, an der Leine zu gehen, liegt im beiderseitigen Interesse.

Kein Halter geht gern mit einem Hund spazieren, der ihn ständig hinter sich her zerrt. Das macht einfach keinen Spaß.

Der Hund hingegen will seine neue Welt so locker und frei erkunden wie nur möglich. Empfindet er ständigen Druck am Hals oder tritt der Besitzer ihm alle paar Meter in den Weg, ist das völlig ausgeschlossen.

Wenn der Hund jedoch lernt, in Harmonie an der Seite seines Begleiters zu gehen und er das Tempo mit ihm zusammen steigert oder drosselt, stehen bleibt und wieder losläuft, wird der Spaziergang zum Highlight des Tages.

Vorab noch zwei Bemerkungen. Wie bei vielen anderen Erziehungsfragen, erzielen Sie die besten Ergebnisse, wenn Sie wohlstrukturiert und diszipliniert vorgehen. Aber erzwingen lässt sich nichts. Wenn Sie für etwas Bestimmtes eine Stunde einplanen, klappt es manchmal schon nach fünfzehn Minuten. Es kann aber auch sein, dass es viermal so lange dauert. Setzen Sie sich also nicht selbst unter Druck.

Das Zweite, was ich in diesem Zusammenhang noch sagen möchte, hat mit den berühmten Belohnungshäppchen zu tun. Davon werden Sie jetzt eine ganze Menge brauchen. Seien Sie aber vorsichtig mit der Dosierung. Das Spazierengehen soll der Gesundheit Ihres Hundes dienen – und sie nicht gefährden.

schritt für schritt

»Bei Fuß«

1. Suchen Sie sich Ihre Seite aus

- Zunächst sollten Sie überlegen, auf welcher Seite Sie den Hund führen wollen. Meistens ist es die linke. Das hat seine Ursprünge in der Jagd. Da die meisten Menschen Rechtshänder sind, tragen sie das Gewehr am liebsten unter dem rechten Arm und empfinden es deshalb als einfacher und sicherer, den Hund an der linken Seite zu führen. Es spricht jedoch auch nichts dagegen, falls das Tier rechts von Ihnen geht. Nur: Wenn Sie sich einmal für eine Seite entschieden haben, sollten Sie dabei bleiben.
- Im Folgenden gehe ich davon aus, dass Sie den Hund links führen. Haben Sie ihn lieber an Ihrer Rechten, drehen Sie die Anweisungen einfach im Kopf um.

2. Das Kommando

- Suchen Sie sich ein Fleckchen, an dem Sie beide genug Platz haben, ein paar Schritte zu gehen. Nehmen Sie ein Belohnungsleckerchen in die linke Hand und wenden Sie dem Hund den Rücken zu. Senken Sie Ihre Linke bis auf Nasenhöhe des Hundes. Dabei sagen Sie seinen Namen und: »Bei Fuß!«.
- Tritt der Hund wie gewünscht an Ihre Seite, loben Sie ihn und geben ihm sein Leckerchen.
- Kommt er nicht, legen Sie erst einmal eine Pause ein und versuchen es vielleicht in einer Stunde wieder. Nicht die Geduld verlieren!

3. Nebeneinander gehen

- Reagiert der Hund so, wie Sie es sich vorgestellt haben, können Sie langsam losgehen. Der Sinn der Übung besteht darin, dass der Hund ganz in Ihrer Nähe läuft und Sie die Leine locker in der Hand halten.
- Zunächst rufen Sie ihn noch einmal zu sich. Machen Sie dann einige Schritte und ermuntern ihn mit einem Leckerchen, sich Ihnen anzuschließen. Vergessen Sie nicht: Ihr Hund kann keine Gedanken lesen, und bei Fuß zu gehen ist für ihn keineswegs natürlich. Entfernt er sich von Ihnen, ermutigen Sie ihn mit einer positiven Verstärkung, an Ihre Seite zurückzukehren, und geben ihm noch ein Leckerchen. Mit dem Befehl »Bei Fuß« erinnern Sie ihn während des Gehens immer wieder daran, dass er bei Ihnen bleiben soll. Hat der Hund das verstanden und geht die ganze Strecke, die Sie sich vorgenommen haben, neben Ihnen her, loben Sie ihn ausgiebig und geben ihm einen letzten Belohnungshappen.

schritt für schritt

- Wie immer kommt es auch hier hauptsächlich darauf an, ruhig und entschieden zu bleiben. Egal, wie frustriert oder sauer Sie sind, wenn der Hund nicht richtig reagiert, Sie dürfen es sich nicht anmerken lassen. Denn sonst bekommt der Hund Ihre Nervosität mit und verliert auch etwas von dem Vertrauen zu Ihnen, das Sie so mühsam aufgebaut haben. Sehen Sie einfach zu, dass sich alles wieder beruhigt, und versuchen Sie es später noch einmal.

4. Variieren Sie die Übung

- Sobald der Hund gelernt hat, an Ihrer Seite zu gehen, sollten Sie anfangen, mit verschiedenen Richtungen und auch unterschiedlich langen Wegen zu arbeiten. Beginnen und beenden Sie die Übung ganz nach Belieben. Dadurch bereiten Sie den Hund auf die Wirklichkeit vor. Schließlich kommen in Zukunft die verschiedensten Routen auf ihn zu.

An der Leine gehen

Im Leben Ihres Hundes gibt es von nun an kaum etwas Wichtigeres als die Leine. Sie bietet ihm Sicherheit und verbindet ihn mit dem Menschen, der ihn vor allen Gefahren beschützt, mit denen er draußen möglicherweise konfrontiert wird. Deshalb müssen Sie ihn bereits vor dem ersten Spaziergang daran gewöhnen, dass er sich die Leine nicht nur bereitwillig umlegen lässt, sondern auch ordentlich an ihr geht und korrekt auf sie reagiert.

schritt für schritt

Die Leine

1. Die Leine überstreifen

- Rufen Sie den Hund zu sich. Beugen Sie sich zu ihm herab und legen Sie ihm die Schlaufe der Leine um den Hals. Achten Sie darauf, dass sie richtig sitzt. Sie darf nicht so fest anliegen, dass sie ihn würgen oder Hautreizungen verursachen könnte, sollte aber auch nicht so locker sein, dass der Hund sie mit einer entschiedenen Bewegung abstreifen kann. Sonst besteht die Gefahr, dass er wegläuft.
- Legen Sie ihm die Leine freundlich, aber ohne großes Theater an. Nach dem ersten Mal dürfen Sie ihn ruhig loben.

2. An der Leine gehen

- Wiederholen Sie die Bei-Fuß-Übung mit der Leine und fordern Sie den Hund auf, neben Ihnen stehen zu bleiben. Fängt er an, an der Leine zu zerren, halten Sie einfach inne und bleiben ganz ruhig stehen. Der Hund muss von Anfang an lernen, dass Sie sich auf keinerlei Tauziehen einlassen.
- Nehmen Sie den Spaziergang wieder auf, indem Sie den Hund ein weiteres Mal auffordern, bei Fuß zu kommen. Steht er wieder an Ihrer Seite, fahren Sie fort. Wenn er es schafft, den ganzen Weg neben Ihnen zu gehen, ohne auch nur einmal an der Leine zu ziehen, dürfen Sie ihn loben und ihm ein Leckerchen geben. Er hat es sich verdient.

Freundlichkeit führt zum Ziel: Machen Sie den Hund sanft und ruhig mit der Leine vertraut, damit er sich nicht aufregt und keine Angst bekommt. Anfangs sollte er sie nicht einmal spüren können.

Ein ganz neues Gefühl: Eine Leine um den Hals wird dem Hund anfänglich sehr merkwürdig vorkommen. Geben Sie ihm genügend Zeit, sich daran gewöhnen zu können.

Lassen Sie es gemächlich angehen: Beim ersten Versuch sollten Sie dem Hund die Leine nur ganz locker umlegen. Machen Sie ganz langsam und vermeiden Sie vor allem, zu viel Druck auszuüben.

3. Richtungswechsel

- Kein Spaziergang geht immer nur geradeaus. Der Hund wird also lernen müssen, auch die Richtung zu ändern, und zwar auf Kommando.
- Das sollten Sie lange vor dem ersten Spaziergang zu Hause üben. (Und nicht vergessen: Ich gehe hier davon aus, dass der Hund links von Ihnen läuft, wie

es meistens der Fall ist. Ziehen Sie die rechte Seite vor, müssen Sie bloß gedanklich die Seiten verkehren.)

- Rechtswendung
- Sie wissen, dass Sie die Richtung ändern wollen. Ihr Hund aber noch lange nicht. Ihm müssen Sie das erst verdeutlichen. Und das tun Sie am besten, indem Sie sich körpersprachlich so ausdrücken, dass er es versteht. Wenn Sie sich nach rechts wenden wollen, sollten Sie mit dem rechten Fuß vorangehen, nie mit dem linken, denn das würde nur für Verwirrung und unnötige Probleme sorgen. Der Hund soll Ihre Bewegung aber ganz harmonisch mitmachen.
- Dabei sprechen Sie ein Kommando aus (»Rechts« vielleicht), das Sie in dieser Situation von nun an immer verwenden.
- Linkswendung
- Das wird ein bisschen komplizierter. Als Erstes nehmen Sie die Leine so straff in die Hand, bis sie nicht mehr durchhängt. Auf diese Weise bleibt der Hund an Ihrer Seite. Schreiten Sie mit dem linken Bein möglichst weit aus. Dabei berührt es den Hund am Kopf und an der Schulter. Wählen Sie auch hierfür ein Kommando, das Sie immer beibehalten (»Links« bietet sich an).
- Während Sie sich nach links wenden, müsste der Hund eigentlich ganz wie von selbst zurückfallen. Und da Ihr Körper jetzt einen sanften Druck auf ihn ausübt, müsste er sich automatisch auch nach links drehen. Dabei auf keinen Fall ruckartig an der Leine ziehen oder sonst wie Gewalt anwenden. Die Linksdrehung sollte sanft und wie von selbst vor sich gehen, behutsam, organisch und ruhig. Schon bald wird sich der Hund ganz natürlich an Ihren Beinen orientieren.

4. Anhalten – Warten

- In Ihrer häuslichen Umgebung ist es ungefährlich und kommt selten zu unvorhergesehenen Zwischenfällen. Im Freien ist das ganz anders. Hier müssen Sie in der Lage sein, den Hund ganz plötzlich zum Stehenbleiben zu bringen. Sein Leben kann davon abhängen.
- Dem Hund das Kommando »Warten« beizubringen ist nicht weiter schwer. Während Sie ihn noch lehren, bei Fuß zu gehen, bleiben Sie einfach hin und wieder ganz abrupt stehen. Dabei geben Sie das Kommando »Warten« aus – kurz und scharf, aber nicht bedrohlich.
- Gehorcht der Hund, belohnen Sie ihn, denn eine solche gute Reaktion

bedarf einer positiven Verstärkung. Dann gehen Sie einfach weiter. Das plötzliche Anhalten sollten Sie von nun an regelmäßig üben.

5. Einen richtigen Spaziergang simulieren
- Nachdem Sie alle nötigen Elemente einzeln eingeführt haben, können Sie jetzt den gesamten Raum, der Ihnen zur Verfügung steht, nutzen und die Strecke, die Sie zurücklegen möchten, vergrößern. Setzen Sie alle Elemente ein – Richtungswechsel, Anhalten und so weiter –, vermischen Sie sie aber, dass der Hund nie genau weiß, welches Kommando als Nächstes kommt. Er soll ständig raten und denken müssen. Halten Sie die Leine möglichst locker. Ihr Hund sollte sich so auf Sie einstellen, dass es für einen Außenstehenden wirkt, als seien Sie beide durch ein unsichtbares Band miteinander verbunden.
- Wenn Sie das geschafft haben, steht einem schönen Spaziergang nichts mehr im Weg.

Die ersten Schritte: Es ist so weit

Häufig lohnt es sich, die Dinge auch einmal aus der Perspektive des Hundes zu betrachten. Der erste Spaziergang ist mit Sicherheit so ein Fall.

Der Hund sieht sich als Mitglied eines funktionstüchtigen Rudels. Und wenn er nun mit diesem Rudel in die Welt hinaustritt, ist das für ihn in etwa so wie für seinen Vorfahr, den Wolf, wenn er sich mit seinem Wolfsrudel zur Jagd aufmacht.

In dieser Situation stellt das Alphamännchen seine Autorität unter Beweis. Denn das Oberhaupt entscheidet, wann das Rudel auf die Jagd geht. Zuvor hat es sich davon überzeugt, dass die Luft rein ist und beim Verlassen der Höhle keine Gefahr besteht. Dann führt der Alphawolf sein Rudel in die Welt hinaus – und gibt auch die Richtung vor.

Genau dieselbe Bedeutung hat für den Haushund der Spaziergang. Deshalb ist es so wichtig, dass der Halter in jeder Hinsicht die Verantwortung für den Spaziergang übernimmt, eben so, wie es der Alphawolf für sein Rudel tut.

Nun sind alle Voraussetzungen erfüllt: Der Hund hat ein enges Vertrauensverhältnis zu seinem Besitzer aufgebaut und hat gelernt, bei Fuß zu gehen. Jetzt kann er in die Welt hinaus, und zwar in dem sicheren Bewusstsein, dass ihm nichts geschieht.

schritt für schritt

Der erste Spaziergang

Auf Sie beide kommt jetzt ein großer Moment zu. Da der erste Spaziergang speziell für den Hund ein schönes Erlebnis werden soll, wählen Sie dafür einen Tag, an dem alles stimmt. Sie haben genügend Zeit und wenn alles gut geht, spielt auch das Wetter mit. Wichtig ist, dass Sie stets das Gefühl haben, sich auf sicherem Terrain zu bewegen. Sie sollten sich ständig fragen, ob es Ihnen gut geht und Sie auch alles unter Kontrolle haben. Wenn ja, machen Sie weiter. Anderenfalls gehen Sie einen Schritt zurück und wenden sich noch einmal dem Basistraining zu.
Wenn Sie mit Ihrem Hund zum ersten gemeinsamen Spaziergang aufbrechen, sollten Sie die folgenden Grundsätze beherzigen:

1. Vor dem Verlassen des Hauses

- Das Wichtigste, was Sie sich stets vor Augen führen müssen, ist, dass Sie der Anführer sind. Sie gehen als Erster über die Schwelle und Sie sind es auch, der Länge, Dauer und Richtung des Spaziergangs bestimmt. Das müssen Sie wirklich die ganze Zeit über im Kopf behalten.
- Rufen Sie den Hund wie gewohnt zu sich und legen Sie ihm die Leine um. Gehen Sie dann auf die Tür zu.
- So ein Hund ist clever und merkt, dass heute etwas anders ist als sonst. Wenn er also plötzlich anfängt, völlig aus dem Häuschen zu geraten, oder sich vordrängt, halten Sie inne, ruhig und ohne irgendwelche Aufregung zu zeigen. Sie heben auch nicht die Stimme. Wenn sich der Hund wieder beruhigt hat, rufen Sie ihn erneut zu sich und versuchen es ein weiteres Mal.

2. Durch die Tür

- Treten Sie unbedingt vor dem Hund über die Schwelle. Versucht er sich an Ihnen vorbeizudrängeln, bleiben Sie stehen. Das ist von äußerster Wichtigkeit und das Tier muss es von Anfang an begreifen.
- Sind Sie beide jedoch in der richtigen Reihenfolge durch die Tür getreten, können Sie erst einmal ein wenig relaxen. Für den Hund ist das schließlich ein sehr spannender Augenblick und den darf er ruhig etwas genießen.
- Der Hund sollte von Anfang an bei Fuß gehen. Machen Sie sich aber keine Sorgen, wenn er ein paar Schritte vorläuft. Dafür haben Sie ja die Leine. Greifen Sie nur ein, wenn sie erheblich unter Spannung gerät. Dann rufen

Sie den Hund wieder bei Fuß. Gehorcht er, loben Sie ihn, denn er hat es verdient, wenn er sich trotz all der aufregenden Dinge um ihn herum Ihrem Wunsch beugt.

3. Die Richtung bestimmen

- Schon zu diesem frühen Zeitpunkt muss der Hund lernen, dass er in keiner Weise für den Spaziergang verantwortlich ist. Also kommt der nächste wichtige Schritt, wenn Sie die Grenzen des Grundstücks verlassen und Ihnen theoretisch die verschiedensten Richtungen offen stehen.
- Will der Hund sofort in eine Richtung vorpreschen, schlagen Sie genau die entgegengesetzte ein. Das wiederholen Sie so lange, bis das Tier verstanden hat, dass es nicht an ihm ist, den Spaziergang zu gestalten. Der Hund muss ständig am Denken bleiben. Jetzt sollte er sich fragen: »Wo wir wohl hingehen?« Dadurch, dass Sie die Führung übernehmen, findet er die richtige Antwort – »Ich hab' das nicht zu entscheiden« – und übt sich auch gleich ein wenig in Selbstbeherrschung. Es ist hierbei genau wie bei jedem anderen Unterricht auch. Am besten richtet man es so ein, dass die Schüler von selbst auf die Lösung kommen.

4. Spaß soll es machen

- Der erste Spaziergang sollte sowohl für den Hund als auch für den Halter ein schönes Erlebnis werden. Das gilt auch noch für die nächsten Tage.
- Die Kommandos, die Sie bislang eingeführt haben, sollten Sie jetzt mit zunehmendem Selbstvertrauen ausgeben. Der Hund seinerseits muss sich an den Gedanken gewöhnen, dass er an Ihrer Seite immer wieder wohlbehalten zu Hause ankommt. Im Moment sollten Sie ihn noch nicht von der Leine lassen. Auch dieser Schritt muss sorgfältig geplant werden. Wenn Sie sich dafür nicht genügend Zeit lassen, kann es üble Konsequenzen haben. Bevor der Hund loslaufen kann, muss er erst einmal richtig gehen lernen.
- Ein leinenführiger Hund, der auf die Kommandos richtig reagiert, kann den Halter mit enormem Stolz und großer Freude erfüllen. Aber Sie müssen nur einmal schauen, wie der Kleine schwanzwedelnd neben Ihnen herläuft und ganz glücklich ist, die sich ihm eröffnende neue Welt zu erkunden. Dann wissen Sie auch, dass ihm der Spaziergang sogar fast noch mehr Spaß macht als Ihnen.

Die Körpersprache des Hundes verstehen

Beim Spazierengehen sind Kommandos wichtig, man muss aber auch wissen, wann man sie gibt. Wir müssen ein Gefühl für die Situationen bekommen, in denen der Hund auf unsere Unterstützung angewiesen ist.

Im Straßenverkehr oder in anderen potenziell gefährlichen Situationen liegt es auf der Hand. Der Hund hat aber auch Ängste, die wir uns gar nicht vorstellen können. Diese kann er zwar nicht in Worte fassen, aber er zeigt sie.

Um dem Hund bei seinen ersten Schritten in die große weite Welt hinaus beistehen zu können, müssen Sie daher zu verstehen lernen, wie er seine Gefühle zum Ausdruck bringt.

Den Hund interpretieren lernen

Hunde können sich zwar nicht auf Deutsch mit uns unterhalten, aber ihre Körpersprache ist hoch entwickelt und sehr aussagekräftig.

Diese Sprache lernen Hunde schon sehr früh. Mit einer kleinen Bewegung der Ohren oder des Schwanzes, mit einer leichten Veränderung der Körperhaltung können bereits ganz junge Welpen Botschaften übermitteln, die jeder andere Hund sofort versteht.

Wir als Halter müssen das auch lernen.

Botschafter unter sich: Körperhaltung, Augen, Ohren und Schwanz vermitteln wichtige Informationen über die Rangordnung.

Signale

Hunden steht eine Vielzahl körpersprachlicher Ausdrucksmittel zur Verfügung. Schauen wir uns doch nur einmal zwei mögliche Extreme an. Angst zum Beispiel drückt sich nicht nur in den Augen aus. Der Hund legt die Ohren an, sein Maul wirkt angespannt, und der ganze Körper ist defensiv nach hinten gekrümmt. Den Schwanz hat er zwischen die Hinterbeine geklemmt.

Steht der Hund dagegen aufrecht da, sein Blick ist neugierig und freundlich, der Körper völlig relaxt, und er wedelt mit dem Schwanz, fühlt er sich mit Sicherheit wohl und ist glücklich. Doch zwischen diesen beiden Extremen liegen zahlreiche Facetten, die auch richtig zu interpretieren sind. Lassen Sie uns also ein wenig in die Einzelheiten gehen.

Die Ohren Bei den Wölfen spielen in punkto Angriff und Verteidigung die Ohren eine sehr wichtige Rolle. Sie können sie so stellen, dass sie potenzielle Feinde oder Beutetiere ganz weit in der Ferne hören. Die Ohren dienen aber auch der Kommunikation innerhalb des Rudels. Gespitzte Ohren etwa sind ein Zeichen dafür, dass irgendetwas die Aufmerksamkeit des Wolfes erregt. Entspannung lässt sich daran ablesen, dass die Ohren auswärts gedreht, aber immer noch leicht gespitzt sind.

Frühwarnsystem: Die Stellung der Ohren verrät viel über den Gemütszustand. a. Aufgerichtete Ohren sprechen für Munterkeit und Zufriedenheit. b. Respekt zeigt sich an angelegten Ohren. c. herabhängende Ohren verraten Angst.

a.

b.

c.

Haushunde bedienen sich ihrer Ohren in ähnlicher Weise. Hier die wichtigsten Aussagen:

Ohren aufgestellt – hellwach, interessiert
Leicht seitwärts gedreht – entspannt
Leicht nach hinten angelegt – Respekt
Ohren hinten gespitzt – Angst, Unterwerfung.

Augen Es heißt ja immer, die Augen seien der Spiegel der Seele, und für Hunde trifft das ganz sicher zu. Wenn Sie einem in die Augen schauen, können Sie die ganze Bandbreite seiner Gefühle erkennen, von Stärke und Selbstbewusstsein bis hin zu Angst und Schmerz eigentlich alles. Und Sie können sich immer sicher sein, dass das, was Sie da sehen, tatsächlich seinen Gefühlen entspricht.

Im Gegensatz zu Menschen lügen Hunde nie.

Die wichtigsten Signale sind:

Weit aufgerissene, runde Augen – Stress, Angst
Fester Blick – Stärke, Selbstbewusstsein
Starren – Bedrohung, Aggression
Weicher Blick – Entspannung

Zähne In der Wildnis sind die Zähne die entscheidende Waffe des Wolfs. Da ihm vollkommen bewusst ist, damit töten zu können, überrascht es kaum, wenn er sie auch nutzt, um deutliche Signale auszugeben.

Je nachdem, welche Art von Informationen er vermitteln will, entscheidet der Wolf, wie viel er von seinem Gebiss zeigt.

Möchte er lediglich eine allgemeine Warnung ausgeben, hebt er die Lippe gerade mal so weit an, dass ganz wenige Zähne zu sehen sind. Erreicht er sein Ziel damit noch nicht, zeigt er ein paar mehr. Das geht so lange weiter, bis er schließlich sein gesamtes Gebiss inklusive Zahnfleisch offen legt. In Verbindung mit dem typischen starren Blick lässt sich eine solche Botschaft kaum missverstehen. Doch auch am anderen Ende des Gefühlsspektrums spielen die Zähne eine Rolle, etwa wenn der Wolf seine Zufriedenheit bekunden möchte.

Der Haushund bedient sich desselben Vokabulars, um Auskunft über seine Emotionen zu erteilen.

Der Unterkiefer Auch der Unterkiefer trägt dazu bei, den Gesichtsausdruck feiner zu nuancieren: je weiter vorgeschoben er ist, desto aggressiver die Miene des Hundes – und umgekehrt.

Körperhaltung Als wohlerdachte Laufmaschine ist der Wolf von sehr ausgewogener Gestalt. Auch damit kann er subtile Signale aussenden. So beugt er sich etwa ein bisschen vor, um seine Angriffsbereitschaft zu demonstrieren, oder weicht als Zeichen der Unterwerfung zurück. Unsere Hunde tun genau dasselbe.

Der Fang Durch Verziehen des Fangs – der Partie um Nase und Schnauze herum – kann der Hund ganz unterschiedliche Mienen aufsetzen, vom Lächeln bis hin zu einem verkniffenen Gesicht, das Aggressivität verrät.

Sträuben des Fells am Rücken Das Sträuben des Fells dient im Wesentlichen dazu, größer zu wirken. Auch diese Fähigkeit hat der Hund vom Wolf geerbt, der instinktiv versucht, Konfrontationen zu vermeiden. Dadurch können die Wölfe ihren ohnehin schon dicken Pelz noch um einige Zentimeter verlängern, was sie noch bedrohlicher erscheinen lässt. Gesträubtes Fell kann aber auch Ausdruck von Freude sein.

Der Schwanz Bei keinem anderen Tier spielt der Schwanz für die Signalgebung eine so entscheidende Rolle wie beim Hund. Die Rute verrät viel über die Persönlichkeit, über sein Selbstvertrauen, seinen Status und seine Laune und wie das Tier insgesamt auf seine Umwelt reagiert.

Hier die wichtigsten Haltungen des Schwanzes:

Normal: Ist der Hund entspannt und fröhlich, hängt sein Schwanz in der Regel ohne irgendwelche sichtbare Spannung etwas herab. Diese Haltung der Rute deutet auf allgemeines Wohlbefinden hin.
Angelegt: Ist der Schwanz zwischen die Beine geklemmt, hat der Hund mit Sicherheit vor irgendetwas Angst.
Gerade: die normale Schwanzhaltung beim Spazierengehen – horizontal vom Hinterteil abstehend.
Aufgerichtet: Je höher der Schwanz gehalten wird, desto größer ist das Selbstvertrauen des Hundes und der Status, den er meint innezuhaben. Der Alphawolf in der Wildnis trägt seinen Schwanz in einem Winkel von annähernd neunzig Grad.

Auch die Spannung, unter der der Schwanz steht, sagt eine Menge aus. Im Normalzustand hängt die Rute wie eine Flagge auf Halbmast schlaff herab. Hält der Hund den Schwanz jedoch starr hoch, sagen wir in einem Neunziggradwinkel, ohne auch nur ein bisschen damit zu wedeln, ist dies ein deutliches Zeichen für Aggressivität.

In der freien Natur müssen Wölfe äußerst agil und ständig in Alarmbereitschaft sein. Daher bewegt sich der Wolf auch so geschwind und wendig. Aufgrund der ganzen Züchtungsbemühungen seitens des Menschen sind jedoch viele Rassen heute bedeutend langsamer und inflexibler. Als Halter müssen wir uns der Konsequenzen bewusst sein.

Kommunikative Behinderungen

Die Urhunde, also die Wölfe, waren in jeder Hinsicht perfekt für die Kommunikation untereinander ausgerüstet. Schon allein von der körperlichen Ausstattung her waren bei ihnen alle Voraussetzungen gegeben, Botschaften schnell und effektiv auszutauschen. So hatten sie beispielsweise alle einen gleich gebauten Schädel, spitze Ohren und auch der Fang war bei allen Individuen praktisch identisch. Da sie also alle mehr oder weniger gleich aussahen, gab es kaum Raum für Fehlinterpretationen oder Missverständnisse.

Aufgrund der Intervention des Menschen haben sich die Hunde in den vergangenen vierzehntausend Jahren allerdings in ganz unterschiedliche Richtungen entwickelt. Einige der unglaublich vielen Hunderassen, die es heute gibt, entsprechen eher dem menschlichen Geschmack und unseren praktischen Bedürfnissen als denen der Hundewelt. Das Ergebnis: Heutzutage können Hunde untereinander bei weitem nicht mehr so gut kommunizieren wie in ferner Vorzeit. Das führt zu Problemen, insbesondere wenn Tiere miteinander in Kontakt kommen, die sich nicht kennen.

In dieser wichtigen Entwicklungsphase des Welpen sollten wir als Halter uns deshalb ruhig einmal ein bisschen Zeit nehmen und uns mit den kommunikativen Behinderungen beschäftigen, die der Hund möglicherweise hat. Manche Rassen sind schlicht und einfach körperlich nicht in der Lage, bestimmte Signale auszusenden. Dann tun sie sich natürlich schwer, wenn sie in die Welt hinaustreten und Kontakt zu anderen Hunden aufnehmen. Als Halter müssen wir uns dessen bewusst sein. Denn ganz wie wir Menschen sind auch Hunde allem Unbekannten gegenüber misstrauisch. Auch das müssen wir wissen.

Die Ohren

Um verstehen zu können, warum ein Hund einen anderen angreift, lohnt es sich, einmal zu überlegen, wie sie sich gegenseitig wahrnehmen. Ein Beispiel: Der eine Hund legt die Ohren nicht an und der andere interpretiert das als respektlos und feindlich. Was aber, wenn der vermeintliche Angreifer einfach nicht in der Lage ist, die Ohren anzulegen? Springer Spaniels etwa können sie lange nicht so gut bewegen wie andere Rassen. Ihr junger Hund wird also eventuell lernen müssen, dass er einer Rasse angehört, die über gewisse Eigenheiten verfügt, und dass nicht alle Hunde aussehen wie seine Wurfgeschwister.

In manchen Ländern ist es auch heute noch üblich, Hunden die Ohren zu kupieren, so dass sie ständig aussehen, als hätten sie sie gespitzt. Für Vertreter anderer Rassen ist das aber ein Alarmsignal, und entsprechend werden sie sich verhalten.

Immer im Dienst: Mit seinen kupierten Ohren sieht dieser Boston Terrier aus, als wäre er ständig in Alarmbereitschaft.

Die Augen

Bei den Wölfen haben die Augen bezogen auf das gesamte Gesicht genau die richtige Größe. Und bei ihnen »sprechen« die Augen auch. Unsere heutigen Haushunde verfügen jedoch nicht mehr unbedingt über diese Ausdrucksfähigkeit des Blicks.

Hunde sind darauf angewiesen, beispielsweise Stirnrunzeln und sonstiges Mienenspiel ihrer Artgenossen wahrzunehmen. Der Shar-Pei aber etwa hat so viele Falten im Gesicht, dass ein Hund, der nicht derselben Rasse angehört, kaum in der Lage ist, die Feinheiten seines Augenausdrucks zu erkennen.

Bei Hunden sind die Augen sowohl zum Sehen da als auch zum Gesehenwerden. Daher bekommen Exemplare mit sehr kleinen Augen in der Kommunikation mit anderen Rassen häufig Probleme. Manche Züchtungen wie etwa Möpse, Boxer, Chihuahuas, Cavalier King Charles Spaniels und einige Bullterrier haben dagegen von Haus aus große, runde Augen, was bei anderen den Eindruck entstehen lässt, sie stünden unter Stress oder seien aggressiv. Und wer spielt schon gern mit Rambo.

Der Fang

Der Fang – man versteht darunter die ganze Partie zwischen den Augen, Nasenrücken, Schnauze und die Außenseiten des Kiefers – ist eine der ausdrucksstärksten und aussagekräftigsten Gesichtspartien des Hundes. Mit einer winzigen Bewegung kann er die Zähne blecken, die Nase runzeln und sogar lächeln. Aufgrund der Vielzahl von Muskeln, die hier am Werke sind, ist diese Partie enorm flexibel. Bei Hunden jedoch, die ihren Fang züchtungsbedingt nicht mehr nach Gutdünken bewegen können, kommt es häufig zu Problemen oder Missverständnissen – und zwar auf beiden Seiten. King Charles Spaniels und Boxern wurde die Gegend um die Nasenlöcher im Laufe der Zeit beispielsweise immer weiter verkürzt. Das hat zur Folge, dass sie manche körpersprachlichen Signale einfach nicht mehr geben können.

Der Unterkiefer

Ich habe es schon einmal erwähnt: Je weiter vorgeschoben der Unterkiefer, desto aggressiver ist der Gesichtsausdruck des Hundes. Allerdings wurden manche Rassen – unter anderen Boxer, Bulldoggen und Möpse – absichtlich mit einem enormen Unterbiss gezüchtet (dabei steht der Unterkiefer so weit vor, dass er den Oberkiefer nicht berührt). Für diese Tiere hat das den traurigen Nebeneffekt, dass sie nicht in der Lage sind, ihren Kiefer einzusetzen, um damit Unterwürfigkeit oder wenigstens Respekt zu demonstrieren. Stattdessen wirken sie eigentlich immer aggressiv, völlig unabhängig von ihren wahren Absichten. Den Staffordshire Bullterriern beispielsweise hat dies das Etikett Kampfhund eingebracht, das sich jedoch eher ihre gedankenlosen Halter verdient hätten als die Hunde selbst.

Die Körperhaltung

Auch Hunde mit einem sehr breiten Brustkorb wie etwa Boxer entsprechen nicht der Norm. Die überentwickelte Brust und die breiten Schultern machen sie sozusagen zu den Arnold Schwarzeneggers der Hundewelt. Was noch hinzukommt: Da ihre hintere Körperpartie schmaler und leichter ist, sieht es immer so aus, als würden sie sich angriffslustig vorbeugen.

Es gibt aber auch Rassen, die insgesamt für viel Verwirrung sorgen. Pekinesen wären so ein Beispiel. Sie haben dermaßen lange Haare und kurze Beine, dass man kaum mehr unterscheiden kann, wo eigentlich der Körper anfängt und wo er aufhört, ob das Tierchen steht oder sitzt. Und das platte Gesicht ist auch nicht gerade dazu angetan, die Unsicherheit zu beheben, die Hunde anderer Rassen beschleicht, wenn sie einem Pekinesen begegnen. Sie wissen ja nicht einmal genau, ob sie mit ihm spielen oder ihn lieber fressen sollen!

Auch so etwas muss der Halter im Kopf haben, wenn er anfangen möchte, seinen Liebling mit Vertretern anderer Rassen bekannt zu machen.

Arnold Schwarzenegger im Doppelpack: Mit ihren breiten Schultern, dem mächtigen Brustkorb und der vorgeneigten Körperhaltung erinnern Bulldogen automatisch an ihr menschliches Äquivalent, den Terminator. Kein Wunder, dass andere Hunde darin eine Bedrohung sehen.

Das Fell sträuben

Manche Leute assoziieren es automatisch mit Aggressivität, wenn sie einen Hund sehen, der sein Fell sträubt. Dabei kann diese Geste auch ein ganz anderes Gefühl zum Ausdruck bringen – nämlich Freude. Wenn Ihrem Hund das Fell also, wie es etwa beim Pomerian der Fall ist, von Natur aus absteht, müssen Sie damit rechnen, dass dies bei anderen Hunden zu großer Verwirrung führt. Bestimmte Rassen mit ganz kurzem, glattem Fell, wie der Dalmatiner, können ihr Fell dagegen überhaupt nicht sträuben, was ihre Möglichkeiten, mit anderen Rassen zu kommunizieren, natürlich auch erheblich einschränkt.

Der Schwanz

Auch der Schwanz blieb in der Geschichte nicht ungeschoren, was ebenfalls zu zahlreichen Missverständnissen unter Hunden Anlass geben kann. Halter sollten sich insbesondere der folgenden Unterschiede bewusst sein:

Lange Schwänze Manche Rassen, wie etwa der Basset und die verschiedenen Dackelarten, sind mit so kurzen Beinen gezüchtet worden, dass ihr Schwanz unverhältnismäßig lang aussieht. Bei den meisten anderen Rassen ist die normale Schwanzhaltung annähernd horizontal. Für einen Basset, um bei diesem Beispiel zu bleiben, würde das aber bedeuten, die Rute auf

Vorsicht, hier komm' ich: Bassets tragen den Schwanz von Natur aus hoch. Angehörigen anderer Hunderassen vermittelt das ein äußerst verwirrendes Signal.

dem Boden hinter sich herzuziehen. Um sich das zu ersparen, trägt er den Schwanz immer eine Spur höher als andere Hunde. Sie und Ihr Liebling wissen, dass das völlig normal für ihn ist und dass das Tier einfach nur eine gewisse Behinderung kompensiert. Andere Rassen aber sehen das ganz anders und missverstehen seine Schwanzhaltung leicht als Provokation.

Gelockte Schwänze Bestimmten Rassen, beispielsweise dem Elchhund, dem Basenji und dem Pomerian, hat der Mensch auch ein Ringelschwänzchen angezüchtet, und man kann sich leicht vorstellen, für welche Verwirrung das bei anderen Hunden sorgen kann. Will er denn nun zum Ausdruck bringen, dass er ganz entspannt ist, oder stellt er eine Bedrohung dar?

Stummelschwänze Bei einigen Hunderassen wird auch heute noch häufig der Schwanz kupiert. Bis zu einem gewissen Grad können solche Tiere ihr Stummelschwänzchen dann zwar immer noch bewegen, aber lange nicht so aussagekräftig, wie es bei einer ungestutzten Rute der Fall wäre, schon gar nicht aus der Entfernung betrachtet. Das kann zu völlig falschen Schlussfolgerungen verleiten. Bei Rassen, die auch anderweitig in ihrer körpersprachlichen Ausdrucksfähigkeit eingeschränkt sind – ich denke dabei beispielsweise an die Spaniels mit ihren Schlappohren –, wird das Problem durch

das Kupieren des Schwanzes zusätzlich verschärft.

Und dann gibt es natürlich auch noch Rassen, bei denen alle genannten Faktoren zusammenkommen. Ich sage nur: Bobtail. Ein Hund, der so einem Lebewesen zum allerersten Mal begegnet, kann es nur für einen Riesenwischmopp halten. Man sieht ja weder Augen, Ohren noch Fang, und auch ein Schwanz ist nicht auszumachen. Alles, was man erkennen kann, ist ein breitbrüstiges Etwas im Pelz, von dem keineswegs klar ist, ob es sich überhaupt um einen Hund handelt. Kein Wunder, dass andere Hunde gerade mit dieser Rasse so ihre Probleme haben.

Der Wischmopp: Keine Augen, keine Ohren, kein Schwanz, kein Fang. Was sollen sich Angehörige einer anderen Rasse dabei denken? Man sieht ja nicht einmal, ob es sich überhaupt um einen Hund handelt.

Die große weite Welt – häufig auftretende Probleme

Die ersten Ausflüge des Welpen in die große weite Welt vor dem Haus sind voller Aufregungen, stellen ihn aber auch vor eine ganze Reihe möglicher Herausforderungen und Stolperfallen, die er nur bewältigen kann, wenn ihm sein Halter dabei hilft.

Konfrontationen – Hunde unter sich

Das Miteinander und der Kontakt mit anderen Hunden – beziehungsweise eigentlich eher mit anderen »Rudeln« – ist keineswegs naturgegeben. In der Wildnis gehen sich die Rudel instinktiv aus dem Weg und markieren ihr jeweiliges Territorium, um genau dieses Aufeinandertreffen nach Möglichkeit zu vermeiden.

In der Welt des Menschen ist so etwas natürlich weder möglich noch wünschenswert. Hunde brauchen ihren Auslauf. Beim Gassigehen aber kommt es unweigerlich zu Begegnungen mit anderen Hunden und ihren Haltern – es sei denn, man hat das Glück, auf einem ganz besonders einsamen Flecken dieses übervölkerten Planeten zu leben.

Wie wir gesehen haben, werden die Signale, die Hunde einander geben, schon wenn sie sich allein begegnen, mitunter als verwirrend und bedrohlich wahrgenommen. Treten auch noch die Besitzer auf den Plan, können sie durchaus auch noch Öl ins Feuer gießen. Reaktionen der Hunde, unter Umständen auch aggressive, bleiben da nicht aus. Seien Sie also gewappnet.

Der Schlüssel liegt im so genannten Cross-packing. Üben Sie die Begegnung mit Artgenossen, indem Sie sich auch in solchen Situationen als konsequenter Rudelführer erweisen. Wenn Sie also einem anderen Hund mit seinem Herrchen oder Frauchen begegnen, sollten Sie sich wie folgt verhalten:

- Setzen Sie mit Ihrem Hund an der Leine Ihren Weg fort und machen einen möglichst großen Bogen um das andere Tier.
- Gehen Sie an dem anderen »Rudel« vorbei, ohne es auch nur eines Blickes zu würdigen.
- Wenn auch Ihr Hund dabei keinerlei Reaktion zeigt und sich ungerührt an seinem Artgenossen vorbeiführen lässt, dürfen Sie ihn ein paar Meter weiter belohnen.

Wie gehabt dreht sich auch hierbei alles darum, dass Sie es Ihrem Hund ermöglichen, eine positive Assoziation herzustellen. Und je öfter Ihnen das gelingt, desto schneller ist das Problem behoben. Natürlich sind Sie in dieser Gleichung nicht die einzige Unbekannte, und es ist durchaus möglich, ja sogar wahrscheinlich, dass der Besitzer des anderen Hundes lange nicht so viel von den Nachfahren des Wolfs versteht und bedeutend weniger Herr der Lage ist als Sie. Es kann also gut sein, dass der andere Hund aggressiv auf Sie zukommt. Auch dann müssen Sie die Ruhe bewahren. Und:

- Führen Sie Ihren Hund so schnell und gelassen wie möglich fort.
- Machen Sie kein Theater und brüllen Sie auch nicht los, denn damit würden Sie die Situation nur unnötig verschärfen und die Angst Ihres Hundes vergrößern.
- Eigentlich sollten Sie den Kleinen nicht hochnehmen. Es können allerdings Umstände eintreten, unter denen die Gefahr so groß ist, dass Ihnen nichts

- anderes übrig bleibt. Versuchen Sie aber auch dann, die Ruhe zu bewahren. Die Art und Weise, wie Sie mit der Situation umgehen, vermittelt nicht nur Ihrem Hund, sondern auch dem, der das Problem verursacht, wichtige Informationen. Vermeiden Sie es, Teil des Problems zu werden. Für einen Schwächling wird Ihr Hund Sie nicht halten, wenn Sie sich aus der Situation herausziehen. Für ihn ist Überleben wichtiger als alles andere.
- Lässt sich Ihr Hund wegführen, ohne überzureagieren, hat er sich wieder eine kleine Belohnung verdient.

Gassi gehen – es ist so laut draußen

Die Außenwelt ist voller seltsamer, überraschender und manchmal auch sehr lauter Geräusche, die selbst wir Menschen mitunter als entsetzlich empfinden. Wie soll es da wohl erst einem kleinen Hund gehen? Schließlich können wir uns wenigstens vorstellen, um was für einen Krach es sich handelt und wo er herkommt. Hunden ist das nicht möglich.

Zu Hause reicht es, die Ruhe zu bewahren und nicht in Panik zu geraten, damit der Hund lernt, Geräusche einfach zu ignorieren. Doch je weiter er sich von seinem häuslichen Umfeld entfernt, desto weniger wird das genügen. Autos, Motorräder, aber auch Sirenen und Flugzeuge so ziemlich alles kann ihn völlig durcheinanderbringen. In extremen Fällen bleibt der Hund danach noch lange ängstlich und schreckhaft, mitunter sein Leben lang. Dieses Problems sollten Sie sich daher beizeiten annehmen.

Kein Hund wird je begreifen können, was eine Sirene ist oder eine Feuerwehr. Auch der Unterschied zwischen dem Geräusch eines Silvesterkrachers und der Fehlzündung beim Auto wird ihm immer verschlossen bleiben. Was er jedoch mit der Zeit begreifen kann, ist, dass ein solches Geräusch keine Bedrohung seiner Sicherheit darstellt. Und der Einzige, der ihm das beibringen kann, sind Sie.

Sobald Sie die Straße erreichen, bleiben Sie stehen. Falls der Hund auf das erste Fahrzeug, das vorbeifährt, reagiert, dürfen Sie seine Panik keinesfalls verstärken. Lassen Sie den Wagen einfach passieren und das Geräusch vorbeiziehen. Beruhigen Sie das Tier dann einfach mit »Guter Hund« und einem Leckerchen. Tun Sie dies aber eher beiläufig. Das Ganze wird dann ein paar Mal wiederholt. Sie warten auf das nächste Auto, lassen es vorbeifahren und hinterher gibt es eine Belohnung. Ganz allmählich bekommt der

Hund mit, dass Sie keine Angst haben. Und dass infolgedessen auch er keine zu haben braucht.

Verständigungsschwierigkeiten – wenn sich Hunde nicht verstehen

Weil Hunde sehr intelligente Tiere sind, tun sie alles, um in dieser Welt zu überleben. Konfrontationen wollen sie um jeden Preis vermeiden. Ein Basset-Welpe beispielsweise erfährt schon sehr früh, dass das Aufrichten des Schwanzes bei den Angehörigen seiner Rasse kein Zeichen für Dominanz ist. Denn bei den kurzen Beinen und der langen Rute, die sie haben, hieße die normale, leicht nach unten geneigte Haltung des Schwanzes, ihn am Boden hinter sich her zu ziehen. Begegnet der kleine Basset nun aber einem Hund, bei dem das nicht so ist, sieht die Sache natürlich schon gleich ganz anders aus. Jetzt kann es zu Problemen kommen.

Das soll nun natürlich nicht heißen, dass Angehörige unterschiedlicher Hunderassen nicht miteinander spielen könnten. Nur brauchen sie möglicherweise etwas Zeit, um eventuelle Missverständnisse auszuräumen. Hunde sind von Natur aus vorsichtig. Für Sie als Halter heißt es daher auch hier wieder: Geduld, Geduld, Geduld.

Weil die Signale, die Hunde unterschiedlicher Rassen einander geben, häufig zu Verwirrung führen, ist es ganz hilfreich, wenn Ihr Welpe jetzt bereits die verschiedensten Artgenossen kennen lernt. Im Laufe der Jahrtausende haben wir den Tieren so viele körperliche Unterschiede angezüchtet, dass es heute einfach ein Weilchen dauert, bis sie sich aneinander gewöhnen. Eine Möglichkeit dafür bietet eine gute Welpenschule (Welpenspieltage), in der es Hunde unterschiedlicher Rassen gibt, die einander dort ungezwungen begegnen und lernen können, Spaß miteinander zu haben. Aber auch dort geht es möglicherweise nicht von heute auf morgen. Versuchen Sie nichts zu erzwingen. Denn wie heißt es doch so schön: Gut Ding will Weile haben.

Gestatten – das Auto

Der Hund hat jetzt alle Impfungen, und nun wollen Sie vielleicht auch einmal eine längere Autofahrt mit ihm unternehmen. Oder Sie möchten mit der ganzen Familie in Urlaub fahren. Dafür muss sich der Hund aber vorher

ans Autofahren gewöhnen. Auch dieses Vorhaben erfordert sorgfältige Planung.

Hunde bekommen leicht eine Autofahrphobie. Die Reaktionen, zu denen es dabei kommen kann, reichen von Zittern und Sichverstecken bis hin zu ausgewachsenen Panikattacken, Im-Wagen-Herumspringen und ständigem Bellen. Dem Hund tut das nicht gut – aber natürlich auch dem Halter nicht, der muss ja schließlich lenken. Zu Ihrer Sicherheit – und der der anderen Verkehrsteilnehmer – ist es also unumgänglich, dass sich der Hund ans Autofahren gewöhnt.

Mit großer Wahrscheinlichkeit ist das Tier zum ersten Mal mit acht Wochen im Auto mitgefahren, als Sie es zu sich geholt haben. Die nächste Fahrt geht dann einige Wochen später vermutlich zum Tierarzt, wenn der Hund geimpft werden soll. Vorher sollte sich das Tier jedoch an das Innere Ihres Wagens – und auch an kürzere Fahrten – gewöhnen können.

Auch hierbei geht es wieder in erster Linie darum, dass der Hund das Ganze positiv besetzen kann. Und da er ja sowieso gerade dabei ist, sich mit vielen fremden Dingen vertraut zu machen, können Sie das Auto einfach in diese Prozesse mit einbeziehen.

Wenn der Hund anfängt, die Umgebung des Hauses zu erkunden, sollten Sie ihn ermutigen, sich auch einmal länger in der Nähe Ihres Autos aufzuhalten. Hat er sich daran erst einmal gewöhnt, können Sie die nächsten Schritte einleiten.

Reisevorbereitungen

Die erste Frage, die Sie sich als Halter stellen müssen, lautet: Ist der Hund schon so weit? Das Auto ist ja quasi eine Erweiterung des Haushalts. Und wenn er sich dort jetzt noch nicht eingelebt hat, ist es fürs Auto noch zu früh. Fühlt er sich aber in seinem Zuhause schon pudelwohl und stimmt auch seine Beziehung zu Ihnen, müsste er eigentlich auch für den nächsten Schritt bereit sein. Die ersten Fahrten mit dem Hund sollten immer nur von kürzerer Dauer sein, vielleicht einfach nur ein paar Mal um den Block und ohne irgendwo anzuhalten. Am besten starten Sie nach dem Fressen und nachdem der Hund schön gespielt hat, so dass er ganz entspannt ist. Nehmen Sie eine alte Zeitung, ein Handtuch, eine Decke und ein paar Feuchttücher mit, nur für den Fall, dass es für den Hund vielleicht doch ein bisschen viel wird. Denn gerade Welpen leiden häufig unter Reisekrankheit. Vergessen Sie auch nicht, ein Spielzeug einzustecken, das ihm schon vertraut ist und mit dem Sie ihn gegebenenfalls beruhigen können. Es soll ja eine schöne Erfahrung für das Tier werden.

Falls Sie noch einen anderen Hund haben und dieser gern Auto fährt, sollten Sie ihn mitnehmen. Anderenfalls lieber nicht, denn schlechte Angewohnheiten färben ab. Aber einen menschlichen Begleiter sollten Sie auf jeden Fall an Bord haben, vorzugsweise einen, den der Hund schon kennt und in dessen Gesellschaft er sich wohl fühlt. Dafür, wie und wo Sie den Hund während der Fahrt unterbringen, gibt es verschiedene Möglichkeiten. Wichtig ist vor allem, dass er sich gut aufgehoben und sicher fühlt. Keinesfalls aber sollte er auf dem Beifahrersitz Platz nehmen. Denkbar ist:

- An einem speziellem Sicherheitsgurt auf dem Rücksitz
- Transportkäfig hinten im Auto
- Bei einem kleinen Welpen reicht unter Umständen auch ein Pappkarton
- Zur Not können Sie das Tier auch im Fußbereich des Beifahrersitzes unterbringen.

Man kann sich unschwer vorstellen, wie überwältigend das Erlebnis, das dem Hund jetzt bevorsteht, für ihn ist. Er ist nun schon seit einigen Wochen dabei, sich ganz allmählich mit allerlei fremden Dingen und Geräuschen vertraut zu machen. Diese Fahrt aber wird den Hund mit einer Unmenge verschiedener Sinneswahrnehmungen geradezu überfluten. Komplett neue optische und akustische Eindrücke sowie Gerüche kommen auf ihn zu. Machen Sie sich also auf heftige Reaktionen von ihm gefasst.

Gerät der Hund unter Stress, sobald Sie den Motor anlassen und losfahren, sollte die Begleitperson ihn beruhigend streicheln. Nicht übertrieben, sondern einfach nur so, damit das Tier spürt, dass es nicht allein ist. Kommt es zu einer körperlichen Reaktion des Hundes – Übelkeit oder Erbrechen –, sollten Sie sich nichts anmerken lassen. Machen Sie einfach sauber und fahren Sie heim. Versuchen Sie es ein paar Tage später dann noch einmal.

Falls jedoch alles gut geht, sollten Sie das Tier unmittelbar nach dem Nachhausekommen in den Garten führen oder wo immer er sonst sein Geschäft macht, denn das wird jetzt wahrscheinlich nötig sein. Und vergessen Sie nicht, den Hund dabei zu loben.

Wird es dem Hund im Auto wiederholt übel, fragen Sie am besten beim Tierarzt nach Tabletten gegen Reisekrankheit. Sie helfen sehr gut. Gehen Sie den Symptomen nämlich nicht nach, assoziiert der Hund das Autofahren automatisch mit Übelkeit, und so werden Sie das Problem nie los.

Wohlbefinden

Gesundheitsvorsorge

Nicht ausgefallene Milchzähne

Zwischen dem dritten und dem fünften Lebensmonat fallen in der Regel die Milchzähne aus und werden durch das neue, »richtige« Gebiss ersetzt. Schneide- und Fangzähne brechen zuerst durch, danach die Backenzähne. Achten Sie darauf, ob tatsächlich alle Milchzähne ausfallen.

Es kann vorkommen, dass der eine oder andere Milchzahn drin bleibt und die zweiten Zähne daneben wachsen. Die haben dann natürlich nicht den korrekten Stand, und das kann zu Problemen führen. Wenn Sie bemerken, dass sich an einer Stelle zwei Zähne befinden, sollten Sie baldmöglichst den Tierarzt konsultieren. Früh genug erkannt, lässt sich das Problem durch Ziehen des Milchzahns ganz einfach lösen.

Die Pubertät

Woran Sie es erkennen

Bei Rüden

Die Hoden bestehen aus vielen Hodenläppchen und -kanälchen und befinden sich im Skrotum, dem Hodensack. In der Pubertät nehmen sie die Spermienproduktion auf, die ein Leben lang nicht zum Erliegen kommt.

Beim Welpen sind die Hoden durch ein Band mit dem Skrotum verbunden. Sobald sich dieses Band strafft, fallen die Hoden in den Hodensack hinab. Dies geschieht normalerweise schon in den ersten Lebenswochen des kleinen Rüden. Dann kann man die Hoden manchmal ertasten, bei einigen Hunden jedoch auch erst nach Eintritt in die Pubertät mit etwa vier Monaten.

Dann sollte man sich davon überzeugen, dass sich beide Hoden gesenkt haben. Geraten Sie jedoch nicht in Panik, wenn das erst bei einem der Fall ist. Mitunter senkt sich der zweite erst mit etwa achtzehn Monaten. Wenn es Sie beruhigt, können Sie aber auch gern den Tierarzt fragen.

Der Rüde kommt sehr früh in die Pubertät. Theoretisch ist er bereits mit fünf, sechs Monaten zeugungsfähig. In der Praxis ist davon jedoch dringend abzuraten. Zunächst einmal natürlich: Wenn Ihr Rüde frei herumläuft und jede läufige Hündin begattet, die ihm in die Quere kommt, sind Sie in gewisser Weise mitverantwortlich dafür, dass die Welt mit noch mehr ungewollten Hunden bevölkert wird. Es kann in diesem Zusammenhang aber auch zu Verhaltensproblemen kommen. Denn ein junger Hund, der nicht davon abgehalten wird, sich nach Gutdünken zu paaren, neigt dazu, aggressiv und dominant zu werden. Auch dieser Umstand hat seine Wurzeln in der fernen Vergangenheit. In der Wildnis durfte sich immer nur der Alphawolf ein Weibchen suchen. Infolgedessen hält sich heute noch jeder Hund, der sich paaren darf, wann und wo er will, für den Anführer des Rudels und führt sich auch dementsprechend auf. Rüden muss man daher bereits in dieser frühen Lebensphase immer gut unter Kontrolle halten.

Bei Hündinnen

Hündinnen kommen in der Regel etwa innerhalb eines Monats, nachdem sie körperlich ganz ausgewachsen sind, in die Pubertät. Bei Weibchen kleinerer Rassen, die sehr viel früher ausgewachsen sind als die großen, tritt auch die erste Läufigkeit früher ein, mitunter schon mit fünf Monaten. Bei manchen größeren Rassen ist es dagegen erst mit zwei Jahren so weit.

Der Reproduktionszyklus

Hündinnen werden in der Regel zweimal im Jahr läufig. Ihr sechsmonatiger Reproduktionszyklus besteht aus folgenden vier Phasen:

- **Proöstrus.** Die erste Phase der Läufigkeit. Währenddessen beginnt die Vulva anzuschwellen und es kommt zu einem blutigen Ausfluss. Die Hündin ist in dieser Zeit peinlich auf Sauberkeit bedacht. Die Dauer dieser Phase beträgt zwischen acht und dreizehn Tagen.
- **Östrus.** In diesem Stadium ist die Blutung zum Stillstand gekommen. Der Ausfluss ist nur noch ganz hell oder gar farblos. Jetzt findet der Eisprung statt, die Hündin ist zur Paarung bereit. Diese Phase dauert ungefähr eine Woche. Man geht im Allgemeinen davon aus, dass der zweite Tag für eine Befruchtung optimal ist. Je zahlreicher die Begattungen, desto größer natürlich auch die Chance einer Trächtigkeit.
- **Metöstrus.** Äußerlich ist nichts zu erkennen, aber der Organismus läuft auf vollen Touren. Der Uterus bereitet sich auf eine längere ruhige Zeit vor. Dabei können die Hormone so aktiv sein, dass die Hündin meint, sie sei schwanger. Während einer solchen Scheinträchtigkeit kommt es durchaus vor, dass sich das Weibchen ein Nest baut und die Milch einschießt. In solchen Fällen sollten Sie den Tierarzt hinzuziehen.
- **Diöstrus.** So wird die Ruheperiode im weiblichen Zyklus genannt. Sie hat in der Regel eine Dauer von vier Monaten.

Untersuchungen

Vom sechsten Lebensmonat an sollten Sie die Hündin regelmäßig genauer untersuchen. Allerdings sind die Anzeichen häufig kaum zu übersehen. So kann es zum Beispiel sein, dass das Tier anfängt, sich vermehrt um seine Körperhygiene zu kümmern, sich häufig wäscht, also von Kopf bis Fuß leckt. Die Hündin weiß jetzt von Natur aus, dass sie besonders schutzbedürftig ist und sich gut um sich kümmern muss.

Die sicherste Methode jedoch ist die Untersuchung der Vulva. Berühren Sie sie mit einem weichen Tuch. Wenn Sie rosafarbenen oder roten Ausfluss bemerken, können Sie davon ausgehen, dass das Tier bald in den Proöstrus kommt.

Sicherheit

Eine Hündin ist in dieser Zeit nicht nur anfällig für eine ungewollte Trächtigkeit, sondern auch für Krankheiten wie Pyometra, Gebärmutterentzündung. Daher ist es wichtig, das Tier jetzt nicht nur von Rüden und überhaupt anderen Hunden fernzuhalten, sondern es muss auch in punkto Hygiene alles dafür getan werden, dass sie sich nicht infiziert.

Kastrieren?

Viele Halter stehen irgendwann vor der schwierigen Entscheidung, ob sie ihren Rüden kastrieren beziehungsweise ihre Hündin sterilisieren lassen sollen. Dagegen spricht überhaupt nichts, insbesondere unter den folgenden Umständen:

- Wenn das Tier zum Dienst- beziehungsweise Begleithund ausgebildet werden soll. Gerade Weibchen würden sonst ja über einen längeren Zeitraum hinweg ausfallen, wenn sie trächtig werden und ihre Jungen aufziehen.
- Bei Hunden aus dem Tierheim. Die meisten Tierschutzorganisationen lassen die Hunde, die sie aufnehmen, kastrieren. Und da man über den individuellen Hintergrund der Tiere in der Regel kaum etwas weiß, ist das auch durchaus verständlich.
- Wenn der Hund Träger einer Erbkrankheit ist.
- Wenn der Halter aus Verantwortungsbewusstsein nicht bereit ist, Nachwuchs heranzuziehen.

... oder lieber nicht?

Es gibt aber natürlich auch Fälle, in denen eine Kastration nicht in Frage kommt.

1. Aus Verhaltensgründen. In einem solchen Fall wäre die Kastration das Schlimmste, was Sie tun könnten. Verhaltensprobleme sind letztlich immer psychologisch bedingt und haben damit zu tun, dass sich der Hund nicht in der Lage sieht, seine vermeintliche Rolle als Anführer des häuslichen Rudels auszufüllen. Solchen Problemen sollten Sie aber begegnen, indem Sie ihm diese Belastung nehmen, und nicht dadurch, dass sie das Tier noch mehr schwächen. Eine Kastration – die den Testosteronspiegel im Blut senkt – würde den Hund nur noch unsicherer und möglicherweise sogar auch panischer und aggressiver machen.
2. Falls der Halter mit dem Tier an einer Hundeausstellung teilnehmen möchte. Dafür sehen die Vorschriften oft vor, dass das Tier »vollständig« ist beziehungsweise sich fortpflanzen kann.
3. Wenn Sie noch nicht genau wissen, ob Sie sich nicht vielleicht doch vierbeinigen Nachwuchs wünschen. Da eine Kastration nicht rückgängig gemacht werden kann, müssen Sie sich Ihrer Sache schon hundertprozentig sicher sein.

Einmal Mutter sein?

Viele Leute glauben, vor einer eventuellen Sterilisation müsse die Hündin einmal trächtig werden dürfen. Für das Tier sei es besser so, heißt es, denn dadurch, dass sie ihrem Fortpflanzungsinstinkt wenigstens einmal folgen dürfe, fühle sie sich »vollständiger«. Aus vielerlei Gründen ist diese Auffassung aber falsch.

Zunächst einmal bekommt bei den Wölfen in der Wildnis auch immer nur das Alphaweibchen Junge, und die anderen Weibchen im Rudel haben nicht das geringste Problem damit, nie im Leben Mutter zu werden. Und zweitens kann das Weibchen etwas, das es gar nicht kennt, auch kaum vermissen. Letztlich ist es völlig verantwortungslos, junge Hunde in die Welt zu setzen, nur damit das Muttertier hinterher sterilisiert werden kann. Dafür muss es schon bessere Gründe geben.

Wenn die Hormone verrückt spielen: vom Umgang mit liebestollen Hunden

In dieser Entwicklungsphase können Hunde geradezu liebestoll werden. Ihre Hormone laufen Amok, und dann tun sie oft so, als hätten sie Sex miteinander. Das gilt keineswegs nur für Rüden. Auch Hündinnen besteigen sich gegenseitig, und nicht einmal Spielzeug, Möbel oder Kuscheldecken sind vor ihren Nachstellungen sicher. Das ist natürlich ein vollkommen normales Verhalten, da es aber nicht so recht in unsere Vorstellungswelt passt und uns Menschen doch eher peinlich ist, sollte es lieber unterbunden werden.

Statt nun aber gleich zur Kastration zu schreiten, gibt es auch andere Möglichkeiten. Der Hund muss einfach lernen, dass ein solches Verhalten nicht akzeptabel ist:

Amors Pfeil: Liebestolle Hunde versuchen alles zu besteigen, was ihnen in den Weg kommt.

- Packen Sie ihn wortlos am Halsband.
- Ziehen Sie ihn von dem anderen Tier oder dem Gegenstand weg, den er gerade besteigen will.
- Halten Sie ihn so lange fest, bis er sich wieder beruhigt hat, entschieden, aber nicht aggressiv. Sagen Sie dabei kein Wort, sonst lernt der Hund seine Lektion nie.
- Wenn er sich entspannt, können Sie ihn loslassen.
- Das machen Sie von nun an immer so, wenn er sich anschickt, einen anderen Hund, Ihr Hosenbein oder was auch immer zu besteigen.

»… dann der Soldat,
Voll toller Flüch' und wie ein Pardel bärtig,
auf Ehre eifersüchtig, schnell zu Händeln …«

DAS VIERTE LEBENSALTER

Der Schützling

Neunter bis achtzehnter Monat

Bei den Wölfen in der Wildnis

Die Kindheit des Wolfes dauert lange. Das muss auch so sein, denn in den ersten neun Monaten hat er sehr viel zu lernen. In dieser Zeit läuft alles auf den Augenblick zu, in dem er die ersten Schritte in die Außenwelt macht und mit zur Jagd gehen darf. Jetzt setzt der Wolf alle körperlichen Fähigkeiten und Überlebenstechniken, die er sich in seinen ersten Lebenswochen im Bau und in der Geborgenheit des Rudels angeeignet hat, ein und beginnt seine Lehre bei den Jägern.

Im Leben des Wolfes ist das ein ganz entscheidender Wendepunkt. Doch er kann sich dabei ganz auf seine Rudelinstinkte und auf seinen Platz in der Hierarchie verlassen. Beides trägt dazu bei, dass der Azubi die unsichtbaren Grenzen, die ihm gesetzt sind, nicht überschreitet.

Wenn der junge Wolf anfängt, sich in die gefährliche weite Welt hinauszuwagen, ist sein Platz ganz weit hinten. Von dort aus beobachtet er seine Kumpane und lernt, was Sache ist. Er achtet dabei mehr auf seine Rudelgenossen als auf eventuelle Beutetiere. So erkennt er, worauf es bei der Jagd wirklich ankommt. Indem er die älteren Tiere in Aktion beobachtet, lernt er, die Beute zu erschnüffeln, sich anzupirschen oder auch eine Herde anzutreiben. Er lernt sich in Position zu bringen und ein Beutetier zu erlegen. Diese Lehrzeit dauert in etwa ein Dreivierteljahr, ungefähr bis zum achtzehnten Lebensmonat. Erst danach kann der Wolf ganz erwachsen werden.

»Mir nach!«: Ein älterer Wolf führt zwei Lehrlinge zur Jagd.

Überblick

Nach menschlichen Begriffen tritt der Hund jetzt in die Phase der Adoleszenz ein; bei uns wäre das in etwa die Zeit zwischen dem zwölften und dem zwanzigsten Lebensjahr. Er beginnt sich als eigenständiges Wesen zu begreifen, was durch seine Erkundung der Welt und die Erweiterung seines Horizontes erleichtert wird.

In dieser Phase werden die Spaziergänge, die Sie mit ihm machen, länger, und er darf auch zum ersten Mal ohne Leine frei herumlaufen. Doch mit der Freiheit kommt die Verantwortung. Während er seine neue Freiheit genießt, muss der Hund weitere Verhaltensregeln lernen. Das Kommando »Bleib« und das Zurückkommen gehen ihm in Fleisch und Blut über.

Das birgt reichlich Konfliktstoff. Daher ist es keineswegs überraschend, dass es in dieser Phase zu ernsthaften Verhaltensproblemen kommen kann. Um diesen vorzubeugen, muss der Halter die Grundsätze der Rudelführerschaft beherzigen und strikt anwenden. Dafür wiederum ist es nötig, dass auch er noch ein paar Regeln lernt.

Die Lehrzeit

Genau wie sich der neun Monate alte Wolf als Junior seines Jagdrudels in die Welt hinauswagt, erweitert jetzt auch der Haushund seinen Horizont – dadurch, dass er von der Leine gelassen wird.

Selbst der besterzogene Hund kann an diesem Punkt rebellisch werden und zu falschen Vorstellungen kommen. Die Grenzen, die ihm bis dato gesetzt waren, scheinen gefallen zu sein. Er entfernt sich mehr und mehr von seinem Zuhause. Während er also die Gelegenheit hat, seinen Bewegungsradius zu erweitern, sieht er zugleich auch eine Chance, die Grenzen seines Verhaltens weiter hinauszuschieben. Der Spaziergang ist natürlich ein perfektes Ventil für diese rebellischen Tendenzen, und an diesem Punkt kann es zu erheblichen Problemen kommen. Daher muss sich der Hund gleich zu Beginn dieser Entwicklungsphase all die elementaren Fähigkeiten aneignen, die er braucht, um ein diszipliniertes Mitglied seiner »Jagdgesellschaft« werden zu können.

»Bleib« und »Komm zurück«

Bald wird der Hund auf eine Welt voller Bedrohungen und potenziell gefährlicher Situationen losgelassen. In der Wildnis würden ihm dabei die älteren, erfahreneren Köpfe schützend zur Seite stehen. In der Menschenwelt hat er dafür Sie, den Rudelführer. Es ist in dieser Phase wichtig, dass der Hund zwei neue Kommandos lernt, mit denen Sie ihn besser beschützen können: Bleiben und Zurückkommen. Beim Kommando »Bleib« muss er wie angewurzelt stehen bleiben. Im weiteren Schritt muss er auf Befehl zu seinem Halter zurückkehren.

Beide Kommandos bauen auf den Fähigkeiten auf, die sich der Hund bereits angeeignet hat, und können zusammen eingeübt werden.

schritt für schritt

Bleiben und zurückkommen

Bleiben und zurückrufen sind Erweiterungen der Kommandos »Sitz« und »Komm«, die der Hund bereits als Pionier kennen gelernt hat. Die beiden neuen können Sie ihm jetzt in einem Arbeitsschritt beibringen. Auch hierbei helfen ihm wieder Leckerchen, die neuen Informationen zu verarbeiten. Sie sollten sie jedoch gut einteilen, damit der Hund nicht zu viel bekommt.

1. »Bleib«

- Fordern Sie den Hund auf, zu Ihnen zu kommen und sich zu setzen.
- Stellen Sie sich so hin, dass er Sie direkt anschauen kann.
- Treten Sie einen Schritt zurück. Während Sie Ihr Körpergewicht auf das hintere Bein verlagern, strecken Sie einen Arm aus und halten dem Hund Ihre Handfläche entgegen. Dabei sagen Sie »Bleib«. Und zwar mit fester, autoritativer Stimme, aber nicht zu laut und vor allem nicht herrisch. Schließlich wollen Sie dem Hund ja keine Angst einjagen.
- Nachdem Sie Ihr Gewicht ganz auf das hintere Bein verlagert haben, sind Sie eine Schrittlänge von Ihrem Hund entfernt.
- Kommt das Tier auf Sie zu, verlagern Sie Ihr Körpergewicht wieder nach vorn.
- Fordern Sie den Hund auf, sich wieder zu setzen.
- Nötigenfalls legen Sie ihm freundlich eine Hand auf die Brust, damit er weiß, was er zu tun hat.

»Komm her«: Treten Sie einen Schritt zurück und rufen Sie den Hund zu sich. Wenn er alles richtig macht, dürfen Sie ihn nach Herzenslust loben.

- Wiederholen Sie den ersten Schritt, verlagern Sie Ihr Gewicht auf das hinten stehende Bein und sagen mit vorgestreckter Hand »Bleib«.
- Es wird nicht lange dauern, bis der Hund mitbekommt, dass Sie ihn nicht verlassen wollen, und sitzen bleibt.
- Bleiben Sie ein paar Sekunden lang mit geschlossenen Beinen stehen und gehen dann wieder auf den Hund zu. Loben Sie ihn (ohne Leckerchen).

2. Kommen auf Zuruf
- Wiederholen Sie das Ganze, nur dass Sie diesmal zwei Schritte von Ihrem Hund entfernt stehen bleiben.
- Falls er auf Sie zukommt, nervös wird oder auch nur das Hinterteil hebt, befehlen Sie ihm, sitzen zu bleiben.
- Stehen Sie zwei Schritte von ihm entfernt, rufen Sie den Hund zu sich.
- Jetzt bekommt er ein Leckerchen. Er hat einen Riesenschritt gemacht. Die Kommandos »Sitz« und »Komm« wurden erfolgreich zu »Bleib« und Kommen auf Zuruf ausgebaut.

3. Die nächsten Schritte
- Fahren Sie mit dem Training fort, bis es dem Hund gelingt, dreißig Sekunden sitzen zu bleiben, ohne Ihnen zu folgen.
- Steigern Sie die Entfernung zwischen sich und dem Tier jedes Mal ein bisschen mehr.
- Wenn der Hund versucht, Ihnen zu folgen, wiederholen Sie das »Bleib«.
- Fahren Sie so fort, bis Sie sich mindestens zweihundert Meter entfernen können und der Hund sitzen bleibt.

In der Freiheit – die Leine kommt ab

Ein weiterer sehr bedeutender Meilenstein im Leben des Hundes ist es, wenn er zum ersten Mal von der Leine gelassen wird. Aber auch dabei können Probleme auftreten – vor allem, weil sich der Halter nie ganz sicher sein kann, was geschehen wird.

Die Situation ist heikel, da diese vorher nicht geübt werden konnte. Die Verhältnisse, die der Hund in der Freiheit vorfinden wird, lassen sich im Garten beim besten Willen nicht nachstellen. Schon gar nicht all die Artgenossen, ungewohnten Geräusche und die schiere Freude, nicht mehr angebunden zu sein. Daher können Sie vorher nicht wissen, wie der Hund reagiert. Wenn er noch nicht so weit ist, kann das Ganze in die Katastrophe führen. Möglicherweise schießt er los wie ein geölter Blitz-...

Deshalb dürfen Sie diesen entscheidenden Schritt keine Minute zu früh einleiten. Bevor Sie den Hund in die Freiheit entlassen, muss er so weit sein.

Ein paar Möglichkeiten der Vorbereitung haben Sie glücklicherweise dennoch. Zunächst einmal ist natürlich das allgemeine Verhalten des Hundes ein gutes Indiz. Bevor Sie ihn von der Leine lassen können, sollte sichergestellt sein, dass er:

- sich beim Fressen ordentlich aufführt
- leinenführig ist
- keine Probleme macht, wenn Besuch kommt
- insgesamt entspannt und glücklich ist.

Welches Verhalten der Hund möglicherweise an den Tag legt, wenn Sie ihn zum ersten Mal von der Leine lassen, können Sie auch testen, indem Sie mit ihm in den Garten gehen und dabei statt der Leine eine lange Schnur am Halsband befestigen. Kommt er unter diesen Umständen bei Fuß, wenn er dazu aufgefordert wird, so stehen die Chancen gut, dass er Ihren Kommandos auch folgt, wenn er draußen frei herumläuft. Auch Apportierspiele sind eine geeignete Methode, das Tier auf die Verhältnisse in der Freiheit vorzubereiten. Bringt er das Stöckchen oder was auch immer zurück, wird er es mit höchster Wahrscheinlichkeit auch im Park tun.

Das erste Mal

Es gibt wohl kaum etwas Schöneres als einen Hund, der von der Leine gelassen wird und dabei seine ganze Persönlichkeit, seinen Bewegungshunger und seine natürliche Ausgelassenheit frei zum Ausdruck bringen kann. Diesen Moment müssen Sie jedoch mit aller Sorgfalt planen.

schritt für schritt

Ohne Leine draußen

- Suchen Sie sich ein ruhiges Plätzchen. Wenn sichergestellt ist, dass es zu keinen größeren Ablenkungen etwa durch Artgenossen, größere Gruppen von Menschen oder andere Tiere kommen wird, kann es losgehen.
- Beenden Sie den Spaziergang mit dem Kommando »Warten«.
- Lösen Sie die Leine vom Halsband.
- Fordern Sie den Hund auf, eine gewisse Strecke, vielleicht zwanzig Schritte, bei Fuß zu gehen.
- Lassen Sie ihn dann frei, wobei Sie ein neues Kommando einführen, am besten vielleicht »Geh spielen«. Es ist wahrscheinlich das einzige, das Sie nie werden zweimal aussprechen müssen.
- Lassen Sie den Hund ein paar Minuten lang frei herumlaufen, wobei Sie natürlich darauf achten, dass ihm nichts passieren kann. Lassen Sie ihn auch nicht so weit, dass Sie ihn nicht mehr sehen oder rufen können. Das Hauptziel dieser ersten Übung besteht darin, auf kurze Distanz die Kontrolle zu behalten.
- Aus einer Entfernung von etwa zehn Metern rufen Sie seinen Namen und »Komm«. Halten Sie ein Leckerchen bereit. Jetzt bedarf es schon eines ziemlich starken Anreizes.
- Sowie der Hund kommt, loben Sie ihn ausgiebig und geben ihm sein Häppchen.
- Das bauen Sie aus, indem Sie die Entfernung, aus der Sie den Hund rufen, Schritt für Schritt um jeweils ungefähr zehn Meter vergrößern. Auf zwanzig, dreißig und vierzig Meter sollte er Ihnen sofort gehorchen. Alles, was darüber hinausginge, wäre zu weit und Sie würden die Kontrolle verlieren.
- Achten Sie genau auf jede mögliche Gefahrenquelle. Nähern Sie sich also etwa einer Krümmung des Weges oder gerät der Hund auf Terrain, das Sie nicht überblicken können, rufen Sie ihn sicherheitshalber zu sich. Er bleibt dann so lange ganz in Ihrer Nähe, bis Sie sich überzeugt haben, dass ihm nichts geschehen kann.
- Denken Sie daran, dass sich das Tier in diesem Alter noch nicht überanstrengen darf. Lassen Sie den Hund auch nicht von einem Mäuerchen oder dergleichen herunterspringen, denn da sein Knochengerüst noch nicht voll entwickelt ist, könnte er sich dabei bleibende Schäden zuziehen.

Unfälle

Eins ist sicher. Ihr Hund wird seine frisch gewonnene Freiheit nutzen, um auch noch das letzte Eckchen seiner neuen Welt auszukundschaften. Das zu beobachten macht natürlich viel Freude. Sie müssen sich aber auch darüber im Klaren sein, dass er Schnauze, Pfoten, Krallen – sowie jeden anderen Körperteil – überall hinsteckt, wo sie nichts zu suchen haben. Und dabei kann es natürlich auch zu Unfällen kommen.

Man kann also nur hoffen, dass sich Ihr Hund nie eine Verletzung zuzieht. Trotzdem ist es immer gut, auf alle Eventualitäten vorbereitet zu sein. Daher sollten Sie sowohl zu Hause als auch im Auto stets ein Erste-Hilfe-Kästchen parat halten. Enthalten sollte es:

Verbandszeug
Mull
Augenpads
Schere
Wunddesinfektionsmittel
Irgendein Futteral oder dergleichen für eventuelle Verletzungen der Rute
Wundpuder
Tesafilm.

Hier die häufigsten Verletzungsrisiken mit Vorschlägen für die Erstversorgung. Im Zweifel sollten Sie jedoch immer den Tierarzt konsultieren.

Problem erkannt

Da Sie den Hund nun nicht mehr immer im Auge haben, selbst wenn Sie mit ihm zusammen sind, bekommen Sie es möglicherweise gar nicht mit, wenn er sich verletzt. Zudem sind Hunde harte Burschen und ignorieren eher Schmerzen. Auch das kann dazu führen, dass Sie eine Verletzung gar nicht bemerken. Auf mögliche Symptome können Sie trotzdem achten:

Symptome	Das kann auf Folgendes hindeuten:
Lecken oder mit der Pfote hinlangen	Schnittwunde in einem Pfotenballen Grassamen, Dorne oder andere Fremdkörper zwischen den Zehen oder im Ohr Bisse oder Infektionen

Symptome
Hinken, Lahmen

Spricht für:
Verstauchung, Zerrung
Bänderdehnung
Knochenfraktur

Schwellungen

Mögliche Ursachen:
Abszess an der Pfote (durch ein Samenkorn oder einen anderen Fremdkörper verursacht)
Bisswunde
Verstauchung oder Zerrung
Knochenfraktur

Mögliche Verletzungen

Verletzungen der Pfoten

Hunde tragen bekanntlich keine Schuhe. Bei dem ganzen Dreck und Unrat in unseren Parkanlagen sind Verletzungen an den Pfoten, insbesondere Schnittwunden, nicht selten. Häufig verfangen sich aber auch Samenkörner oder andere Dinge zwischen den Zehen. Wenn Sie beim Spaziergang oder danach beobachten, dass sich Ihr Hund auffällig häufig die Pfote leckt, sollten Sie diese nach Fremdkörpern absuchen.

Gehen Sie wie folgt vor:

- **Entfernen Sie den Gegenstand vorsichtig mit einer Pinzette, die Sie vorher über einer Flamme oder mit einem Desinfektionsmittel entkeimt haben.**
- **Säubern Sie die betroffene Stelle mit einem Wunddesinfektionsmittel.**
- **Dorne beispielsweise sind oberflächlich nur zum Teil sichtbar. Ritzen Sie die Pfote an dieser Stelle mit einer sterilisierten Nadel ein klein wenig auf, so dass Sie den Fremdkörper dann mit der Pinzette entfernen können.**
- **Sitzt der Gegenstand so tief in der Haut, dass er sich nicht leicht entfernen lässt, sollten Sie die Pfote so lange in Salzwasser getaucht halten, bis er an die Oberfläche kommt.**
- **Sollte er sich nicht entfernen lassen, suchen Sie mit dem Hund den Tierarzt auf.**

Nagelbluten

Es kommt auch häufig vor, dass sich der Hund einen Nagel abbricht. Dann treten heftige Blutungen ein, was zwar nicht weiter schlimm ist, aber doch behandelt werden sollte.

Nehmen Sie ein weiches saugfähiges Tuch und legen es mit sanftem Druck ein paar Minuten lang auf die Wunde. Sie können aber auch einen blutstillenden Stift verwenden, wie Sie ihn vielleicht von der Nassrasur her kennen. Falls noch ein loses Stückchen Nagel vorhanden ist, schneiden Sie es am besten ab.

Biss- und Schnittwunden

An allen möglichen Stellen können sich Hunde kleinere Verletzungen zuziehen: Kratzer, Schnittwunden, Abschürfungen, aber auch Bisse.

Bluten

Das Wichtigste ist immer, als Erstes die Blutung zum Stillstand zu bringen.

Drücken Sie behutsam ein saugfähiges Tuch auf die Wunde, danach legen Sie einen Verband auf. Befindet sich die Verletzung an der Rute, verwenden Sie dafür am besten ein Stück Schlauch oder dergleichen. Binden Sie den Schwanz seitlich fest, damit der Hund den Verband nicht abschüttelt. Suchen Sie dann gleich den Tierarzt auf, der die Wunde fachgemäß weiterversorgt. In der Praxis wird man Sie auch über Wunddesinfektionsmittel und andere Behandlungsmethoden informieren, die Sie eventuell noch anwenden können.

Hundebisse und Bisse anderer Tiere

Auch wenn Ihr Hund von einem anderen Tier gebissen wurde, müssen Sie ihn unverzüglich zum Tierarzt bringen. Abgesehen von der Wunde als solcher besteht unter diesen Umständen auch die Gefahr einer Zoonose. Darunter versteht man Infektionen, die unmittelbar von Tier zu Tier – aber auch auf den Menschen – übertragen werden.

Zoonosen sind relativ selten, können aber sehr ernst sein und stellen auch für den Hundehalter und seine Familie eine Gefahr dar. Die bedrohlichste zoonotisch übertragbare Krankheit ist die Tollwut.

Diese Erkrankung ist in Mitteleuropa heute glücklicherweise so gut wie ausgestorben. In den Gegenden der Welt aber, in denen sie noch verbreitet ist, nimmt sie in der Regel einen tödlichen Verlauf. Über die Nervenbahnen dringt das Virus bis ins Gehirn vor und verursacht dort eine Entzündung, die auch unter der Bezeichnung Enzephalitis bekannt ist. Dabei kommt es zu einer allmählichen Lähmung, manche Hunde werden aber auch äußerst aggressiv und verhalten sich völlig irrational. Das größte Problem besteht

immer darin, dass sich Menschen über den Speichel eines infizierten Tieres anstecken können. Wenn Sie auch nur den geringsten Verdacht hegen, dass Ihr Hund mit einem Überträger der Tollwut in Kontakt gewesen sein könnte, müssen Sie unverzüglich den Arzt aufsuchen.

Eine Vielfalt zoonotischer Erkrankungen wird von Parasiten wie Hakenwürmern, Bandwürmern oder Dermatophyten weitergegeben. Zu den ernster zu nehmenden Zoonosen gehört auch die Borreliose, die durch Zecken von einer Tierart auf die andere übertragen werden kann, unter anderem auch von Mäusen und Wildtieren. Bei Hunden, von denen sich im Übrigen auch der Mensch anstecken kann, ruft eine Borreliose schweres Fieber hervor.

Wie am Spieß

Gelegentlich kommt es vor, dass sich ein Hund versehentlich aufspießt, etwa auf einem Stock beziehungsweise einem spitzen Gegenstand aus Metall oder Glas. Versuchen Sie dann auf keinen Fall, diesen Gegenstand auf eigene Faust zu entfernen. Falls er nämlich tiefer eingedrungen ist, besteht die Gefahr, dass er auf eine Schlagader drückt. Stützen Sie ihn stattdessen so ab, dass er nicht noch weiteren Schaden anrichtet. Suchen Sie nun schnellstmöglich den Tierarzt auf. Dies kann leichter gesagt als getan sein, so aufgeregt und schmerzgeplagt, wie der Hund vermutlich ist. Seien Sie also bitte ganz, ganz vorsichtig.

Verstauchungen und Zerrungen

Hunde, insbesondere natürlich die aktiveren, ziehen sich leicht Verstauchungen, Verletzungen von Muskeln oder Sehnen, und Bänderzerrungen zu. Beides kann Folge eines traumatischen Geschehens sein, aber auch übertriebene Begeisterung oder ein »Fehltritt« im Laufen beziehungsweise Springen sind mitunter dafür verantwortlich.

Auch weniger energiegeladene Hunde sind vor solchen Problemen natürlich nicht gefeit, denn selbst bei langsamem Gehen können sich Bänder, vor allem die Kreuzbänder im Kniegelenk, überdehnen. Besonders gefährdet sind übergewichtige Hunde, zumal, wenn sie schon einige Jährchen auf dem Buckel haben.

Weder Verstauchungen noch Zerrungen lassen sich mit bloßem Auge diagnostizieren. Zwar können Sie versuchen, die Schwellung durch Auflegen eines Eisbeutels zum Abklingen zu bringen, vielfach ist es aber doch besser, das Tier röntgen zu lassen. Therapeutisch gibt es nur eine Möglichkeit: Der Hund braucht Ruhe und muss geschont werden. Wie lange er das Haus nicht verlassen sollte, sagt Ihnen der Arzt. Sie müssen sich nur darüber im Klaren sein, dass sich sein Zustand verschlimmert und möglicherweise sogar chronisch wird, wenn das Tier zu früh wieder raus darf.

Knochenbrüche und Verrenkungen

Verrenkungen insbesondere der Knie- und Ellenbogengelenke sind bei Hunden schon fast an der Tagesordnung. Bei Rassen mit einer im Verhältnis zum sonstigen Körper überlangen Wirbelsäule (beispielsweise Dackel und Bassets) verschiebt sich häufig auch einmal eine Bandscheibe, was vielfach nur auf dem Röntgenbild zu erkennen ist. In solchen Fällen helfen nur Schonung und Ruhe.

Frakturen sind ernster zu nehmen. Die Kraft, die aufgewendet werden muss, um einen Knochen zu brechen, ist so groß, dass sie eigentlich nur bei Unfällen wie einem Sturz aus großer Höhe freigesetzt wird. Am häufigsten betroffen sind Oberschenkel- und Kieferknochen, Wirbel und Beckenknochen.

Es gibt unterschiedliche Arten von Frakturen. Am kompliziertesten sind offene Brüche. Doch auch wenn der Knochen nur winzige Absplitterungen aufweist, muss ein Bruch mit äußerster Sorgfalt behandelt werden.

Vom Umgang mit Knochenbrüchen

Ein offener Bruch verlangt schnelles, entschiedenes Handeln. Da Schmutz in die Wunde eindringen kann, besteht die Gefahr einer Infektion. Schlimmstenfalls macht diese dann sogar eine Amputation erforderlich. Daher sollten Sie im Fall der Fälle unverzüglich folgende Schritte einleiten:

- **Halten Sie den Hund warm. Nach seinem Unfall könnte er unter Schock stehen.**
- **Die Blutung stillen Sie, indem Sie ein saugfähiges Tuch behutsam einige Minuten lang auf die Wunde drücken.**
- **Legen Sie einen – äußerst sauberen – Verband um den verletzten Körperteil.**
- **Versuchen Sie keinesfalls, irgendwie auf den gebrochenen Knochen einzuwirken.**
- **Befindet sich eine Tierarztpraxis in der Nähe, packen Sie den Hund in eine Decke oder einen Mantel und fahren ihn ganz vorsichtig hin. Achten Sie jedoch darauf, dass das Tier im Auto nicht allzu sehr durchgeschüttelt wird.**
- **Ist der nächste Tierarzt zu weit weg, basteln Sie aus Stiften, Regenschirmen oder Besenstielen eine provisorische Schiene. Zur Not tun es auch zusammengerollte Zeitungen. Mit zwei solchen Gegenständen, die Sie mit Verbandszeug oder Tesafilm zusammenbinden, wird der gebrochene Knochen beidseitig stabilisiert.**

Erstickungsgefahr

Von Welpenbeinen an sollten Sie dem Hund verbieten, kleine Gegenstände ins Maul zu nehmen, am besten bereits in der Zeit, in der Sie noch nicht mit ihm spazieren gehen. Nehmen Sie dem Welpen alles, was er verschlucken könnte, sofort weg, damit er lernt, es negativ zu besetzen. Und wenn der Hund dann älter wird, sollten Sie ihn keinesfalls bestärken, irgendwelche fremden Dinge wie Stöckchen oder ähnliches zu apportieren. Es wundert mich immer wieder, wie viele Hundehalter so etwas heute noch für richtig halten. Dabei muss das Stöckchen doch nur brechen, und schon kann sich der Hund am Maul oder in der Kehle verletzen. Dann besteht auch die Gefahr einer Erstickung. Eine solche erkennen Sie an folgenden Symptomen:

Panik und Erstickungslaute, große Aufregung
Würgen
Die Augen treten hervor
Der Hund langt sich mit der Pfote ans Maul
Er reibt sich die Schnauze auf dem Boden.

- Versuchen Sie die Ruhe zu bewahren.
- Halten Sie den Hund fest und schauen Sie ihm ins Maul.
- Am besten versuchen Sie das zu zweit. Sonst kann es sein, dass Ihnen der Hund entwischt oder Sie vor lauter Angst beißt.
- Halten Sie den Oberkiefer in der einen Hand und ziehen Sie die Oberlippe über die oberen Zähne.
- Drücken Sie mit der anderen Hand den Unterkiefer herab.
- Dann können Sie den Fremdkörper mit einem Stift, einem Teelöffel, einer Pinzette oder dergleichen entfernen.
- Passen Sie aber auf, dass Sie die Sache nicht noch schlimmer machen. Wenn Sie zum Beispiel ein Stück Schnur oder Angelschnur im Maul sehen, dürfen Sie keinesfalls daran ziehen. Am anderen Ende könnte sich der Angelhaken befinden – im Magen oder in der Kehle.
- Gelingt es Ihnen nicht, den Fremdkörper zu entfernen, müssen Sie mit dem Tier schnellstmöglich zum Arzt.

Der Eismann kommt: Mit ein paar Tropfen Speiseöl lässt sich so etwas verhindern.

Ein nützlicher Tipp für den Winter: So wird Ihr Hund kein Schneemann

Genau wie wir Menschen spielen auch Hunde für ihr Leben gern im Schnee. Und es gibt wohl auch kaum etwas Possierlicheres, als einen Hund voller Begeisterung über ein tief verschneites Feld rennen zu sehen. Der einzige Nachteil ist, dass der Schnee – jedenfalls wenn er sehr feucht ist – leicht klumpt und dass sich diese Klümpchen dann im Fell festsetzen. Bei langhaarigen Rassen kann das zu einem echten Problem werden, denn es dauert ewig, bis sie anfangen zu schmelzen und man sie wieder herausbekommt. Es gibt jedoch eine ganz einfache Methode, um es gar nicht erst so weit kommen zu lassen. Reiben Sie die untere Körperpartie des Hundes mit ein paar Tropfen Speiseöl ein. Das erspart Ihnen beiden später einiges.

So nicht – Vom Umgang mit »schwierigen« Hunden

Hunde können sich auf ganz unterschiedliche Art schlecht benehmen: bellen oder beißen, die Sauberkeit verweigern, Fahrradfahrer jagen, um nur einige Beispiele zu nennen. Und das in jeder Phase ihres Lebens. In bestimmten Entwicklungsperioden treten manche Probleme jedoch gehäuft auf. So neigen Hunde im Alter eher dazu, Artgenossen anzugreifen oder zu beißen. Und beim Spielen können Welpen von zehn Wochen ein echter Albtraum sein, weil sie einfach keine Grenzen kennen.

Insgesamt jedoch treten Verhaltensprobleme in den drei »Teenager«-Phasen, von denen die des Schützlings die erste ist, am häufigsten auf. Wenn man sich vor Augen führt, dass dies die Zeit ist, in der der Hund den schwierigen Übergang zum »Erwachsenen« schaffen muss, ist das auch nicht verwunderlich. Weniger verständlich sind die ganzen merkwürdigen Verhaltensweisen, zu denen es dabei kommen kann. In dieser Phase habe ich schon die seltsamsten Dinge beobachtet: An-den-Pfoten-Knabbern oder Verzehr von Exkrementen beispielsweise.

Dergleichen ist leider auch der Hauptgrund dafür, dass an diesem Punkt viele Hunde weiter- oder zurückgegeben werden. Sie sind jetzt keine süßen Schnuckelchen mehr, sondern machen richtig Arbeit. Und den Aufgaben, die damit zusammenhängen, fühlen sich manche Halter einfach nicht gewachsen.

Für die Besitzer zumindest ist dies die schlechte Nachricht. Es gibt jedoch auch eine gute: Egal, wo und wann es zum Auftreten unerwünschten Verhaltens kommt, und auch unabhängig davon, welche Form es annimmt – es lässt sich praktisch immer auf die gleiche Weise behandeln. Wenn Sie die vier Regeln der Hunde-Kommunikation beherzigen und ein paar Zeichen setzen, die das Tier keinesfalls missverstehen kann, lassen sich alle Verhaltensprobleme beheben.

Sollten Sie bei Ihrem Hund etwas bemerken, das Sie als »Problem« auffassen, ist es wichtig, sich über einige Dinge klar zu werden. Zunächst einmal handelt es sich nicht um ein Problem, sondern um eine Herausforderung. Ihr sonst so liebenswertes Tierchen steckt bis zum Hals in Schwierigkeiten und ist dringend auf Ihre Hilfe angewiesen. Zweitens hat sein Verhalten nichts mit dem zu tun, was häufig als Ursache betrachtet wird. Also weder mit der Rasse noch mit der Gesundheit oder dergleichen. Das dritte und Wichtigste jedoch, was Sie begreifen müssen, ist: Egal, was der Hund tut, *es ist nicht seine Schuld.*

Wenn Sie sich das Ganze einmal aus seiner Perspektive anschauen, ist

Flegeljahre: Wenn der Hund in die Adoleszenz eintritt, können Sie sich auf allerlei Provokationen und Aggressionen gefasst machen.

es überhaupt kein Wunder, dass das Tier das herausbildet, was wir so gern als Verhaltensprobleme bezeichnen. Wenn wir uns einen Hund zulegen, gehen wir wie selbstverständlich davon aus, dass er sich uns und unserer Welt anpasst. Wir erwarten von ihm ein Benehmen, das weder uns noch unsere Familie oder die Nachbarn stört. Also bringen wir ihm bei, sein Geschäft immer an derselben Stelle zu verrichten, an der Leine zu gehen und angerannt zu kommen, wenn wir ihn rufen. Wir erziehen ihn so, dass er bei vermeintlicher Gefahr nicht übermäßig aufgeregt oder aggressiv wird, er sich mit anderen Hunden verträgt und sich stets und überall manierlich aufführt. Das ist ganz schön viel verlangt, besonders wenn man bedenkt, dass wir das alles normalerweise in einer Sprache kommunizieren, von der der Hund nicht die geringste Ahnung hat. Und da sollte es uns überraschen, wenn es einmal zu Missverständnissen kommt?

Und als wäre das alles nicht schon schwer genug, verschärfen wir die Situation zusätzlich, indem wir Signale und Zeichen verwenden, die vollkommen falsche Botschaften vermitteln. Da der Hund in einer vom Menschen geprägten Welt lebt, muss er sich darauf verlassen können, dass sein Besitzer die volle Verantwortung übernimmt und ihn sicher durch diese Welt führt. Die Signale, die die meisten Halter aussenden, besagen jedoch das Gegenteil, nämlich dass der Hund die Verantwortung für das Familienrudel trägt. Unter diesen Umständen kann es aber kaum verwundern, wenn das Tier gelegentlich in Rage gerät. Versetzen Sie sich doch einmal in seine Position. Der Hund bemerkt einen Fremden, der sich dem Haus oder der Wohnung nähert. Für ihn heißt das »Gefahr im Verzug«. Und sein Job als Anführer ist es nun, sich der Angelegenheit anzunehmen. Also regt er sich schrecklich auf und schlägt an. Anderes Beispiel: Ein Familienmitglied – ein Angehöriger seines Rudels – verlässt ohne ihn das Haus. Da der Hund kein »Mensch« spricht, kann er nicht fragen, wohin es geht und wann es zurückkommt. Unter diesen Umständen ist es doch verständlich, wenn er außer sich gerät, bis die betreffende Person wieder sicher zu Hause eingetroffen ist. Würde es Ihnen denn anders gehen?

Wenn wir das einmal verstanden haben, wird auch klar, dass unerwünschtes Verhalten, egal, in welcher Form es auftritt, grundsätzlich immer ein und dieselbe Ursache hat: Weil er von seinem Halter die falschen Signale erhält, gelangt der Hund zu der Auffassung, er – und nicht der Mensch – sei der Anführer des häuslichen Rudels. Und da er so gar nicht dafür ausgerüstet ist, diese Rolle in einer Welt, die von einer anderen Spezies gestaltet wird, auszufüllen, wird er »verhaltensauffällig«. Meistens ist er vollkommen gestresst, wird aggressiv, besitzergreifend oder legt übertriebenes Schutzverhalten an den Tag.

Vernünftig betrachtet kann man das Problem demzufolge nur mit einer einzigen Methode lösen: das Missverständnis beheben und den Hund von seinen Pflichten als Anführer entbinden. Gleichzeitig übernimmt der Halter als unumschränktes Oberhaupt des Familienclans alle Aufgaben, die der Hund bislang als die seinen betrachtete. Auf diesem Wege können Sie praktisch jeder Verhaltensauffälligkeit beikommen.

Die vier Bereiche, auf die es ankommt

Das Entscheidende an Ihrer »Machtergreifung« innerhalb des häuslichen Rudels ist es, die Vorherrschaft auf den vier für den Hund entscheidenden Gebieten des Alltagslebens zu demonstrieren. Damit beantworten Sie zugleich auch die vier Fragen, die er sich ständig stellt:

- **Wer hat den Hut auf, wenn das Rudel nach einer Trennung wieder zusammenkommt?**
- **Wer beschützt uns, wenn dem Rudel (vermeintlich) Gefahr droht?**
- **Wer übernimmt die Führung, wenn das Rudel auf die Jagd geht?**
- **Wer kümmert sich ums Fressen?**

Wenn Sie den Hund von Geburt an bei sich haben oder er in einem sehr ausgeglichenen Zustand zu Ihnen kommt, können Sie, wie wir gesehen haben, diese Fragen zum Teil ganz natürlich und wie von selbst beantworten: Ein guter Halter kümmert sich um das Fressen, legt fest, wann gespielt wird, und übernimmt – ganz wichtig! – beim Spaziergang die Führung.

Falls der Hund jedoch schlecht erzogen ist, wenn Sie ihn zu sich nehmen, oder schwerwiegende Probleme aufweist, müssen Sie auf den entscheidenden vier Gebieten bedeutend methodischer und nachdrücklicher agieren, damit er seine Rolle neu definieren kann.

In den folgenden Abschnitten möchte ich Ihnen zeigen, wie Sie dabei am besten vorgehen.

Wie Sie Ihre Vorherrschaft behaupten, wenn das Rudel wieder zusammentrifft

Bei den Wölfen in der Wildnis

Zusammen mit seiner Partnerin, dem Alphaweibchen, stellt der Leitwolf in der Wildnis jedes Mal, wenn er, etwa nach der Jagd, in die Höhle zurückkehrt, seine Vormachtstellung erneut unter Beweis. Die Gruppendynamik im Rudel macht dies unabdingbar: Es stellt den Chef ständig auf die Probe und prüft immer wieder, ob sein Führungsanspruch auch noch begründet ist. Davon hängt das kollektive Überleben ab. Das Alphatier stellt seine Überlegenheit durch eine Reihe kleiner Rituale unter Beweis. In erster Linie ignoriert es die anderen Wölfe so lange, bis es wieder bereit ist, Kontakt zu ihnen aufzunehmen. Diese halten sich währenddessen zurück und warten darauf, aufgefordert zu werden, dem Alphatier ihre Referenz zu erweisen. Dabei reflektiert die Körpersprache ihren Status. Sie machen sich klein und lassen sich vom Alphatier ablecken. Das Ganze dauert nicht länger als ein paar Sekunden, ist aber von großer Durchschlagskraft.

Was Sie tun müssen

Um in dieser Situation Ihre Sache richtig machen zu können, müssen Sie sie vom Standpunkt des Hundes aus betrachten. Für ihn sind Sie ein Mitglied des Rudels, das vorübergehend getrennt war. Und wenn es nun wieder zusammentrifft, muss sich eines seiner Mitglieder als Anführer erweisen. Falls der Hund bei Ihnen nun auch nur die Spur einer Unsicherheit bemerkt, drängelt er sich vor und versucht, den Job selbst zu übernehmen. In diesem Moment müssen Sie konsequent sein, sich beweisen und diese Rolle für sich beanspruchen.

Was versteht der Hund unter Trennung?

Wann der Tatbestand einer Trennung des Rudels erfüllt ist? Offensichtlich natürlich, wenn der Hund zu Hause bleiben muss, während die anderen Familienmitglieder zur Arbeit beziehungsweise in die Schule oder zum Einkaufen gehen und ein paar Stunden wegbleiben. Was aber, wenn jemand nur einmal kurz in den Garten oder auf die Toilette muss? Oder ans Telefon gerufen wird? Ist das auch schon eine Trennung?

Am besten betrachtet man als Trennung jede Situation, in der ein Mitglied des Haushalts den Raum verlässt, den der Hund als sein Revier betrachtet, und Kommunikation oder Kontakt zwischen den beiden nicht mehr direkt möglich ist. Daher stellt es also noch keine Trennung dar, wenn jemand das Zimmer verlässt, ohne die Tür hinter sich zu schließen. Dann kann ihm der Hund immer noch folgen und seine körperliche Nähe suchen. Anders ist es, wenn (etwa durch das Schließen der Tür) eine Situation eintritt, in der der Hund den Betreffenden weder sehen noch ihm folgen kann.

Ist dies der Fall, kommt das Rudel in dem Moment wieder zusammen, in dem die Tür geöffnet wird oder man sonst irgendwie wieder in das Revier des Hundes zurückkehrt. Das ist dann der Augenblick, in dem der Hund abcheckt, wer die Verantwortung hat. Und auch der, in dem Sie Ihren Führungsanspruch geltend machen müssen.

Schritt für Schritt: die Wiedervereinigung

1. Wann und wo?

Die folgende Übung verfolgt ein ganz praktisches Ziel. Dabei geht es keineswegs nur darum, Ihre Vormachtstellung gegenüber dem Hund als Selbstzweck zu behaupten. Sie wünschen sich, dass sich das Tier genauso natürlich in die Abläufe im Haushalt einfügt wie die Menschen auch. Es soll sich den alltäglichen Abläufen und Gepflogenheiten anpassen, und zwar so reibungslos, dass es keinerlei Reaktion zeigt, wenn irgendjemand aus der Familie nach Hause kommt oder zur Arbeit beziehungsweise in die Schule geht. Der Hund soll sich auch wohl fühlen, wenn alle ganz normal ihren Beschäftigungen nachgehen. Er muss sich mit dem Gedanken vertraut machen, dass die Menschen erst dann Kontakt zu ihm aufnehmen und mit ihm spielen, wenn sie Zeit dafür haben.

Keine Angst, mit mangelnder Fürsorge oder gar Vernachlässigung hat das nicht das Geringste zu tun, ganz im Gegenteil. Nimmt sich der Mensch bewusst Zeit für den Hund, ist dies für alle Beteiligten nur umso schöner. Unter diesen Umständen können Sie dem Tier genau die Liebe und Zuneigung schenken, die Sie für es empfinden. Nur eben zu Ihren Bedingungen – und nicht denen des Hundes.

Daher ist es wichtig, Ihren Führungsanspruch in dieser Situation so selbstverständlich wie möglich anzumelden. Dieser Prozess sollte ein ganz normaler Bestandteil Ihrer Alltagsroutine werden, aber er hat Respekt verdient. Es ist kein Jux. Der Hund nimmt dieses Ritual sehr ernst, und Sie sollten es auch tun. Es lohnt sich, wenn Sie an diesem Punkt alles richtig machen und der Hund Ihren Führungsanspruch akzeptiert.

2. Erste Trennungen und ritualisiertes Verhalten des Hundes

Je normaler diese ersten Trennungen verlaufen, desto besser ist es für alle Beteiligten. Jeden Morgen kommt irgendwann der Moment, in dem Sie auf die Toilette müssen oder kurz in den Garten gehen. Nutzen Sie die Zeit, in der Sie draußen sind, um sich auf Ihre Rückkunft vorzubereiten. Denn wenn Sie wieder zu Ihrem Hund zurückkehren, wird er irgendeine Reaktion zeigen. Wie diese aussieht, hängt ganz von seinem Naturell ab. Möglicherweise ignoriert er Sie auch. Viel wahrscheinlicher ist jedoch, dass er ein Verhaltensritual an den Tag legt, das Sie vermutlich schon kennen. Vielleicht fängt er an zu bellen oder springt an Ihnen hoch, durchquert das Zimmer oder schleppt sein Lieblingsspielzeug von einer Ecke in die andere. Was immer er auch macht, sein Verhalten sollte als das begriffen werden, was es ist: ein Versuch zu klären, wer das Rudel anführt. Daher sollten Sie jetzt entschieden reagieren und sich verhalten wie der Boss.

Der Alphawolf nimmt ihm untergeordnete Tiere erst wieder zur Kenntnis und stellt einen Kontakt zu ihnen her, wenn es ihm passt. Und genau das müssen Sie auch tun. Egal, wie dramatisch oder hyperaktiv sich der Hund gebärdet, Sie müssen ihn ignorieren. Sie dürfen ihn in keiner Weise zur Kenntnis nehmen. Selbst Blickkontakt, Anfassen oder auch nur ein lautes »Aus!« wären jetzt fatalerweise Signale, die der Hund als Anerkennung seiner Vorherrschaft interpretieren würde.

Es kann ein bisschen dauern, aber irgendwann läuft sich dieses Repertoire tot. Dann wird der Hund abziehen oder sich hinlegen, quasi um zu zeigen, dass er die Situation akzeptiert hat. Wenn Sie mich nun allerdings

fragen möchten, wie lange das wohl dauert, könnten Sie sich genauso gut nach der Länge eines Stücks Kordel erkundigen. Man kann es nie sagen. Im Durchschnitt begreifen Hunde die Botschaft innerhalb von ungefähr zehn Minuten. Ich habe aber auch schon welche erlebt, die dafür nur ein paar Sekunden brauchten – und einen, der sein Repertoire sage und schreibe dreieinhalb Stunden lang abspulte. Für den Halter kann das eine ganz schöne Belastungsprobe sein. Ein richtiger Machtkampf. Sie müssen aber die ganze Zeit über ruhig, konsequent und vor allem überzeugend bleiben.

Trösten Sie sich: Beim ersten Mal ist es immer am schlimmsten. Sind die Grundlagen aber einmal gelegt, wird es Ihnen bei jeder Rückkehr leichter fallen, Ihren Führungsanspruch zu behaupten. Hunde sind genetisch darauf programmiert, die Vorherrschaft der Alphatiere zu akzeptieren. Und deshalb brauchen Sie bestimmt bald nicht mehr zehn Minuten, sondern nur noch zehn Sekunden oder vielleicht sogar noch weniger.

3. Die Fünf-Minuten-Regel

Jetzt kommt es darauf an, dass der Hund genügend Zeit hat, sich auf die neue Situation einzustellen. Bei den ersten Malen müssen Sie dafür mindestens fünf Minuten veranschlagen. In dem Maße aber, in dem der Hund lernt, Ihren Führungsanspruch zu akzeptieren, wird es schneller gehen. Schlussendlich braucht er dann vielleicht nur noch fünf Sekunden. Sie dürfen in dieser Phase aber nichts überstürzen. Denn abgesehen von allem anderen empfindet Ihr Hund jetzt vielleicht zum allerersten Mal so etwas wie innere Ruhe. Lassen Sie ihm Zeit, dieses schöne Gefühl zu genießen. Er möchte es dann bestimmt immer wieder empfinden. Er hat ein gutes Stück gelernt, sich zu beherrschen.

Auf Kommando

Ihr Hund weiß jetzt, dass eine neue Weltordnung in Kraft getreten ist. Darauf können Sie aufbauen, um Ihre Überlegenheit weiter hervorzuheben. Das Kommando »Komm« ist dafür besonders gut geeignet.

schritt für schritt

»Komm«

- Vergewissern Sie sich, dass der Hund mit seinem Repertoire durch ist.
- Warten Sie fünf Minuten (wie oben beschrieben).
- Halten Sie ein paar Leckerchen als Belohnung bereit.
- Hocken oder knien Sie sich hin. Sprechen Sie den Hund mit dem Namen an und fordern Sie ihn auf zu kommen.
- Dabei ist Ihre Stimme weich, einladend und freundlich.
- Zögert der Hund, strecken Sie ihm Ihre Hand mit einem Leckerchen entgegen.
- Kommt er, so geben Sie ihm sein Belohnungshäppchen und loben ihn.
- Streicheln beziehungsweise wuscheln Sie ihn am Hals, um Ihren Führungsanspruch deutlich zu machen (in der Wildnis stellt eine Berührung an dieser empfindlichen Stelle das Privileg der Ranghöchsten dar).
- Falls der Hund losstürzt oder hochspringt, vielleicht als Reaktion auf den Geruch des Leckerchens, oder sich aber auch auf den Rücken wirft, um gestreichelt zu werden, stehen Sie sofort auf und gehen weg.
- Das tun Sie auch, wenn der Hund gar nicht auf Ihre Aufforderung reagiert.
- In beiden Fällen lassen Sie den Hund eine Stunde lang nicht an sich heran, bevor Sie es noch einmal probieren.
- Fahren Sie so fort, bis er reagiert, wie Sie es wünschen.

Das ist gar nicht so einfach. Manche Halter haben das Gefühl, es zeuge von Kälte oder gar Brutalität, wenn sie dem Hund ihre Zuneigung derart vorenthalten. Das ist aber keineswegs der Fall.

An der liebevollen, vertrauten Beziehung zwischen Ihnen und Ihrem Hund ändert sich dadurch gar nichts, sie kann höchstens besser und stärker werden. Auch so lassen Sie dem Hund ganz viel Zuwendung zukommen – nur eben auf eine andere, angemessenere Art und Weise.

Was aber noch wichtiger ist: Der Hund lernt in diesem Prozess zwei ganz entscheidende Dinge. Erstens, dass sein Verhalten Folgen hat. Und zweitens, Sie als Anführer zu akzeptieren. Darüber hinaus begreift er, dass die Entscheidung, wie, wann und wo es Zuneigungsbekundungen gibt, ein Privileg des Chefs ist.

Woran Sie erkennen, dass der Hund Ihren Führungsanspruch akzeptiert

Mit dieser Übung beabsichtigen Sie, Ihrem Hund sein hyperaktives Verhalten abzugewöhnen und ihn glücklich zu machen. Je nach Persönlichkeit können die Reaktionen darauf unterschiedlich ausfallen. Gehorsame, unterwürfige Hunde geben in der Regel schnell klein bei, während die echten Dickköpfe eine kleine Ewigkeit brauchen, bevor sie sich schließlich zögernd fügen. Meistens ist das Verhalten irgendwo zwischen diesen beiden Extremen angesiedelt.

Mancher Hund blufft aber auch, tut so, als hätte er aufgegeben, nur um dann genau in dem Moment, in dem Sie ihn zur Kenntnis nehmen, sein Repertoire wieder aufzunehmen. Daher ist es wichtig, dass Sie lernen, die Zeichen zu deuten, an denen Sie sicher ablesen können, ob der Hund mit seinem Repertoire durch ist – oder eben auch nicht:

Wenn sein Blick weicher wird

Die Augen verraten viel über den Zustand, in dem sich der Hund gerade befindet. Sind sie geweitet oder treten vor, so ist das Tier immer noch ganz aufgeregt und nervös. Es hat es die Botschaft, die Sie ihm übermitteln, noch nicht richtig verinnerlicht.

Wird sein Blick jedoch weicher, ist es ein Zeichen dafür, dass er sich entspannt und die neue Lage akzeptiert. Schauen Sie dem Tier jedoch nicht direkt in die Augen, um seinen Blick zu analysieren, sondern gucken Sie ihn nur von der Seite an.

Achten Sie auf seine Körpersprache

Lässt sich der Hund wie eine Sphinx mit angelegten Ohren auf den Hinterbeinen nieder, ähnelt er einer Sprungfeder, die nur darauf wartet, wieder in Aktion treten zu können.

Der Protest ist noch lange nicht vorbei. Fängt er jedoch an, sich zu räkeln, krümmt den Rücken und streckt die Beine von sich, setzt seine Entspannung ein.

Maul und Lippen

Bei intensivem Nachdenken neigen Hunde, ähnlich wie wir Menschen, dazu, sich die Lippen zu lecken. Das ist in dieser Situation ein gutes Zeichen, denn es bedeutet, dass der Hund dabei ist, die Informationen, die er erhalten hat, zu verarbeiten. Es kann nicht mehr lange dauern und er gelangt zu den richtigen Schlussfolgerungen.

Seufzen

Wir Menschen seufzen aus zweierlei Gründen – wenn es uns gut geht und wenn wir frustriert sind. Beim Hund ist fast immer Ersteres der Fall. Wenn Sie also hören, dass Ihr Kleiner einen langen, tiefen Seufzer von sich gibt, können Sie sicher sein, dass er sich mit seiner Situation abgefunden hat. Und das ist nun wirklich ein sehr gutes Zeichen.

Geschäfte

Die Erleichterung des Hundes, von seiner Rolle als Anführer des heimischen Rudels befreit zu sein, nimmt mitunter extreme Formen an. Wenn er sich also beispielsweise anschickt, ein Geschäft zu machen, deutet es darauf hin, dass er geistig einen bedeutenden Schritt weitergekommen ist.

Reagiert er, wenn Sie sich bewegen?

Ist der Hund entspannt, reagiert er darauf gar nicht. Hat er allerdings die Veränderung des Status quo noch nicht voll akzeptiert, wird auch er sich bewegen. Daran erkennen Sie, dass er noch ein bisschen Zeit braucht.

In Fleisch und Blut

Um dem unerwünschten Verhalten des Hundes Einhalt zu gebieten, ist dieser Schritt unerlässlich. Aber über Nacht wird es nicht gehen, darüber sollten Sie sich auch im Klaren sein. Von nun an müssen Sie sich dem Tier gegenüber immer so verhalten. Es muss Ihnen sozusagen in Fleisch und Blut

übergehen – und dem Hund auch. Jeder Tag muss nach demselben Muster beginnen. Sie lassen den Hund vor die Tür, damit er sein Geschäft machen kann, und beachten ihn dabei nicht. Wenn Sie danach wieder beisammen sind, kommt es darauf an, dass die Initiative zur Kontaktaufnahme von Ihnen ausgeht – zu Ihren Bedingungen und erst, nachdem sich der Hund beruhigt hat.

Wenn Sie sich dabei vertun, den Hund also beachten oder zulassen, dass er bei der Begrüßung aus dem Häuschen gerät, können Sie gleich wieder von vorn anfangen, denn dann regt sich in ihm der Verdacht, Ihre Vormachtstellung könne nur von kurzer Dauer sein. Und das wollen Sie doch nicht.

Bekommen Sie jetzt aber bloß keine Angst vor der eigenen Courage. Denn die gute Nachricht lautet: Innerhalb kürzester Zeit werden drei Dinge geschehen. Erstens wird Ihnen das neue morgendliche Ritual in Fleisch und Blut übergehen. Zweitens dünnt das Repertoire, mit dem der Hund versucht, Ihre Aufmerksamkeit zu erregen, nach und nach aus, bis es schließlich fast ganz verschwindet. Schließlich und endlich können Sie drittens die Zeit, die Sie den Hund warten lassen müssen, bevor Sie ihn zu sich rufen, drastisch reduzieren. Dann schnurren die anfänglichen fünf Minuten bald zu fünf Sekunden zusammen.

Und wer beschützt uns jetzt? Vom Umgang mit vermeintlichen Gefahren

Die extremsten Verhaltensweisen, die Hunde an den Tag legen können, treten auf, wenn zu Hause etwas Außergewöhnliches geschieht, etwa wenn Besuch kommt oder jemand an der Haustür klopft. Je nach Persönlichkeit können Hunde in einer solchen Situation extrem aggressiv reagieren.

Warum das so ist, kann man leicht verstehen, insbesondere, wenn man sich wieder einmal in die Lage des Hundes versetzt. Da er sich als Anführer versteht – und sofern er von seinem Besitzer keine anders lautenden Informationen erhält, tut er das natürlich –, betrachtet er den Schutz und die Sicherheit des Baus als eine seiner wichtigsten Aufgaben. Als Rudelführer hat er eben den Schwarzen Peter gezogen.

Daher klingen für den Hund alle Alarmglocken, wenn es an der Tür läutet. Und sofern die betreffende Person nicht ganz genau erklären kann, wer sie ist, warum sie kommt, was sie im Haus will – und zwar alles in der Sprache des Hundes –, muss das Tier vom Schlimmsten ausgehen und ist dem Besucher daher nicht sehr wohlgesinnt.

Nur gut gemeint: Die Angst vor einer möglichen Bedrohung des Baus kann zu extremen Verhaltensweisen führen.

Aus diesem Grund stellt auch der Postbote für den Hund so eine große Bedrohung dar. Woher soll er schließlich wissen, dass es völlig ungefährlich ist, wenn merkwürdige Papierobjekte durch den Briefschlitz in der Haustür geworfen werden? Und ist es dann wirklich so überraschend, wenn er auf die Hand losgeht, die diese Bedrohung ins Haus bringt?

Um die Verwirrung komplett zu machen, verschlimmert so mancher Hundebesitzer die Situation sogar noch. Wenn er mitbekommt, dass sein Hund bellt oder wie verrückt im Haus herumrennt, sobald er jemanden an der Tür hört, bringt ihn das nur allzu leicht in Verlegenheit, oder er wird sauer und bestraft den Hund. Im schlimmsten Fall schlägt er ihn sogar. Für den Hund ergibt das alles keinerlei Sinn. Denn er ist schließlich der Auffassung, seine Aufgabe als Beschützer des Haushalts nur pflichtgemäß zu erfüllen. Und da könnte er doch eigentlich erwarten, dass ihn die Menschen dazu beglückwünschen und ihn nicht anbrüllen oder protestieren.

Aus allen diesen Gründen ist es von so großer Bedeutung, dass der Halter nicht nur eine gute Beziehung zu seinem Hund aufbaut, sondern ihm auch möglichst früh die Verantwortung für derartige Situationen abnimmt.

Konsequentes Führungsverhalten

Für den Hund ist Ihr Zuhause sowohl optisch als auch akustisch ein Minenfeld, das er mit gutem Grund als potenziell gefährlich einstuft. Draußen die Geräusche von Fahrzeugen, Flugzeugen, Passanten. Und auch innen geht es ja auch nicht immer gerade friedlich zu – bei dem ganzen Alltagskrach von der Waschmaschine und dem Telefon bis hin zum Gewusel der Kinder. All das kann ein Hund, der meint, die Verantwortung für das häusliche Rudel zu tragen, gut und gern als potenzielle Gefahrenherde für den häuslichen Bau halten – und entsprechend reagieren.

Der angemessene Umgang mit vermeintlichen Bedrohungen setzt voraus, dass Sie konsequent eindeutiges Führungsverhalten an den Tag legen. Als Erstes muss der Hund an seinen Status als Untergebener erinnert werden. Dann sollte ihm klar gemacht werden, dass diese Rolle nicht von ihm verlangt, die Situation zu bereinigen. Hat er sich erst einmal hundertprozentig von Ihren Qualitäten als Leitwolf überzeugt, wird er sich ganz auf Sie verlassen, und sei die vermeintliche Gefahr auch noch so groß.

Ein kleines Dankeschön

Wann immer irgendetwas geschieht, was der Hund als Bedrohung empfinden könnte, müssen Sie ihm auf der Stelle klarmachen, dass Sie sich darum kümmern. Gehen Sie also sofort an die Tür, wenn es klingelt.

Sollte der Hund bellen oder knurren, sagen Sie einfach »Danke«. Sie als Anführer erkennen damit an, dass

- **Sie ihn gehört und seine Warnung zur Kenntnis genommen haben;**
- **Sie ihm für den Beitrag, den er geleistet hat, dankbar sind;**
- **ab sofort Sie sich der Angelegenheit annehmen.**

Gewöhnen Sie sich an, sich bei Ihrem Hund zu bedanken.

Wenn der Besucher das Haus betritt und der Hund sein unerwünschtes Verhalten nicht abstellt, haben Sie zwei Möglichkeiten. Sie können ihn entweder wortlos am Halsband nehmen und warten, bis er aufhört, oder ihn in ein anderes Zimmer sperren.

Wichtig ist nur, dass Sie das alles ruhig und schnell tun. Und dass Sie den Hund weder bestrafen noch anschreien, egal wie sehr sein Verhalten Sie reizt. Überhaupt dürfen Sie nie aus einer Fliege einen Elefanten machen und nichts unnötig dramatisieren. Indem Sie die Ruhe bewahren, beweisen Sie sich rundum als Anführer.

Genauso verhalten Sie sich auch, wenn der Besuch wieder gehen will und der Hund sich echauffiert. Sie danken ihm und nehmen den Rest selbst in die Hand. Indem Sie das Kommen und Gehen im Haus kontrollieren, tragen Sie auch zum Wohlbefinden des Hundes bei.

Machen Sie sich klar, dass sich der Hund auch noch instinktiv danach sehnt, einem glücklichen und erfolgreichen Familienrudel anzugehören, nachdem er von den Aufgaben des Oberhauptes entlastet wurde. Er möchte sich gebraucht fühlen und seinen Teil beitragen. Dadurch, dass Sie ihm zuhören, ihm dann danken, dass er das Seine getan hat, den Bau zu verteidigen, versichern Sie den Hund seiner Rolle als wichtiges Mitglied des Rudels. Und das wird er zu schätzen wissen.

Starke Persönlichkeiten

Natürlich hat jeder Hund seine ganz eigene Persönlichkeit, und manche neigen dazu, auf vermeintliche Gefahren aggressiver zu reagieren als andere. Sollte dies bei Ihrem Hund der Fall sein, legen Sie ihm am besten das Halsband an, wenn Sie anfangen möchten, gegen sein unliebsames Verhalten vorzugehen. Sobald er an einem Besucher hochspringt oder gar auf ihn losgeht, müssen Sie mit aller Entschiedenheit handeln und das Tier am Halsband (nötigenfalls auch an der Leine) wegziehen. Dann führen Sie den Besucher ins Haus. Ist der Hund dann immer noch so aggressiv, dass er sich nicht zurückhalten kann, sollte ihn der Halter ganz von der Bildfläche verbannen. Das Tier muss lernen, dass sein Verhalten Konsequenzen hat.

Wer kümmert sich ums Fressen? Essgebärde und Fütterungszeiten

Wenn Sie den Hund von Geburt an bei sich haben, lässt sich jeder Zweifel daran, wer sich ums Fressen kümmert – und demzufolge der Anführer ist –, im Keim zerstreuen. Dann sind Sie es, der nach dem Wegfall der mütterlichen Milchbar die Fütterung übernimmt, Sie verteilen Leckerchen als po-

Alles dreht sich ums Fressen: Ein Hund weiß ganz genau, dass er die Autorität desjenigen, der ihm sein Futter gibt, besser nicht in Zweifel stellt.

sitiven Anreiz und entscheiden, wann und was der Welpe zu fressen bekommt. Das sind alles Signale, die nicht misszuverstehen sind.

Anders verhält es sich natürlich, wenn der Hund erst in einer späteren Entwicklungsphase zu Ihnen kommt. Dann müssen Sie wahrscheinlich ganz von vorn anfangen und versuchen, eventuelle Versäumnisse des Vorbesitzers wettzumachen.

Unter diesen Umständen hat der Hund möglicherweise völlig falsche Vorstellungen von seiner Rolle in der Gemeinschaft. Er ist vielleicht gewöhnt, fressen zu können, wann immer er Lust hat. Oder Sie haben ihn aus dem Tierheim und er musste sich davor vielleicht jedes Bröckchen selbst erobern. Wie dem auch sei: In solchen Fällen müssen Sie schon schwere Geschütze auffahren, um in der Gedankenwelt des Hundes Ordnung zu schaffen. Glücklicherweise gibt es aber eine Technik, die so genannte »Essgebärde«, mit deren Hilfe Sie dem Hund genau die Botschaft, die er jetzt braucht, in aller Deutlichkeit vermitteln können.

Gerade durch das Fressen heben die Alphawölfe in der Wildnis ihren Status hervor. Denn nach einer erfolgreichen Jagd sind sie es, die sich als Erste bedienen. Und der Rest des Rudels weiß auch genau, warum das so ist: Schließlich hängt ihrer aller Überleben vom Wohlergehen des Alphapärchens ab. Wir Menschen können nun die Gepflogenheiten der Wölfe ganz einfach imitieren. Aber auch hierbei ist äußerste Konsequenz erforderlich. Daher ist es wichtig, dass Sie diese Methode ausnahmslos bei jeder Fütterung anwenden – so lange, bis sich das Verhalten des Hundes gebessert hat. Und bei eventuellen Rückfällen können Sie später jederzeit wieder darauf zurückgreifen.

schritt für schritt

Fressen 1

- Sorgen Sie dafür, dass sich der Hund in der Küche beziehungsweise dort, wo gefressen wird, aufhält und er Sie bei den Vorbereitungen beobachten kann. Bevor er sein Futter bekommt, stellen Sie einen Teller mit einem kleinen Snack, vielleicht ein paar Kekse oder Cracker, auf die Arbeitsfläche neben den Hundenapf. Auch dabei kann das Tier Sie sehen.
- Falls noch andere Angehörige zugegen sind, sollten sie sich zu Ihnen gesellen.
- Jetzt nimmt sich jeder ein Häppchen vom Teller. Der Hund soll Ihnen dabei ruhig zusehen. Sie würdigen ihn keines Blickes, denn er soll das Gefühl bekommen, dass Sie seine Existenz nicht im Geringsten zur Kenntnis nehmen. Der Sinn der Übung besteht darin, ihm zu verdeutlichen, dass alle menschlichen Mitglieder des Rudels einen höheren Rang einnehmen als er.
- Erst nachdem sich alle bedient haben und der Teller leer ist, stellen Sie ihm ganz beiläufig seinen Futternapf hin.
- Ist der Hund fertig mit Fressen, nehmen Sie den Napf sofort weg. Dieses Signal ist an Deutlichkeit nicht zu übertreffen: Sie als Anführer stellen das Futter bereit und bestimmen, wann die Mahlzeit beendet ist.
- Aus demselben Grund sollte der Napf auch weggestellt werden, wenn der Hund nicht alles aufgefressen hat. Sie sind es, der die Macht hat, über das Fressen zu verfügen. Würden Sie dem Hund freistellen, sich zu bedienen, wann immer es ihm passt, hieße das, diese Macht freiwillig aus der Hand zu geben.

Verantwortung für den Spaziergang

In der Wildnis übernimmt der Alphawolf die volle Verantwortung für die Jagd. Wenn Ihr Hund auf seine »Jagd« geht, den Spaziergang, müssen Sie diese Funktion ausüben. Und zwar von Anfang bis Ende, die ganze Zeit über.

Auf folgende Punkte müssen Sie dabei besonders achten:

- Sie bestimmen, wann spazieren gegangen wird. Lassen Sie sich bloß nicht erpressen, wenn der Hund an der Tür Aufstellung nimmt oder mit der Leine im Maul daherkommt. Falls Sie jeden Tag zur selben Zeit aufbrechen, sollten Sie immer darauf achten, dass Sie es sind, der die Initiative ergreift. Lassen Sie ihn ruhig noch etwas warten, wenn er ahnt, dass es bald losgeht.
- Wann immer Sie vor die Tür treten, präsentieren Sie sich als unumschränktes Oberhaupt. Falls der Hund es also kaum mehr erwarten kann, bekräftigen Sie Ihren Führungsanspruch, indem Sie sich gedulden, bis er sich wieder beruhigt hat. Dann rufen Sie ihn zu sich. Treten Sie unbedingt als Erster über die Schwelle. An der Grenze Ihres Grundstücks bestimmen Sie, welcher Weg eingeschlagen wird. Lassen Sie nie, nie, nie zu, dass der Hund Sie in eine bestimmte Richtung zieht. Entfernen Sie sich nötigenfalls erst einmal ein paar Schritte von Ihrem Ziel, einfach, um Ihre Überlegenheit zu demonstrieren.
- Spielen Sie während des ganzen Spaziergangs den Leitwolf. Das bedeutet auch, dass Sie sich jeder Situation, die der Hund eventuell als gefährlich einschätzen könnte, sofort annehmen, egal, ob es sich um einen anderen Hund handelt oder um ein Geräusch, das dem Tier nicht vertraut ist. Lassen Sie sich keinesfalls provozieren. Sie müssen Ihren Führungsanspruch während des gesamten Spaziergangs durchsetzen. Eventuelle Meinungsverschiedenheiten legen Sie symbolisch rasch bei. Der Spaziergang muss zu Ende geführt werden, koste es, was es wolle.
- Daher bestimmen Sie auch, wie lange er dauert. Wenn Sie meinen, es sei an der Zeit, nach Hause zu gehen, setzen Sie sich durch. Lassen Sie nicht zu, dass der Hund Sperenzchen macht.

Wenn Sie sich an einem Punkt nicht mehr wohl fühlen und spüren, dass Sie die Kontrolle verloren haben, treten Sie lieber einen Schritt zurück.

So werden Sie ein guter Chef

In jeder Sekunde, die Sie mit dem Hund zusammen sind, versorgen Sie ihn mit Informationen. Wenn Sie nun versuchen, ihn zu erziehen, ist es erforderlich, dass alle vier Elemente ineinandergreifen. Denn auf diese Weise wird er mit Signalen von Ihnen richtiggehend überflutet.

Aber gerade in diesen bedeutenden mittleren Phasen seiner Entwicklung haben Sie gar keine andere Wahl, als ihn von seinem Irrglauben zu befreien, er habe die Verantwortung für das Rudel.

Alle genannten Signale sind Ausdruck Ihrer Überlegenheit. Nun ist aber nicht jeder von Natur aus eine Führungspersönlichkeit. Manche Menschen sind scheu, körperlich eher schwach oder es auch einfach nicht gewohnt, Befehle zu erteilen. Doch alle erfolgreichen Führungspersönlichkeiten zeichnen sich durch ein paar entscheidende Eigenschaften aus:

Projektion

Führung hat viel mit Projektion zu tun. Ein Kommunikationsmittel, das der Hund perfekt versteht, ist die Körpersprache. Jede Zögerlichkeit oder Schwäche entdeckt er sofort. Aber genauso schnell reagiert er auch auf die Merkmale autoritativen Verhaltens.

Wie wir alle wissen, ist der erste Eindruck entscheidend. Daher kommt es darauf an, dass Sie von der ersten Minute an das richtige Image verkörpern. Ihre Körperhaltung beim Spaziergang ist aufrecht und selbstbewusst. Sie tragen den Kopf hoch und schauen über den Hund hinweg. Blickkontakt stellen Sie nur her, wenn Sie es für richtig halten.

Entschiedenheit

Anführer handeln entschieden, unzweideutig und äußerst reaktionsschnell. Diesbezüglich wird Sie der Hund immer wieder auf die Probe stellen. So ist es von großer Bedeutung, dass Sie nie ins Wanken kommen. Sie dürfen sich unter keinen Umständen verleiten lassen, auf Gebell oder Gebärden irgendwie zu reagieren. Nehmen Sie den Hund erst zur Kenntnis, wenn Sie es für angebracht halten. Kommt er an, ohne dazu aufgefordert zu werden, erteilen Sie ihm eine sofortige Abfuhr. Das ist wirklich entscheidend, denn auch wenn Sie ihm nur ein paar Sekunden lang erlauben, sich bei Ihnen anzuleh-

nen, kann das schon reichen, um ihn in den irrigen Glauben zu versetzen, er habe doch ein bisschen Autorität. Der Halter muss von Anfang an unzweideutig klarmachen, dass er – und keinesfalls der Hund – bestimmt, was geht und was nicht. Dabei darf diese Entschiedenheit natürlich nie brutal oder aggressiv wirken. Ihr Motto lautet: sanft, aber entschieden.

Stimme und Tonfall

Ständig auf den Hund einzureden ist kontraproduktiv. Eine pausenlose Geräuschflut wird bald zu reinem Hintergrundrauschen. Genau wie wir Menschen reagieren auch Hunde sehr viel positiver auf Leute, die nur den Mund aufmachen, wenn sie auch wirklich etwas zu sagen haben.

Falls Sie jedoch das Wort an den Hund richten, muss der Ton, den Sie anschlagen, auch zu Ihrer Körpersprache passen. Daher sollten Sie deutlich und entschieden, jedoch nie mit drohendem Unterton sprechen und schon gar nicht schreien. Am besten kommen kurze Sätze oder Worte – komm, sitz, bleib –, die deutliche, aber einfache Botschaften übermitteln. Größeren Nachdruck erhalten sie noch in Verbindung mit dem Namen des Hundes. Dies gilt insbesondere für Aufforderungen, die Sie an das Tier richten.

Wenn der Hund so reagiert, wie Sie es von ihm erwarten, dürfen Sie ihn mit einem Lächeln und besonderer Wärme im Blick loben. Halten Sie sich aber auch dabei kurz. »Guter Hund« oder »Kluger Hund« reicht völlig.

Wohlbefinden

Hüftgelenks- und Ellenbogenuntersuchungen

Nun, da der Hund beinahe vollständig entwickelt ist und mehr und mehr Bewegung bekommt, wird sein Körper neuen Strapazen ausgesetzt. Natürlich tut Bewegung dem Hund gut. Trotzdem werden seine Knochen, Gelenke und Muskeln dabei belastet, und das kann zu einer ganzen Reihe von Problemen führen, von denen einige allerdings auch erblich bedingt sind. Um seinen ersten Geburtstag herum muss das Tier daher auf zwei genetisch bedingte Gelenkerkrankungen untersucht werden: Hüftgelenks- und Ellenbogendysplasie.

Röntgen

Im Zuge der Fortschritte in der Veterinärmedizin haben wir auch mehr über die möglichen körperlichen Beschwerden unserer Haustiere erfahren. Noch vor gar nicht so langer Zeit wurden Hunde, die Probleme mit dem Bewegungsapparat hatten, pauschal als »lahm« bezeichnet. Heutzutage wissen wir jedoch, dass diese Lahmheit ganz unterschiedliche Ursachen haben kann. Einige von ihnen beginnen sich im ersten Lebensjahr des Hundes zu manifestieren. Zu den häufigsten und ständig weiter um sich greifenden Erkrankungen gehören Dysplasien des Hüftgelenks (HD) und des Ellenbogens (ED).

Vor der Domestikation durch den Menschen hing das Überleben des Wolfes ganz von seiner körperlichen Fitness ab. Dazumal gestaltete sich das Leben aber auch noch recht simpel. Jeder Wolf, der nicht schnell, beweglich und schwungvoll genug war, um Beute zu machen, war dem Hungertod geweiht. Dank seines überwältigenden Überlebensinstinktes blieb er körperlich immer in Topform.

Als sich der Wolf jedoch mit dem Menschen vergesellschaftete, kam es darauf nicht mehr so sehr an. Jedenfalls hing sein Leben nicht länger davon ab. Seine neue Lebensweise hatte zur Folge, dass sich der Wolf gelegentlich auch einmal auf die Fähigkeiten seiner menschlichen Kameraden verlassen konnte (von deren Waffen ganz zu schweigen), um an Futter zu kommen. Von nun an ging es bergab. Im Laufe der folgenden Jahrtausende hat der Hund viel von seiner Fitness verloren. Dies war der Preis, den er für seine Domestikation zahlen musste. Zwei der schlimmsten Arten dieses Tributs

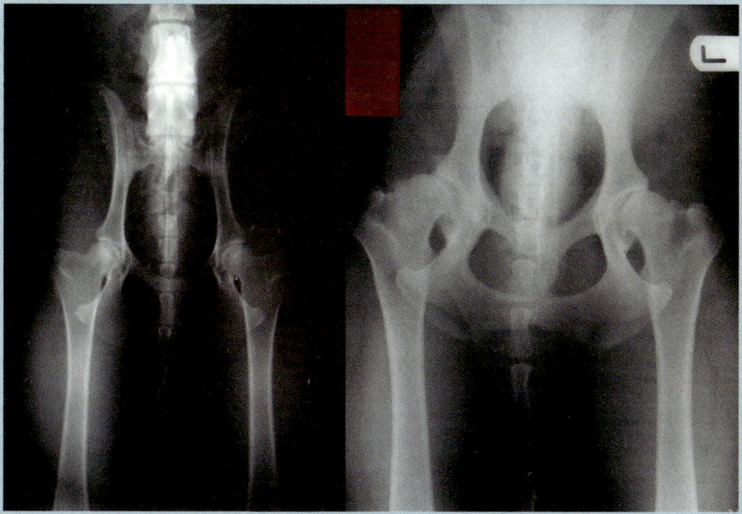

Positiv und negativ: Diese beiden Röntgenaufnahmen zeigen, zu welchen Deformationen der Beckengegend es infolge einer Hüftgelenksdysplasie kommen kann. Links ist alles in Ordnung, die rechte Abbildung zeigt erkrankte Hüftgelenke.

sind Hüftgelenks- und Ellenbogendysplasie. Nach dem ersten Lebensjahr ist die körperliche Entwicklung des Hundes weitgehend abgeschlossen. Jetzt ist es an der Zeit, ihn auf diese beiden möglichen Erkrankungen hin untersuchen zu lassen.

Hüftgelenksdysplasie

Das Hüftgelenk

Bei den meisten Säugetieren ist das Hüftgelenk ein Kugelgelenk, das von einem Netz aus Bändern, Sehnen und Muskeln gehalten wird. Dieses Wunderwerk der Natur ermöglicht es dem Hund, sich so kraftvoll, schnell und wendig zu bewegen. Bei einem gesunden Gelenk greifen Kopf und Pfanne perfekt ineinander, sie werden von viel Knorpelmasse geschützt und von Gelenkflüssigkeit feucht gehalten. Nur wenn dieser Mechanismus perfekt funktioniert, kann sich der Hund frei bewegen und normal laufen. Jegliche Verformung, Schädigung oder Entzündung birgt jedoch ernste Probleme.

Die wesentlichen Ursachen

Unter Hüftgelenksdysplasie versteht man eine Missbildung des Hüftgelenks, die zu einer fortschreitenden Deformation führt. Dabei bildet sich zum Beispiel zusätzliche Knochenmasse in der Gelenkpfanne, oder die Knorpelmasse wird abgenutzt, was zur Folge hat, dass der Gelenkkopf nicht mehr so perfekt in die Pfanne passt und es zu Reibungen kommt. Dadurch wird das Hüftgelenk geschädigt und in seiner Funktionsfähigkeit beeinträchtigt. Das kann dem Hund enorme Schmerzen bereiten und zu Lahmheit führen. In den allerschlimmsten Fällen wird das Tier praktisch zum Krüppel und kann sich nur noch unter Qualen fortbewegen. Bei größeren Rassen wie Deutschen Schäferhunden und Labradoren tritt dieses Problem am häufigsten auf. Da die Hüftgelenksdysplasie häufig genetisch bedingt ist, sollten Angehörige dieser Rassen schon sehr früh daraufhin untersucht werden.

HD-Röntgen

Seit etwa dreißig Jahren existiert ein – heute standardisiertes – Röntgenverfahren zur Identifikation der HD. Es geht darum, Hüftprobleme möglichst frühzeitig zu erkennen und so zu verhindern, dass sich betroffene Tiere fortpflanzen.

Mit Hilfe dieses Verfahrens gelingt es ganz allmählich, die Fälle von Dysplasie bei Hunden zurückzudrängen. Eine Garantie stellt es allerdings gegenwärtig noch nicht dar. Selbst wenn die röntgenologisch erkennbaren Veränderungen beim jungen Hund nur gering sind, heißt das noch nicht, dass er nicht doch später an Dysplasie erkrankt.

Wann sollte geröntgt werden

Frühestens mit zwölf Monaten, es ist jedoch von Rasse zu Rasse unterschiedlich. Erkundigen Sie sich bei Ihrem Tierarzt.

Diagnose und Behandlung

Da Hunde normalerweise gut in der Lage sind, sich mit Schmerzen zu arrangieren, lassen sich Dysplasien nicht immer ohne Weiteres erkennen. Es kann durchaus sein, dass ein Tier bei jedem Spaziergang Qualen aussteht, aber trotzdem weder jault noch knurrt. Deshalb ist es wichtig, Ihren Hund frühzeitig untersuchen zu lassen. Jedes Humpeln oder Nachziehen einer Pfote gibt Anlass, den Tierarzt aufzusuchen. Stutzig sollten Sie auch werden, wenn der Hund plötzlich keine Lust mehr hat, sich zu bewegen.

Für die Behandlung stehen mehrere Möglichkeiten zur Verfügung. Gegen die schlimmsten Schmerzen helfen Tabletten und Wärme. Mit speziellen Bewegungsprogrammen kann man häufig erreichen, dass die Schädigung des Hüftgelenks wenigstens nicht weiter fortschreitet. In besonders schweren Fällen führt jedoch kein Weg an einer Operation vorbei.

Ellenbogendysplasie

Auch das Krankheitsbild der Ellenbogendysplasie (ED) ist noch ein relativ junges Phänomen und es wird – durch Früherkennung und Zuchteinschränkungen – viel dafür getan, seine weitere Verbreitung möglichst einzudämmen. Auch von Ellenbogendysplasien sind die größeren Hunderassen besonders betroffen, in erster Linie Bassets, Berner Sennenhunde, Mastiffs, Deutsche Schäferhunde, Golden Retriever, Deutsche Doggen, Irische Wolfshunde, Labrador Retriever, Neufundländer und Rottweiler.

Was ist eine Ellenbogendysplasie?

ED ist eine Degeneration des Ellenbogengelenks. Sie entsteht, wenn Oberarmknochen, Elle und Speiche nicht exakt zueinander passen.

Dadurch wird eine Kettenreaktion ausgelöst. Man unterscheidet drei wichtige pathologische Veränderungen:

OCD Knorpelablösung am innen liegenden Rollhöcker des Oberarmknochens, besonders verbreitet bei Rottweilern und Bernhardinern
FCP Ablösung des innen liegenden Kronfortsatzes der Elle
IPA Ablösung des Ellenbogenfortsatzes der Elle.

Das Ellenbogengelenk besteht aus Knochen und Knorpeln, es ist ein komplexes Gebilde, dessen Einzelteile im Normalfall exakt ineinandergreifen. Schon bei den geringsten Veränderungen treten Probleme auf. In vieler Hinsicht ist das Gelenk wie ein Scharnier. Wird es von einem Fremdkörper gestört, funktioniert es nicht mehr richtig. So ist es auch mit dem Ellenbogen. Gerät hier irgendetwas aus dem Lot, wirkt es sich auf den Gang des Hundes aus.

Wie bei der Hüftgelenksdysplasie kommt es auch bei ED darauf an, sie möglichst früh zu erkennen. Viele Hunde haben Störungen im Ellbogengelenk, die nicht zum Humpeln führen. Allerdings ist die Gefahr groß, dass sie eventuellen Nachkommen eine schwerere Form der Erkrankung vererben, also sollten auch die Ellenbogen geröntgt werden.

Die klinischen Stadien

Beim ED-Röntgen wird das Gelenk aus drei verschiedenen Positionen aufgenommen, jeweils zwei von der Seite und eine von vorn. Dann wird der Hund anhand eines Katalogs bestimmter Kriterien beurteilt. Man unterscheidet vier unterschiedliche Schweregrade:

SCHWEREGRAD	KRITERIEN
0	Keine Osteophyten (Knochenneubildungen) oder Sklerose (Verhärtung von Gewebe)
1	Leichte Form von ED: Osteophyten kleiner als 2 mm oder Sklerose der Gelenkfläche
2	Mittelschwere ED: Osteophyten zwischen 2 und 5 mm groß
3	Schwere ED: Osteophyten größer als 5 mm

Behandlung

Hunde mit einer leichten oder auch mittelschweren Ellenbogendysplasie humpeln in der Regel weder noch haben sie Schmerzen. Bei einer schwereren Erkrankung stellen sich dagegen in den ersten sechs bis zwölf Lebensmonaten die ersten Beschwerden ein. Die Behandlungsmöglichkeiten reichen von Heilgymnastik und Gewichtsabnahme (um die Belastung des Gelenks zu verringern) bis hin zu Schmerzmedikamenten. In den schlimmsten Fällen muss ein Teil vom Knorpel oder Knochen, der sich im Gelenk gelöst hat, operativ entfernt werden. In der Regel können die Hunde jedoch ein beinahe normales, aktives Leben führen.

Wer sich so fröhlich bewegt, hat ganz bestimmt keine Gelenkbeschwerden.

»... Und dann der Richter,
Im runden Bauche, mit Kapaun gestopft,
Mit strengem Blick und regelrechtem Bart,
Voll abgedroschner Beispiel, weiser Sprüche ...«

DAS FÜNFTE LEBENSALTER

Der Provokateur

Achtzehnter bis achtundzwanzigster Monat

Bei den Wölfen in der Wildnis

Solange er noch Lehrling war, musste sich der Wolf bei der Jagd ständig mit Fragen herumplagen. Wie wähle ich die Beute aus und wie bringe ich sie am besten zur Strecke? Wie treibe ich sie in die Enge? Wie erlege ich sie? Und wo ist dabei mein Platz innerhalb des Rudels? Doch mit zunehmender Reife traut er sich nun auch an eine viel entscheidendere Frage heran: Welchen Rang nehme ich in der Gruppe ein? Und wenn es sich bei dem Tier um eine besonders starke Persönlichkeit handelt, stellt es sich unter Umständen sogar die Frage aller Fragen: Bin ich nicht vielleicht ein künftiger Alphawolf (oder eine Alphawölfin)?

Nicht alle sehen sich als Anführer. Doch auch unabhängig von den jeweiligen Ambitionen findet jetzt jeder zu der Rolle, die er im Rudel übernimmt, und beginnt sich am Ende dieser Entwicklungsphase mit seinem Status im Leben zu arrangieren. Dann sind die Würfel gefallen. Ein ähnlicher Prozess lässt sich auch bei unseren Haushunden beobachten.

Wer ist der Stärkste? Hier geht es um die Rangordnung.

Überblick

Die zehnmonatige Entwicklungsperiode, in die der Hund nunmehr eintritt, hat prägenden Einfluss auf sein Erwachsensein. An ihrem Ende ist er körperlich voll entwickelt, geistig so lebendig und auf seine Umgebung so gut eingestellt wie nie. Auch der (mit etwa zwei Jahren) ideale Zeitpunkt für die erste Befruchtung fällt in diese Periode.

Von seiner Gesamtentwicklung her liegt jetzt trotzdem noch eine entscheidende Phase vor ihm. Wäre er ein Wolf in der Wildnis, würde er sich in dieser Zeit womöglich darauf vorbereiten, die Leitung des Rudels zu übernehmen. Aber auch der Haushund erhebt jetzt Anspruch auf den Status, den er anstrebt. Er verhält sich in dieser Phase wie ein Mittzwanziger, der ja auch mit allen Mitteln versucht, seinen Platz in der Welt zu finden. In diesem Alter ist man bereit, den Stier bei den Hörnern zu packen und so lange zu kämpfen, bis man erreicht hat, was man will. Was Ihren Hund betrifft, müssen Sie daher gerade in dieser Entwicklungsphase auf so einiges gefasst sein, denn jetzt können ganz schön viele Verhaltensprobleme auf Sie zukommen.

Eine schwierige Phase

Man spricht oft wie von nervtötenden Zweijährigen, wenn man diese Entwicklungsphase des Hundes beschreiben möchte, in der er sich so richtig daneben benimmt, alle möglichen Dummheiten anstellt und sich ausgesprochen provozierende Angewohnheiten zulegt. Eigentlich führt der Vergleich mit der kindlichen Trotzphase zwar in die Irre, denn wie wir gesehen haben, entspricht das Alter des Hundes jetzt ja ungefähr vierundzwanzig Menschenjahren. Eine Analogie bietet sich trotzdem an, und sie kann den Umgang mit dieser heiklen Phase durchaus erleichtern – oder jedenfalls unser Verständnis davon.

Wenn wir uns einen vierundzwanzigjährigen Menschen vorstellen, denken wir an einen jungen Mann oder eine junge Frau am Anfang ihres Erwachsenenlebens. Damit haben sie alle Hände voll zu tun, und zwar sowohl beruflich als auch privat. In dieser Zeit hat sich herauskristallisiert, was sie mit ihrem Leben anfangen wollen, und auf das Erreichen dieses Ziels arbeiten sie nun voller Dynamik und mit großer Entschiedenheit hin.

Nicht anders der Hund. Die jungen Wölfe in der Wildnis schließen ihre

Lehre jetzt allmählich ab und sind gegen Ende dieser Lebensphase zu einem vollwertigen Mitglied der Jagdgemeinschaft herangereift. Unsere Haushunde nehmen das ebenfalls für sich in Anspruch.

Für Sie bedeutet das, sich in Zukunft auf einige Machtkämpfe gefasst machen zu müssen, selbst wenn Sie den Hund schon vollkommen von Ihrer Überlegenheit überzeugen konnten. Jetzt meint er nämlich, bestens für die Übernahme der Rudelführerschaft gerüstet zu sein. Er wird nichts unversucht lassen, Sie vom Thron zu stürzen. Bis auf Weiteres wird nun kein Tag mehr verstreichen, an dem er es nicht direkt darauf anlegt, Ihnen zu trotzen und Sie zu provozieren. Für Sie kommt es jetzt darauf an, auf jede einzelne seiner Kampfansagen adäquat zu reagieren und ihn nicht damit durchkommen zu lassen.

Immer auf dem Prüfstand

Wie Politiker im Wahlkampf oder Stürmer beim Fußball wird auch der Hund nach Schwächen in der gegnerischen Abwehr suchen, um die Vorherrschaft im Rudel zu übernehmen. Dabei wendet er sich zunächst den wich-

Kampf um die Vorherrschaft: Genau wie bei ihren Vorfahren, den Wölfen, kann es auch unter Hunden zu Statusrivalitäten kommen.

tigsten Kampfarenen zu, jenen vier Aspekten des Alltags, auf denen die Vorherrschaft immer wieder unter Beweis gestellt wird. Dabei sind vom Standpunkt des Hundes aus betrachtet die Spaziergänge und das Fressen am wichtigsten. Das darf Sie jedoch nicht dazu verleiten, die anderen Fronten zu vernachlässigen. Über keines dieser vier Elemente dürfen Sie die Kontrolle verlieren. So können Sie die Provokationen wenigstens im Rahmen halten.

Beim Spaziergang

Selbst wenn sich Ihr Hund bislang immer sehr manierlich aufgeführt hat, wird er in dieser Phase mit Sicherheit anfangen, Sie beim Spazierengehen zu provozieren. Das geht vielleicht schon zu Hause los, wenn er sich verrückter anstellt als je zuvor, sobald Sie auch nur zur Leine greifen. In diesem Falle sollten Sie das Gassigehen so lange aufschieben, bis wieder eindeutig klar ist, dass Sie und nur Sie bestimmen, wann aufgebrochen wird.

An der Schwelle kann es dann sein, dass der Hund mit aller Macht versucht, sich an Ihnen vorbeizudrängeln. Das dürfen Sie keinesfalls zulassen. Sie führen ihn ruhig und freundlich von der Tür weg und fordern ihn auf zu warten. Wenn er sich dann nicht sofort beruhigt, verschieben Sie den Spaziergang noch einmal, eine Stunde lang etwa. Selbst wenn Sie auf diese Weise gar nicht aus dem Haus kommen: Der Hund braucht einfach eine gewisse Zeit, um das Geschehene zu verarbeiten und zu lernen, welche Konsequenzen sein Verhalten hat.

Am deutlichsten erkennt man das wachsende Selbstvertrauen daran, dass er jetzt immer heftig an der Leine zieht und Ihnen dabei manchmal fast den Arm auskugelt. So weit darf es jedoch nicht kommen. Bleiben Sie standhaft, wenn Sie starken Zug an der Leine verspüren. Und versuchen Sie bloß nicht, Ihrerseits zu zerren, denn das würde der Hund nur als Tauziehen begreifen und ihn zu der Vermutung veranlassen, Sie könnten immerhin die Möglichkeit erwägen, dass er Ihre Vorrangstellung zu Recht in Zweifel zieht. Rufen Sie ihn stattdessen bei Fuß. Und zwar ruhig, aber autoritativ. Gegebenenfalls können Sie dabei auch ein Leckerchen einsetzen. Damit erinnern Sie den Hund daran, dass Sie der Versorger des Rudels sind und die Nahrung bereitstellen.

Falls der Hund daraufhin wider Erwarten nicht an Ihre Seite tritt, sondern weiter an der Leine zieht, müssen Sie zum letzten Mittel greifen und den Spaziergang abbrechen. Mehr als zu irgendeinem anderen Zeitpunkt

seines Lebens ist der Hund in dieser Entwicklungsphase auf absolut eindeutige, kristallklare Informationen bezüglich seines Status angewiesen. Damit vermitteln Sie ihm gleich zweierlei: erstens, dass es bei diesem Spaziergang nur einen einzigen Anführer gibt, und das sind Sie, keinesfalls der Hund. Zweitens machen Sie ihm auf diese Weise zum wiederholten Male klar, dass jedes Fehlverhalten seinen Preis hat.

Das häufigste Anzeichen für einen Machtkampf ist aber, wenn sich der Hund beim freien Auslauf weigert, zu Ihnen zurückzukehren. Vielleicht ist das nur eine kleine Revolte; möglicherweise handelt es sich aber auch um einen ernst gemeinten Versuch, die Machtverhältnisse komplett auf den Kopf zu stellen. Manchmal rennt der Hund einfach davon und bleibt ein Weilchen weg. In extremeren Fällen lässt er deutlich länger auf sich warten.

All das dürfen Sie natürlich nicht tolerieren. Und es darf auch nie wieder vorkommen. Wenn der Hund also erst einmal zurück ist, müssen Sie sofort mit ihm nach Hause gehen und überlegen, was Sie beim nächsten Versuch anders machen können.

Warten Sie einen Tag ab und kehren Sie dann an dieselbe Stelle zurück, diesmal allerdings mit der längsten Leine, die Sie auftreiben können. Gegebenenfalls binden Sie noch eine Schnur dran. Wichtig ist nur, dass Sie die Möglichkeit haben, den Hund und alle seine Bewegungen unter Kontrolle zu behalten. Das Tier muss unbedingt lernen, dass Freiheit auch etwas mit Verantwortung zu tun hat – und dass Verantwortung bedeutet, alles zu tun, was sein Beschützer verlangt.

schritt für schritt

Der Spaziergang

- Sie halten die Leine kurz – sie sollte höchstens einen halben Meter Spiel haben – und fordern den Hund auf, zu Ihnen zu kommen (die Grundschritte des Kommens auf Zuruf). Gehorcht er, dürfen Sie ihm ein Leckerchen geben.
- Folgt er nicht, brechen Sie den Spaziergang ab. Der Hund soll spüren, dass jeder Widerstand zwecklos ist.
- Falls er jedoch wunschgemäß zu Ihnen kommt, belohnen Sie ihn, indem Sie mehr Leine beziehungsweise Strick geben, vielleicht einen weiteren halben Meter, und fangen von vorn an.
- Arbeiten Sie so weiter, bis der Hund schließlich frei an der langen Leine läuft.

- Belohnt wird er jedes Mal, wenn er auf Zuruf kommt.
- Sorgen Sie mit einer Kombination aus Druck und Loslassen dafür, dass die Leine immer locker bleibt. Sobald sich die Leine spannt, geben Sie so viel nach, dass es der Hund bemerkt. Spannen Sie sie dann wieder an, ohne direkt zu ziehen, aber immerhin so stark, dass der Hund den Unterschied spürt. Damit geben Sie ihm die Möglichkeit, selbst zu entscheiden, ob er lieber an einer lockeren oder an einer straff gespannten Leine arbeitet. Es wird ihm bald klar werden, wie viel schöner es ist, wenn die Leine nicht so straff gespannt ist, und er wird lernen, sich so weit zu beherrschen, dass es dabei bleibt.
- Wenn Sie die Übung beenden wollen, stellen Sie sich so hin, dass der Hund begreift, dass es jetzt nach Hause geht.
- Falls er versucht, sich aus dem Staub zu machen, oder bockt, wenn Sie ihn rufen, ziehen Sie nicht an der Leine, sondern warten einfach nur ab. Machen Sie keinen Schritt auf den Hund zu, denn das würde er als Nachgiebigkeit und Unterwerfung auffassen.
- Bleiben Sie so lange stehen, bis der Hund zu Ihnen zurückgekehrt ist. Als Anreiz können Sie ein Leckerchen verwenden.
- Ist er schließlich da, dürfen Sie ihn ganz herzlich loben. Lassen Sie ihn wissen, dass es »sehr brav« von ihm war, zu Ihnen zurückzukehren.

So geht das ein paar Tage lang. Lässt es das Verhalten des Hundes zu Hause und unterwegs wieder zu, darf er es erneut ohne Leine versuchen. Falls er auf Kommando nicht zu Ihnen zurückkommt, dürfen Sie nicht zögern, wieder mit der langen Leine zu arbeiten.

Möglicherweise steht Ihnen da ein echter Zermürbungskrieg bevor. Aber es hilft alles nichts, Sie müssen unbedingt als Sieger daraus hervorgehen.

Beim Fressen

Da alles, was mit dem Fressen zu tun hat, für den Hund das wahrscheinlich wichtigste Statussymbol ist, kann man sich leicht ausrechnen, dass sich ein machthungriger Hund auf die Fütterungszeiten fixiert, um seine Autorität unter Beweis zu stellen.

Das kann verschiedene Formen annehmen. Er kann total aus dem Häuschen geraten, während Sie sein Futter zubereiten, und an Ihnen hochsprin-

gen, um Sie zur Eile anzutreiben. Vielleicht versucht er auch zu verhindern, dass Sie sich nach dem Fressen seinem Napf nähern. Damit will er sagen: »*Ich* entscheide, wann ich fertig bin, und nicht du.«

Für Extremfälle gibt es eine abgewandelte Form der Essgebärde, die »Super-Essgebärde«, mit der Sie sich durchsetzen und Ihren Führungsanspruch behaupten können. Leistet der Hund in diesem Alter beim Fressen ständig Widerstand, kann es nötig werden, sie anzuwenden.

»Beeilung, bitte!«: Beim Fressen kommt es in dieser Phase häufig zu Provokationen.

schritt für schritt

Fressen 2

- Beginnen Sie wie sonst bei der Essgebärde auch. Verteilen Sie diesmal aber die Mahlzeit für den Hund in drei bis vier kleineren Portionen auf verschiedene Näpfe.
- Genauso viele Snacks richten Sie für sich und die anderen Familienmitglieder, die gerade zu Hause sind, an.
- Dann nehmen sich alle ein Häppchen und der Hund guckt zu.
- Wenn er allzu viel Wirbel macht, lassen Sie sich ruhig ein bisschen mehr Zeit. Er soll kapieren, dass er warten muss. Wenn er dann aggressiv wird oder zuschnappt, stellen Sie das Futter ganz weg und verschwinden für eine halbe Stunde.
- Wenn sich der Hund beruhigt hat, stellen Sie einen seiner Näpfe auf den Fußboden. Wichtig ist, dass er genug Platz zum Fressen hat. Stellen Sie sich vor,

Sie säßen in einem Restaurant und der Kellner würde ständig an Ihrem Ellenbogen herumwuseln.

- Sobald der Hund fertig ist, stellen Sie ihm den nächsten Napf an eine andere Stelle auf dem Küchenfußboden.
- Fahren Sie so fort, bis alle Teller und Näpfe leer sind.

Die Höchststrafe: Wie Sie mit Provokationen umgehen

Dem Halter stehen jetzt möglicherweise harte Zeiten bevor, denn in dieser Entwicklungsphase tankt der Hund eine ordentliche Portion neuen Selbstvertrauens. Und je mehr er von der Welt mitbekommt, desto mehr möchte er sie auch erobern. Doch in dieser Zeit darf der Hund keine einzige Schlacht gewinnen. Selbst wenn Sie dafür auch einmal die Höchststrafe verhängen müssen – Verbannung aus dem Rudel.

Auch in diesem Zusammenhang ist es wichtig zu begreifen, wie tief der Glaube an die Rudelstruktur in jedem Hund verankert ist. Auch bei den Wölfen sind Provokationen, wie Sie sie gerade erleben, an der Tagesordnung. Und da wird nicht lange gefackelt. Extrem inakzeptables Verhalten und Ungehorsam des Jungtiers quittiert der Alphawolf in der freien Natur mit einer Vertreibung aus dem Bau. Der ausgestoßene Wolf ist nun gezwungen, am Rande des Rudels zu vegetieren, sich mit Fressensresten zu begnügen und darf nicht mit zur Jagd. Er wird erst wieder in das Rudel aufgenommen, wenn er beweist, seine Lektion gelernt zu haben. Sollte er vorzeitig versuchen, sich seinen alten Platz im Rudel zurückzuerobern, begegnet er weiteren Aggressionen.

Dieser Trick wirkt eigentlich fast immer. Der Glaube des Hundes an das Rudelsystem als einzige Möglichkeit des Überlebens ist ausgesprochen stark. Er würde letztlich alles tun, um nicht ausgeschlossen zu werden. Denn die einzige andere Möglichkeit, die ihm noch offen steht, wäre, wegzugehen und zu hoffen, dass es ihm irgendwie gelingt, selbst ein Rudel zu gründen.

Nun müssen Sie den Hund natürlich nicht auf die Straße schicken, um sich deutlich genug auszudrücken. Es genügt völlig, ihn vom Rest des Rudels zu isolieren.

Wann und wie Sie den Hund isolieren

Wie alle drakonischen Strafen dürfen Sie auch die der Verbannung nur in ganz seltenen Fällen verhängen. Es wird aber ein solcher Schock für den Hund sein, dass er mit Sicherheit klein beigibt. Außerdem: Wurde er einmal verbannt, weiß er genau, was ihm jederzeit wieder geschehen kann.

Manche Halter haben mit dieser Maßnahme so ihre Schwierigkeiten. Eines müssen Sie sich aber immer vor Augen führen: Der übermächtige Überlebensinstinkt des Tieres arbeitet Ihnen in die Hand. Der Hund weiß genau, dass er auf sich allein gestellt völlig verloren wäre und er ohne sein Rudel nicht überleben könnte.

Wenn der Hund ausdauernd offenen Widerstand leistet, sollten Sie ihn isolieren, wobei Dauer und Härte der Maßnahme ganz vom Schweregrad der Auflehnung abhängen. In der schwierigen Phase, in der sich der Hund gerade befindet, schaut er Sie mitunter vielleicht so verächtlich an, als wollte er sagen: »Was bildest du dir eigentlich ein?« Diese Haltung sollte er aber dringend noch einmal überdenken, und das erreichen Sie nur dadurch, dass Sie ihn mit ähnlicher Geringschätzung behandeln wie er Sie.

Wenn Sie sich zu dieser Maßnahme durchringen, sollte der Hund für den Rest des Tages vom Rudel separiert werden. Natürlich bekommt er in dieser Zeit etwas zu fressen – allerdings in Verbindung mit der Essgebärde –, mit ihm spazieren gehen oder spielen sollten Sie aber nicht. Sie nehmen den Hund in den folgenden Stunden mit keinem Blick zur Kenntnis.

Manche Leute finden das sehr hart. Aber was wäre die Alternative? Nach der altmodischen Methode würden Sie Ihre Botschaft dadurch versuchen rüberzubringen, dass Sie den Hund anbrüllen und ihn ordentlich durchschütteln. Aber welche Bedeutung hätte das schon für ihn? Ist es da nicht erheblich besser, so mit ihm zu kommunizieren, dass er Sie auch versteht, und ihn mit Sanktionen zu bedrohen, die sich ganz real auf seine Lebensqualität auswirken?

In ganz schweren Fällen von Trotz bitte ich die Halter, den Hund zwei, drei, gar vier Tage lang zu ignorieren. Das ist extrem – wirkt aber immer.

Nachwuchs

Neues Leben ist immer ein Wunder. Und vorausgesetzt, der Ansatz stimmt, kann Nachwuchs tatsächlich nicht nur für die Hündin, sondern auch für ihren Besitzer sehr erfüllend sein. Ich jedenfalls habe es immer so empfunden. Es ist jedoch eine Entscheidung von großer Tragweite, und man darf sie nicht auf die leichte Schulter nehmen. Ohne Verantwortungsbewusstsein, Planung und Verständnis sollten Sie Ihre Hündin keinesfalls decken lassen.

Züchten oder lieber nicht?

Hunde sind in diesem Alter sowohl körperlich als auch geistig in der Lage, sich fortzupflanzen. Das heißt aber noch lange nicht, dass sich alle Tiere dafür eignen, und schon gar nicht möchte ich damit sagen, Sie als Halter sollten sich kopfüber in ein derartiges Abenteuer stürzen. Denn vorher sollten Sie einige wichtige Fragen beantworten können.

1. Ist Ihr Hund Träger einer Erbkrankheit?

Bei der Zeugung geht es in allererster Linie darum, den Genpool der Hunde zu verbessern. Es kommen also nur gesunde Tiere in Frage, die auch in der Lage sind, fitte Welpen in die Welt zu setzen. Denn wenn wir Hunde paaren, die den Standards nicht entsprechen, stellt das für die nächste Generation ein großes Risiko dar.

Ich gehe davon aus, dass Ihr Hund in diesem Alter längst auf die wichtigsten Erbkrankheiten, Augen- und Ohrenleiden, Dysplasien und andere Knochenerkrankungen, hin untersucht wurde. Kam es dabei zu Auffälligkeiten, ist das Tier nicht für die Fortpflanzung geeignet. Denn es besteht eine sehr hohe Wahrscheinlichkeit, die Krankheit zu vererben.

2. Stimmt auch das Temperament?

Für mich ist dieser Faktor genauso wichtig wie die körperliche Gesundheit. Manche Hunde haben ein Temperament, das sie meines Erachtens für die Zucht ungeeignet macht. Sehr ängstliche Tiere zum Beispiel sollten keinen Nachwuchs bekommen, denn dabei könnten Erbfaktoren im Spiel sein, die schlimmstenfalls einen ganzen Wurf hypernervöser Welpen hervorbringen.

Dasselbe gilt für sehr aggressive Hunde. Viele Leute schreiben ja bestimmten Rassen erhöhte Kampfbereitschaft zu, fälschlicherweise, wie ich meine. Allerdings gibt es durchaus Rassen – ich denke da etwa an den Pitbull –, denen der Mensch aggressives Verhalten angezüchtet hat. Das heißt aber nicht automatisch, dass alle Pitbulls Teufelsbraten sind, genauso wenig wie jeder Labrador ein Engel ist. In jeder Rasse gibt es die unterschiedlichsten Persönlichkeiten. Und ein Hund mit fiesen Zügen eignet sich nicht für die Zucht, egal, welcher Rasse er angehört. Dann sollte man sich lieber ein ruhiges, gelassenes Exemplar suchen, bei dem die Wahrscheinlichkeit, dass es gutmütige Welpen zeugt oder gebärt, höher ist.

Die Aufzucht erfordert viel Zeit, Mühe und Geld. Während der Trächtigkeit benötigt die werdende Mutter besondere Aufmerksamkeit – von Nahrungsergänzungsmitteln und Vitaminen ganz zu schweigen. Auch muss sie in dieser Zeit regelmäßig zum Tierarzt, etwa, um entwurmt zu werden. Selbst wenn alles gut läuft, es schlägt schon zu Buche.

3. Schätzen Sie Arbeitsaufwand und Kosten auch richtig ein?

Sollten während der Schwangerschaft Probleme auftreten, kommt noch mehr auf Sie zu, sowohl zeitlich als auch finanziell. Ganz abgesehen davon, dass die Hündin auch den ganzen Wurf verlieren kann. Vorab müssen Sie sich daher fragen: Bin ich wirklich bereit, Hunderte von Euros zu zahlen – und am Ende eventuell mit leeren Händen dazustehen?

Angenommen, es geht alles glatt, bleibt das Problem, geeignete Besitzer für die Welpen zu finden. Und selbst wenn Ihnen das gelingt, laufen Sie später immer noch Gefahr, dass sich die Tierchen – aus welchen Gründen auch immer – in ihrem neuen Zuhause nicht recht einleben und zurückgegeben werden. Daher müssen Sie sich fragen, ob Sie im schlimmsten Fall auch bereit wären, den ganzen Wurf zu behalten. Angesichts der Tatsache, dass ein Weibchen bis zu zwanzig Welpen gebären kann, ist diese Frage von großer Tragweite und darf nicht einfach so abgetan werden.

4. Wären Sie zur Not auch bereit, den ganzen Wurf zu behalten?

Der richtige Partner

Falls Sie sich nach reiflicher Überlegung entscheiden, Ihre Hündin decken zu lassen, müssen Sie den richtigen Partner für sie finden. Die Suche nach einem passenden Deckrüden kann eine Kunst für sich sein und viel Zeit, Mühe, mitunter auch Geld kosten. Daher sind Sie gut beraten, den Akt frühzeitig zu planen und sich dabei an die folgenden zwei goldenen Regeln zu halten:

Wenn Sie das Gefühl haben, noch nicht alles über die Rasse Ihres Hundes zu wissen, tun Sie gut daran, diese Lücke schleunigst zu schließen. Als verantwortungsbewusster Züchter müssen Sie über alles informiert sein. Zum Beispiel:

1. Beschäftigen Sie sich intensiv mit der Rasse, der Ihr Hund angehört.

Die ideale Gestalt der Rasse, wie sie im Zuchtstandard festgelegt ist.

Eventuelle Abweichungen, auf die Sie achten müssen.

Wie Sie herausbekommen, ob mit dem Rüden, den Sie ins Auge gefasst haben, auch alles in Ordnung ist.

All das erfahren Sie am besten über den Verband für das Deutsche Hundewesen, die Schweizerische Kynologische Gesellschaft oder den Österreichischen Kynologenverband, die Sie gegebenenfalls gern an die entsprechenden Zuchtverbände verweisen.

Diese versorgen Sie mit allen wichtigen Informationen und geben Ihnen auch eine Liste guter Deckrüden.

2. Beschäftigen Sie sich mit dem Rüden.

Nachdem Sie sich für einen möglichen Deckrüden entschieden haben, ist es wichtig, ihn sich frühzeitig genau anzusehen. Dabei sollten Sie vor allem auf Folgendes achten:

Taugt er überhaupt als Deckrüde?

Manche Besitzer entscheiden sich für einen Deckrüden, der bei Hundeausstellungen schon große Erfolge erzielt hat. Das ist aber keine Garantie dafür, dass er sich auch zum Decken eignet. Daher ist es wichtig, sich nicht nur davon zu überzeugen, dass der Hund einen guten Stammbaum hat, sondern auch, ob er sich als Vater bereits bewährt hat. Die erforderlichen Informationen erhalten Sie am besten über den jeweiligen Zuchtverband oder aus Fachzeitschriften, wo man genau weiß, welche Rüden für die Zucht am besten geeignet sind.

Wie steht es mit der Kompetenz und dem Verantwortungsbewusstsein des Züchters?

Jeder Züchter, der auf sich hält, ist stolz auf seinen Rüden und wird daher auch nicht zögern, Ihnen auf Anfrage gern Dokumente und Nachweise zu zeigen. An diesem Punkt können Sie meiner Erfahrung nach schwarze Schafe erkennen – und die Spreu vom Weizen trennen. Ein qualifizierter Züchter wird den Spieß aber auch umdrehen und Sie einer gewissen Prüfung unterziehen. Nehmen Sie also alle notwendigen Papiere mit, die Ihr Verantwortungsbewusstsein unter Beweis stellen. Und warum auch nicht? Sie haben schließlich nichts zu verbergen und können doch stolz auf Ihre Hündin sein.

Entspricht das Äußere des Rüden den Rassestandards?

Sie sollten die Rasse Ihres Hundes gut genug kennen, um den Deckrüden mit dem Standard vergleichen zu können. Schauen Sie ihn sich ganz genau an, um sicherzustellen, ob er ihm in jeder Hinsicht entspricht. Da sich bei den Welpen schon die geringste Abweichung vom Standard potenzieren kann, dürfen Sie in dieser Angelegenheit ruhig äußerst pingelig sein.

Hat der Hund alle erforderlichen Unbedenklichkeitsbescheinigungen?
Von größter Bedeutung ist es, sich davon zu überzeugen, dass der Rüde unter keiner der Erbkrankheiten leidet, die bei seiner Rasse häufig auftreten, etwa Hüftgelenks- oder Ellenbogendysplasie oder auch genetisch bedingte Augenerkrankungen. Denken Sie an die goldenen Regeln. Einen kranken Hund dürfen Sie nicht zur Züchtung heranziehen. In Frage kommen folglich nur Tiere, deren gesundheitlicher Allgemeinzustand in jeder Hinsicht tadellos ist.

Und verlassen Sie sich dabei nicht auf das Wort des Züchters. Falls er die erforderlichen Dokumente und aktuellen Unbedenklichkeitsbescheinigungen nicht vorweisen kann, sollten bei Ihnen alle Alarmglocken läuten.

Wie viele Würfe?
Eine Hündin kann fast ihr gesamtes Leben lang Welpen zur Welt bringen, vom neunten Monat an bis weit über ihren zehnten Geburtstag hinaus. Daher könnte sie theoretisch zigmal Mutter werden. In der Praxis wäre das jedoch äußerst brutal. Eine Hündin ist schließlich keine Welpenfabrik. Mehr als drei Würfe sollten es, wie auch bei den Wölfen in der freien Natur, nicht sein. Dann stehen die Chancen auch gut, dass die Hündin gesunde, topfitte Welpen gebärt, die später ebenfalls gute Mütter und Väter werden können.

Ein gelungener Akt – so klappt es bestimmt

Sobald Sie sich für einen Deckrüden entschieden haben, können und sollten Sie anfangen, die Begegnung zu planen. Das Wichtigste ist der richtige Zeitpunkt. Daher müssen Sie Ihre Hündin ganz genau beobachten.

Woran Sie erkennen, wann die Hündin bereit ist

Mit einer ganzen Reihe von Tests kann der Tierarzt exakt bestimmen, wann sich die Hündin in der so genannten Hochbrunst befindet. Aber eigentlich brauchen Sie ihn dafür gar nicht, Sie können es nämlich auch selbst herausfinden. Und zwar indem Sie ihr mit der Hand über den Rücken fahren und sie zwischen Schwanz und Vulva leicht reiben. Falls sie dann ihre Rute zur Seite dreht und sich Ihren Fingern entgegenstreckt, bedeutet das, dass sie sich »präsentiert«. Sie ist bereit.

Jetzt haben Sie fünf Tage Zeit. Innerhalb dieses Fensters bringen Sie die Hündin am besten so früh wie möglich zum Rüden, denn dann ist die Chance einer Befruchtung am größten. Auch kann es empfehlenswert sein, die Hündin in dieser Zeit schön warm zu halten.

Machen Sie sich aber für alle Fälle auf eine Enttäuschung gefasst. Nicht alle Hunde wollen sich automatisch miteinander paaren. Schließlich handelt es sich um sensible Wesen und die beiden sind einander ja in der Regel völlig fremd. Da können schon einige Faktoren zusammenkommen, die nicht passen. Gerade »Jungfrauen«, also Weibchen, für die es das erste Mal ist, sind mitunter ziemlich heikel und zeigen dem Rüden auf äußerst unmissverständliche Weise, dass sie nicht interessiert sind. Aber auch dem verlässlichsten Rüden kann bei einer ängstlichen oder abgeneigten Partnerin die Lust vergehen. Daher ist es wichtig, dass die Begattung unter menschlicher Aufsicht stattfindet. Die meisten Besitzer von Deckrüden bestehen darauf, das Weibchen zu sich zu holen. Genügend Erfahrung und Sachkunde vorausgesetzt, ist dagegen nichts einzuwenden.

Die Vereinigung

Die Vereinigung, zu der es, wenn alles nach Plan läuft, jetzt kommt, besteht aus drei Phasen.

Das Vorspiel

Die beiden Hunde sollten genügend Zeit haben, sich kennen zu lernen. Bei gegenseitigem Interesse kommt es bald zu einem kleinen Vorspiel, also Umeinanderherumstreichen und Aneinanderschnüffeln. Diesen Annäherungsversuchen sollte jedoch nichts Aggressives oder gar Konfrontatives anhaften. Je länger das Vorspiel dauert, desto besser stehen die Chancen, dass alles wie gewünscht verläuft.

Die Penetration

Wenn die Hündin bereit ist, wird sie sich präsentieren und in Ruhe auf den Rüden warten. Dieser besteigt sie dann und führt seinen Penis in die Vagina ein. Um nicht herunterzufallen, hält er die Hüften mit den Vorderläufen umklammert. Dann kommt es zur Ejakulation.

Das Hängen

Die Bulbourethraldrüsen am Penis des Rüden schwellen an, um ein vorzeitiges Ende der Paarung zu verhindern. Alle dreißig Sekunden etwa geben sie eine Flüssigkeit ab, die das Ejakulat weitertransportiert. Währenddessen verändern die Hunde ihre Stellung, so dass der Rüde nunmehr von der Hündin wegschaut. Miteinander verbunden sind sie aber immer noch. Erst wenn Sie sich davon überzeugt haben, dass es tatsächlich zu einer Vereinigung gekommen ist, sollten Sie bereit sein, die Deckgebühr zu zahlen, die der Besitzer des Rüden eventuell von Ihnen verlangt. Falls er Sie also gebeten ha-

ben sollte, während des Aktes den Raum zu verlassen, ist es jetzt an der Zeit, dass er Sie einen Blick auf die beiden Tiere werfen lässt. Auch wenn es nur ganz kurz ist: Das Hängen reicht als Beweis.

Im Allgemeinen bleiben die Hunde ungefähr zwanzig Minuten so stehen. Sie brauchen nicht immer so lange, mitunter aber auch bedeutend länger. Ich weiß zum Beispiel von einer Verbindung, die dreieinhalb Stunden dauerte. Eingreifen, also etwa die Tiere trennen, dürfen Sie nicht. Trotzdem sollte diese Phase der Begattung genau beobachtet werden. Eine allzu lange Vereinigung kann für die Hündin sehr beschwerlich sein und ihr solche Schmerzen bereiten, dass sie dem Rüden gegenüber sehr aggressiv wird. Ist die Vereinigung schließlich vorbei, lecken sich die Tiere ausgiebig den Genitalbereich, um sich von möglichen schädlichen Bakterien zu befreien.

So behalten Sie die Übersicht

Die Tragzeit beträgt im Allgemeinen etwas mehr als neun Wochen, vierundsechzig Tage. In der ersten Hälfte ist von der Trächtigkeit meistens kaum etwas zu bemerken. Bei manchen Hündinnen fällt es sogar erst bei der Geburt auf, dass sie Mutter werden. Trotzdem sollten Sie gleich nach der Begattung anfangen, einen detaillierten Verlaufsplan der folgenden Tage, Wochen und Monate aufzustellen.

Als Erstes berechnen Sie den voraussichtlichen Geburtstermin. Das geht ganz einfach, indem Sie vierundsechzig Tage vorausrechnen oder einen Trächtigkeitskalender führen. In den können Sie dann alle wichtigen Termine, wie etwa Tierarztbesuche oder Wurmkuren, eintragen. Und natürlich auch die verbleibende Zeit bis zu jenem großen Tag runterzählen, an dem Sie die Wurfkiste bereit haben sollten.

Die Trächtigkeit

Die Entwicklung des Embryos

Die Befruchtung findet im Eileiter statt. Sechs bis zehn Tage später rutschen die befruchteten Eier (Zygoten) dann in den Uterus, der aus zwei so genannten Gebärmutterhörnern besteht. Die Zygoten sind symmetrisch so verteilt, dass alle Embryonen gut ernährt werden. Ende der zweiten Schwangerschaftswoche hat der Embryo seine wesentlichen Merkmale herausgebildet

TRÄCHTIGKEITSKALENDER

Gedeckt am	Geb. Termin	Gedeckt am	Geb. Termin	Gedeckt am	Geb. Termin	Gedeckt am	Geb. Termin	Gedeckt am	Geb. Termin	Gedeckt am	Geb. Termin
JAN	MÄRZ	FEB	APR	MÄRZ	MAI	APR	JUNI	MAI	JUL	JUNI	AUG
1	5	1	5	1	3	1	3	1	3	1	3
2	6	2	6	2	4	2	4	2	4	2	4
3	7	3	7	3	5	3	5	3	5	3	5
4	8	4	8	4	6	4	6	4	6	4	6
5	9	5	9	5	7	5	7	5	7	5	7
6	10	6	10	6	8	6	8	6	8	6	8
7	11	7	11	7	9	7	9	7	9	7	9
8	12	8	12	8	10	8	10	8	10	8	10
9	13	9	13	9	11	9	11	9	11	9	11
10	14	10	14	10	12	10	12	10	12	10	12
11	15	11	15	11	13	11	13	11	13	11	13
12	16	12	16	12	14	12	14	12	14	12	14
13	17	13	17	13	15	13	15	13	15	13	15
14	18	14	18	14	16	14	16	14	16	14	16
15	19	15	19	15	17	15	17	15	17	15	17
16	20	16	20	16	18	16	18	16	18	16	18
17	21	17	21	17	19	17	19	17	19	17	19
18	22	18	22	18	20	18	20	18	20	18	20
19	23	19	23	19	21	19	21	19	21	19	21
20	24	20	24	20	22	20	22	20	22	20	22
21	25	21	25	21	23	21	23	21	23	21	23
22	25	22	25	22	24	22	24	22	24	22	24
23	26	23	26	23	25	23	25	23	25	23	25
24	27	24	27	24	25	24	25	24	25	24	25
25	28	25	28	25	26	25	26	25	26	25	26
25	29	25	29	25	27	25	27	25	27	25	27
26	30	26	30	26	28	26	28	26	28	26	28
27	31	27	1. Mai	27	29	27	29	27	29	27	29
28	1. Apr	28	2	28	30	28	30	28	30	28	30
29	2			29	31	29	1 Jul	29	31	29	31
30	3			30	1 .Juni	30	2	30	1 .Aug	30	1 Sep
31	4			31	2	31		31	1	31	

TRÄCHTIGKEITSKALENDER

Gedeckt am	Geb. Termin	Gedeckt am	Geb. Termin	Gedeckt am	Geb. Termin	Gedeckt am	Geb. Termin	Gedeckt am	Geb. Termin	Gedeckt am	Geb. Termin
JAN	MÄRZ	FEB	APR	MÄRZ	MAI	APR	JUNI	MAI	JUL	JUNI	AUG
1	2	1	3	1	3	1	3	1	3	1	2
2	3	2	4	2	4	2	4	2	4	2	3
3	4	3	5	3	5	3	5	3	5	3	4
4	5	4	6	4	6	4	6	4	6	4	5
5	6	5	7	5	7	5	7	5	7	5	6
6	7	6	8	6	8	6	8	6	8	6	7
7	8	7	9	7	9	7	9	7	9	7	8
8	9	8	10	8	10	8	10	8	10	8	9
9	10	9	11	9	11	9	11	9	11	9	10
10	11	10	12	10	12	10	12	10	12	10	11
11	12	11	13	11	13	11	13	11	13	11	12
12	13	12	14	12	14	12	14	12	14	12	13
13	14	13	15	13	15	13	15	13	15	13	14
14	15	14	16	14	16	14	16	14	16	14	15
15	16	15	17	15	17	15	17	15	17	15	16
16	17	16	18	16	18	16	18	16	18	16	17
17	18	17	19	17	19	17	19	17	19	17	18
18	19	18	20	18	20	18	20	18	20	18	19
19	20	19	21	19	21	19	21	19	21	19	20
20	21	20	22	20	22	20	22	20	22	20	21
21	22	21	23	21	23	21	23	21	23	21	22
22	23	22	24	22	24	22	24	22	24	22	23
23	24	23	25	23	25	23	25	23	25	23	24
24	25	24	25	24	25	24	25	24	25	24	25
25	25	25	26	25	26	25	26	25	26	25	25
25	26	25	27	25	27	25	27	25	27	25	26
26	27	26	28	26	28	26	28	26	28	26	27
27	28	27	29	27	29	27	29	27	29	27	28
28	29	28	30	28	30	28	30	28	30	28	1 März
29	30	29	31	29	1 Dez	29	31	29	31	29	2
30	1 Okt	30	1 Nov	30	2	30	1 Jan	30	1 Feb	30	3
31	2	31	2	31		31	2	31		31	4

und man spricht jetzt vom Fötus. Aber selbst in diesem frühen Entwicklungsstadium kann von wirklicher Gleichheit keine Rede sein. Denn die Embryonen in der Mitte der beiden Gebärmutterhörner sind näher an den Nährstoffen, von denen die Entwicklung in den nächsten Wochen abhängt.

Hier die wichtigsten Entwicklungsschritte im Leben des Fötus:

3 Wochen Dieser Zeitpunkt entspricht in etwa der Dreimonatsmarke bei der Frau. Die Entwicklung von Gewebe und Organen hat begonnen.

5 Wochen Jetzt sind die wichtigsten Körpermerkmale ausgebildet: Beine, Schnauze, Augen, Ohren und Schwanz.

6 Wochen Der Fötus sieht jetzt bereits aus wie ein richtiger kleiner Hund. Augenlider, Pfoten, Fell- und Hautfarbe sind deutlich zu erkennen. Im Ultraschall sind auch die Skelette sichtbar. Die Schädel lassen sich durch die Bauchwand der Mutter ertasten.

6–9 Wochen Der Fötus wächst jetzt ständig und die inneren Organe bilden sich weiter aus. Die Lunge aber wäre beispielsweise noch nicht in der Lage, Sauerstoff aufzunehmen. Bis zum Zeitpunkt seiner Geburt ist der werdende Welpe vollkommen auf die Versorgung durch die Plazenta angewiesen.

Die werdende Mutter

Morgendliche Übelkeit Genau wie Frauen leiden auch Hündinnen während der Schwangerschaft manchmal unter morgendlichem Erbrechen. Das ist nichts Alarmierendes, sondern einfach die Methode der Natur, eventuelle Gifte, die die Föten angreifen könnten, auszuleiten. Trotzdem sollten Sie das Tier genau beobachten, um sicher sein zu können, dass es nicht zu viel Energie verliert, was zur Schädigung der Welpen führen könnte. In der zweiten Hälfte der Trächtigkeit hört das morgendliche Erbrechen normalerweise auf. Im Zweifelsfall konsultieren Sie bitte den Tierarzt.

Füttern Beim Füttern muss man jetzt sehr vorsichtig sein. Die Hündin nimmt erst in den letzten vier Wochen der Trächtigkeit, wenn die Welpen sehr schnell wachsen, richtig zu. Wird sie vor diesem Zeitpunkt überfüttert, setzt sie unter Umständen unnötig Fett an, und das kann ihr die Trächtigkeit erheblich erschweren.

Als Faustregel gilt: Von der fünften Trächtigkeitswoche an bis zur Niederkunft sollte die Futtermenge um jeweils zehn bis fünfzehn Prozent pro Woche gesteigert werden. Wenn die Welpen kommen, frisst die Hündin also etwa doppelt so viel wie vor der Paarung.

Das Futter, möglichst nährstoffreicher und wohlschmeckender als üblich, sollte auf mehrere kleinere Portionen aufgeteilt werden. Der Grund dafür ist ganz einfach. Die Gebärmutter wächst und nimmt im Bauchraum immer mehr Platz ein, so dass sich der Magen nicht mehr so ausdehnen kann, wie es unter normalen Umständen der Fall ist.

Im Mutterleib: Innerhalb der ersten sechs Wochen der neunwöchigen Trächtigkeit entwickelt sich der Embryo zum Fötus und dann zu einem richtigen kleinen Hündchen. Die Abbildungen oben zeigen (von links nach rechts) den Entwicklungsstand in der zweiten, dritten und schließlich in der sechsten Woche.

Die Untersuchung

Viele Halter wollen natürlich wissen, ob eine Befruchtung stattgefunden hat, und wenn ja, wie viele Welpen zu erwarten sind. Zu diesem Zweck kann deshalb ungefähr in der fünften Woche eine Ultraschalluntersuchung durchgeführt werden.

In voller Blüte

Etwa in der fünften Trächtigkeitswoche blüht die Hündin regelrecht auf. Das morgendliche Erbrechen hat aufgehört, ihre Augen beginnen zu strahlen und sie macht insgesamt den glücklichen Eindruck einer werdenden Mutter, die das große Wunder der Natur in sich am Werke spürt. Jetzt sieht man ihr die Trächtigkeit auch an. Ihre Taille ist praktisch verschwunden, und um die Hüften herum hat sie einiges zugelegt.

Bewegung

Auch während der Trächtigkeit muss die Hündin fit bleiben, nicht zuletzt, um für die Strapazen der Niederkunft und des Säugens der Welpen gewappnet zu sein. Sie darf sich jedoch keinesfalls überanstrengen. Achten Sie beim Gassigehen auf ihre Reaktionen, denn jetzt gibt die werdende Mutter den Ton an, so etwa, wenn sie sich während oder nach dem Spaziergang ausruhen möchte. Gewaltmärsche sind absolut zu vermeiden und auch mit dem Agility-Training sollten Sie besser aussetzen, bis die Welpen da sind. Und da sich die Hündin in dieser Zeit nicht überdehnen darf, sollten Sie unbedingt auch versuchen, sie von größeren Sprüngen abzuhalten.

Entwurmen

Während der Trächtigkeit leiden Hündinnen häufig unter Wurmbefall, insbesondere werden sie oft von Spulwürmern heimgesucht, die ungefähr in der sechsten Woche aktiv werden, wenn das körperliche Abwehrsystem aufgrund der hormonellen Veränderungen geschwächt ist. Durch die Plazenta gehen die Wurmlarven auf die Föten über und führen bei ihnen zu einer Schädigung der Leber. Manche nisten sich auch in den Milchdrüsen des Muttertiers ein, was für die Welpen gefährlich wird, sobald sie anfangen zu saugen. Indem Sie die Hündin vom Ende der sechsten Trächtigkeitswoche an bis zur Geburt regelmäßig alle fünf Tage entwurmen, können Sie die Winzlinge davor bewahren.

Massage

Es spricht einiges dafür, dass die Welpen gelehriger und zugänglicher werden, wenn Sie dem Muttertier regelmäßig den Bauch massieren. Man kann davon ausgehen, dass die taktilen Instinkte bereits beim Fötus entwickelt sind und dass er es im Uterus spürt, wenn seine Mutter gestreichelt wird. Der Schock der Geburt ist dann nicht ganz so groß und das Tier hat weniger Angst, wenn Sie es zum ersten Mal berühren. Und das sind doch gute Vo-

Scheinschwangerschaften

raussetzungen für die späteren Kontakte mit Menschen! In der Wildnis wird nicht nur die Alphawölfin »brütig«, wenn sie trächtig ist. Auch bei den untergeordneten Weibchen kommt es unter dem Einfluss des Hormons Prolaktin zu körperlichen Veränderungen, die sie auf den Job der Ersatzmutter vorbereiten, den sie annehmen, wenn die Welpen mit etwa drei Wochen den Bau verlassen.

Nun leben unsere Haushunde zwar nicht mehr in einem richtigen Rudel, es sieht aber ganz so aus, als seien die Weibchen auch bei ihnen noch auf die Rolle der untergeordneten Ersatzmutter programmiert. Anders kann man sich die häufig auftretenden Scheinträchtigkeiten nicht erklären.

Im Östrus kommt es bei vielen Hündinnen zu hormonellen Veränderungen, obwohl sie sich gar nicht gepaart haben. Dann werden sie mitunter bissig, verlieren den Appetit und fangen an, sich eine Höhle zu bauen, in der sie ihr Spielzeug »bemuttern«. Bei manchen schießt sogar die Milch ein.

»Normal« verhält sich die Hündin dann erst wieder, wenn sie nach neun Wochen in den Postöstrus eintritt. Sie als Halter müssten natürlich eigentlich wissen, ob Ihre Hündin trächtig sein kann. Wenn Sie sich aber aus irgendwelchen Gründen nicht sicher sind, gibt es nur zwei Möglichkeiten: das Tier zum Ultraschall bringen oder der Natur ihren Lauf lassen.

Der Countdown läuft

In der sechsten oder siebten Trächtigkeitswoche bekommen die Welpen einen richtigen Wachstumsschub und werden in den folgenden vierzehn Tagen fast doppelt so groß. Dem Muttertier ist jetzt deutlich anzusehen, dass es in anderen Umständen ist. Der Bauch rundet sich und das Körpergewicht nimmt zu. Ihnen steht jetzt einiges bevor. Zunächst einmal müssen Sie überlegen, wo die Geburt stattfinden soll.

Wölfe verwenden große Mühe darauf, ihren Bau entsprechend vorzubereiten. Viel frisches Wasser muss da sein und es darf auch keine Gefahr bestehen, dass sich die Welpen in ihren ersten Lebenswochen allzu weit von der Mutter entfernen. Genauso anspruchsvoll wird Ihre Hündin in der Frage, wo sie entbinden möchte, höchstwahrscheinlich auch sein. Mit ein bisschen Planung können Sie die Entscheidung jedoch durchaus in Ihrem Sinne beeinflussen.

Die Wurfkiste

Es gibt zweierlei Arten von Wurfkisten. Für kleinere Hunderassen eignet sich eine geschlossene Box, die Sie zu Hause ganz einfach aus einem Pappkarton basteln können. Die Kiste sollte etwa zwischen sechzig und neunzig Zentimeter im Quadrat groß sein. Sie müssen nur darauf achten, dass genügend Licht hereinkommt, dass sie gut belüftet ist, dass Sie den Boden mit viel Zeitungspapier oder anderem saugfähigen Material auslegen und dass zwar die Mutter, nicht aber die Welpen, jederzeit nach Gutdünken raus und rein kann. Für größere Rassen empfiehlt sich ein quadratischer Kasten im Format von ungefähr 1,2–1,5 Meter. Er sollte mit einer Leiste in handbreitem Abstand von der Seitenwand ausgestattet sein, um zu verhindern, dass die Mutter an die Wand gedrückt wird.

Die Wurfkiste sollte an einem ruhigen Ort aufgestellt werden, nicht gerade mitten im größten Familientrubel. In der Wildnis zieht sich die Wölfin in den letzten Tagen vor der Geburt auch vom Rest des Rudels zurück und sucht einen Ort auf, an dem sie die nächsten drei Wochen ungestört ist.

Die Hündin sollte sich so früh wie möglich mit der Wurfkiste vertraut machen können, am besten vielleicht drei Wochen vor dem errechneten Geburtstermin. Anderenfalls überlegt sie selbst, wo sie ihre Welpen zur Welt bringt, und hat dann womöglich ganz andere Pläne.

Der große Tag – Geburtshilfe

Hündinnen entbinden in der Regel ziemlich pünktlich. Ganz selten einmal kommt es vor, dass die Geburt ein paar Tage früher als errechnet stattfindet.

Nun ist es also bald so weit. Jetzt müssen Sie vorbereitet sein und alles Nötige parat haben.

Was Sie brauchen

- Saubere Handtücher
- Frische Auflage fürs Lager
- Notizbuch und Stift, damit Sie sich die Zeiten aufschreiben können
- Schere
- Thermometer
- Fertige Erstmilch für Welpen, falls es beim Muttertier zu Problemen kommt
- Babyfläschchen oder Pipette
- Telefonnummer des veterinärmedizinischen Notfalldienstes

Gleich geht's los

Der Geburtsvorgang beginnt in der Regel sechsunddreißig Stunden, bevor der erste Welpe zur Welt kommt. Die Anzeichen:

- **Die Körpertemperatur sinkt. Unmittelbar vor der Niederkunft fällt sie von den normalen achtunddreißig auf sechsunddreißig Grad Celsius ab.**
- **Sobald die Hündin spürt, dass die Wehen bald einsetzen, beginnt sie das Fressen zu verweigern.**
- **Möglicherweise erbricht und zittert sie. Das ist aber kein Grund zur Besorgnis. Achten Sie einfach darauf, dass das Tier es bequem hat.**

Die Geburt

Setzen die Wehen ein, erkennen Sie das an folgenden Anzeichen:

- **Die Hündin fängt an, sich um sich selbst zu drehen, oder legt sich hin.**
- **Sie können die ersten Kontraktionen sehen.**
- **Eine Art Beutel mit Fruchtwasser tritt aus und platzt – ein sicheres Zeichen dafür, dass in etwa zwei Stunden die erste Geburt zu erwarten ist.**

In den meisten Fällen kommen die Welpen auf ganz natürliche Weise zur Welt. Sobald der erste da ist, befreit ihn das Muttertier von der ihn umgebenden Fruchtblase und beißt die Nabelschnur durch. Kurz darauf tritt zusammen mit dunkler Flüssigkeit die Nachgeburt aus. Die Plazenta – jeder Welpe hat übrigens seine eigene – wird anschließend von der Mutter aufgefressen. So erhält sie alle Nährstoffe, die sie in der nächsten Zeit braucht, in der sie den Bau nicht verlässt. Auf diese Weise kommt auch die Alphawölfin, die im Schnitt acht Welpen gebiert, in den folgenden fünf Tagen gut über die Runden. Dann leckt sie ihr Erstgeborenes gründlich trocken, wärmt es und regt seine Atmung an. Kurz darauf gibt sie ihm die Vormilch, das Kolostrum, und dann geht alles seinen Gang.

Das Wunder des Lebens: Eine frischgebackene Hundemutter kümmert sich um ihr Neugeborenes.

Wann genau der nächste Welpe folgt, ist schwer vorauszusagen. Manchmal dauert es nur zehn Minuten, mitunter braucht es aber auch länger, bis zu mehreren Stunden. Behalten Sie die Hündin jetzt gut im Auge. Denn falls sich keine weitere Geburt ankündigt, obwohl sie mit aller Kraft presst, sollten Sie alarmiert sein und spätestens nach einer Stunde den Tierarzt rufen. Dann besteht eindeutig die Gefahr, dass ein Welpe im Geburtskanal stecken geblieben oder sonst wie blockiert ist – eine möglicherweise lebensgefährliche Bedrohung auch für die Mutter.

Bis alle da sind, werden die Welpen ziemlich in der Wurfkiste herumgestupst, vor allem natürlich das Erstgeborene. Sie müssen zu diesem Zeitpunkt aber immer ganz nahe an den Zitzen der Mutter sein, nicht zuletzt, weil sie auch die wichtigste Wärmequelle sind. Verliert ein Welpe den Kontakt, sorgt die Mutter in aller Regel dafür, dass er ganz schnell wieder zurückkommt. Falls sie das jedoch aus irgendeinem Grund unterlässt, übernehmen Sie es bitte.

Die Größe des Wurfs

In der Regel bekommen die größeren Hündinnen auch die meisten Welpen. So besteht bei Yorkshire Terriern ein Wurf meistens nur aus drei Welpen, während Deutsche Schäferhunde bis zu zwölf Jungtiere bekommen können. Dann gibt es natürlich nicht für jedes eine eigene Zitze. Ein klassischer Fall

natürlicher Auslese! Denn den Kampf um einen Platz an der mütterlichen Milchbar können nur die Stärksten für sich entscheiden. In solchen Fällen liegt die Entscheidung bei Ihnen: der Natur ihren Lauf lassen oder eingreifen und die Tierchen, die leer ausgehen, mit der Hand aufziehen.

Eine schwierige Geburt

Die meisten Hündinnen bringen ihre Welpen ganz ohne menschliche Hilfe zur Welt. Es kann dabei allerdings auch zu Problemen kommen.

Die Gründe dafür sind häufig in der »Partnerwahl« zu suchen. Wenn die Hündin beispielsweise von einem sehr viel größeren Rüden begattet wurde, besteht das Risiko, dass die Welpen, die aus dieser Verbindung hervorgehen, den Geburtskanal nicht ohne Weiteres passieren können. Dasselbe Problem tritt bei Vertreterinnen kleinerer Hunderassen auf, bei denen der Geburtskanal per se häufig zu eng ist.

Schwierigkeiten kann es auch geben, wenn die Hündin noch zu unreif ist, um Mutter zu werden. Bei vielen beginnt die Pubertät schon sehr früh, was zur Folge hat, dass die Tiere zwar körperlich in der Lage sind, ihre Jungen auszutragen, emotional aber noch lange nicht. Dies führt häufig zu Komplikationen während der Trächtigkeit und bei der Geburt.

In diesen Fällen hilft alles nichts: Sie müssen den Tierarzt rufen, und der wird vermutlich einen Kaiserschnitt durchführen.

Das ist keine ganz leichte Sache, denn die Operation belastet die Hündin möglicherweise so, dass sie sich nicht in dem Maße um ihre Kleinen kümmern kann, wie sie es nach einer natürlichen Geburt tun würde. Auch die Beziehung zwischen dem Muttertier und ihren Welpen wird durch einen Kaiserschnitt möglicherweise beeinträchtigt. Denn die chemischen Reaktionen, die während des Geburtsvorgangs normalerweise ausgelöst werden, treten bei einem Kaiserschnitt nicht ein, und das kann dazu führen, dass sich die Mutterinstinkte nicht im vollen Umfang entwickeln.

Wann Sie den Tierarzt rufen müssen

Völlig risikofrei ist keine Geburt. Normalerweise geht zwar alles glatt, aber es kann auch zu Komplikationen kommen. In folgenden Fällen muss der Tierarzt hinzugezogen werden:

- **Wenn die Wehen auch nach Ablauf der Vierundsechzig-Tage-Frist nicht einsetzen.**
- **Wenn die erste Phase der Geburt (Erbrechen, Appetitverlust etc.) länger dauert als sechsunddreißig Stunden, ohne dass sich ein Welpe ankündigt.**

- Wenn die Wehen länger dauern als eine Stunde und nichts geschieht.
- Wenn ein Welpe länger als zwanzig Minuten im Geburtskanal steckt.
- Wenn weniger Nachgeburten ausgestoßen werden als Welpen.
- Wenn die Mutter dunklen, blutigen oder übelriechenden Ausfluss hat.
- Wenn die Mutter einen bestimmten Welpen mehr als drei Stunden lang immer wieder zurückweist.

In ihren ersten Lebensstunden sind die Welpen noch sehr, sehr zart und mitunter sogar auf Hilfe angewiesen. Manches können Sie dabei selbst regeln, in anderen Fällen sollten Sie lieber den Tierarzt hinzuziehen. Hier die wichtigsten Probleme, die auftreten können:

Flachbrüstigkeit

Manche Welpen kommen mit sehr schwachen Muskeln und so flachbrüstig zur Welt, dass sie fast ein bisschen an Wasserschildkröten erinnern. Insbesondere bei größeren Hunderassen ist dieses Phänomen relativ weit verbreitet. Mit viel Bewegung löst sich das Problem in der Regel jedoch von selbst. Und nach drei Monaten sieht der Welpe dann schon ganz normal aus.

Bruch

Weist ein Welpe am Nabel oder an der Leiste eine Schwellung auf, hat er vermutlich während der Geburt einen Bruch erlitten. Dann gibt es zwei Möglichkeiten. Ist es nur ein kleiner Bruch, der sich leicht eindrücken lässt, müssen Sie gar nichts tun. Ist die Schwellung aber hart und verursacht Schmerzen, wenn Sie sie berühren, handelt es sich vermutlich um einen eingeklemmten Bruch, ein ernstes Problem, das die sofortige Intervention des Tierarztes erforderlich macht. Bestimmte Rassen, wie etwa Lhasa Apsos und Shih Tzus, sind davon besonders häufig betroffen.

Vitamin-K-Mangel

Vitamin K ist im Körper für die richtige Blutgerinnung zuständig. Die Welpen werden normalerweise über den Organismus der Mutter mit genügenden Mengen davon versorgt. Falls diese jedoch ernährungsbedingt unter Vitamin-K-Mangel leidet, wirkt sich das auch auf ihren Nachwuchs aus und führt dazu, dass die Hundebabys leicht bluten. Wenn Sie das beobachten,

bringen Sie die Tierchen zum Tierarzt und lassen ihnen eine Vitamin-K-Spritze geben.

Nabelinfektionen

Normalerweise schrumpfen die Reste der Nabelschnur in den ersten Tagen nach der Geburt und fallen ab. Manchmal kommt es jedoch auch zu einer Infektion. Dabei rötet sich die Nabelgegend und schwillt an. Sie können die Stelle mit einem Wunddesinfektionsmittel reinigen. Falls die Symptome jedoch nicht schnell abklingen, konsultieren Sie besser den Tierarzt.

Untertemperatur

Wenn sich ein Welpe kühl anfühlt, benötigt er Ihre sofortige Aufmerksamkeit. Schon bei einem Temperaturabfall von nur zwei Grad besteht Lebensgefahr. Dann müssen Sie das Tier sofort wieder an die Mutterbrust oder – falls es von ihr abgewiesen wird – in die Nähe einer Wärmflasche legen.

Wenn das Muttertier Ihre Hilfe braucht

Hunde sind ja generell ziemlich unverwüstlich und zu allen Schandtaten bereit. Das gilt insbesondere für so einen natürlichen und wichtigen Vorgang wie die Geburt. Meistens bringen Hundemütter ihre Babys deshalb völlig ohne jede Hilfe zur Welt. Aber manchmal brauchen sie eben doch unsere Unterstützung.

Gerade bei sehr jungen Hündinnen, die womöglich zum ersten Mal gebären, ist das sehr häufig der Fall, da sie sich leicht bis zur völligen Erschöpfung überanstrengen. Gebraucht werden Sie natürlich auch, wenn die Mutter die Wehen nicht übersteht.

Dann sollten Sie Folgendes tun:

- Nehmen Sie den neugeborenen Welpen vorsichtig mit einem warmen Tuch auf und wischen ihm den Schleim und die Reste der Fruchtblase ab. Säubern Sie ihm dabei vor allem die Nase und das Mäulchen.
- Um seine Atmung zu stimulieren, kippen Sie den Winzling mit dem Tuch nach vorn, damit das restliche Fruchtwasser abfließen kann, und reiben ihm dann sanft über die Brust.
- Fängt er nicht sofort an zu atmen, legen Sie ihm den Mund über die Nase und blasen ihm ganz sanft Luft ein. Bringt die Mund-zu-Maul-Beatmung nicht den gewünschten Erfolg, müssen Sie ganz schnell den Tierarzt rufen.

- Binden Sie die Nabelschnur etwa einen Zentimeter vom Bauch entfernt mit einem Stück Gaze oder einem Baumwollfaden ab. Dann nehmen Sie eine hitzesterilisierte Schere und schneiden die Nabelschnur zwischen dem Knoten und der Plazenta ab.
- Ist die Mutter am Leben, legen Sie den Welpen zu ihr und stupsen ihre Brust mit seinem Köpfchen an, damit sie anfängt, ihn zu säugen.
- Sollte die Mutter – aus welchen Gründen auch immer – nicht imstande sein, das Neugeborene zu säugen, bereiten Sie ein bisschen Welpenmilch zu und füttern das Tier mit einem Babyfläschchen oder einer Pipette.

Besonders umsichtig sollten Sie sein, wenn der Wurf aus sehr vielen Welpen besteht. Da Hunde ziemlich pfiffige Kerlchen sind, kann es gut sein, dass die Hündin auf die Idee kommt, ihre Welpenschar in zwei Gruppen aufzuteilen und sie abwechselnd zu säugen. Verblüffend, wie sie das organisiert. Trotzdem müssen Sie in den ersten Stunden aufpassen, dass auch ja kein Jungtier zu kurz kommt. Denn die körperlich Stärksten bedienen sich in der Regel auch als Erste. Und dabei stupsen sie die Schwächeren manchmal auch mit den Pfötchen weg. Das tun sie nicht bewusst. Es ist ein ganz natürliches Phänomen: das Überleben des Stärkeren.

In der freien Natur kommt es einem Todesurteil gleich, wenn ein Wolfswelpe wiederholt von der Mutterbrust weggestoßen wird, denn er ist dringend auf die Milch angewiesen. Und wenn ihm dieses Kolostrum vorenthalten bleibt, verlassen ihn bald die Kräfte. Ein Jungtier, das in den ersten zwölf Stunden nichts zu trinken bekommt, kann eigentlich nicht überleben.

Achten Sie auch auf ein eventuelles Fiepen, es könnte ebenfalls ein Alarmsignal sein. Wenn ein Welpe weggestoßen wurde und nicht mehr zur Mutterbrust zurückfindet, greifen Sie bitte schnell ein und legen ihn an.

Ernährung

Solange sie ihre Welpen aufzieht, braucht die Mutter bedeutend mehr Nahrung und Energie als sonst. Ungefähr in der dritten Lebenswoche, wenn Hunger und Durst der Welpen auf dem Höhepunkt sind, verliert die Hündin täglich zwischen vier und sieben Prozent ihres Körpergewichts an den Nachwuchs. Entsprechend mehr Futter müssen Sie ihr geben: bis zu drei- oder viermal so viel wie unter normalen Umständen. Das braucht sie nicht nur, um genügend Milch zu produzieren, sondern auch, um selbst bei Kräf-

Ein Jungtier verliert wenige Stunden nach der Geburt den Kontakt zur Mutterbrust.

Instinktiv versucht es, wieder in die Wärme zurückzukriechen.

Es krabbelt auf seine Geschwister zu.

Geschafft! Jetzt ist wieder alles in Ordnung.

ten zu bleiben. Sie darf jetzt im Grunde so viel fressen, wie sie möchte, denn es kann in dieser Zeit des Guten kaum zu viel werden. Die Mahlzeiten sollten nicht zu groß sein, allerdings besonders schmackhaft. Rechnen Sie mit drei, vier Portionen am Tag und geben Sie ihr auch spät am Abend noch etwas. Genauso wichtig ist, dass ihr stets genügend frisches Wasser zur Verfügung steht.

»... Das sechste Alter
Macht den besockten hagern Pantalon,
Brill' auf der Nase, Beutel an der Seite ...«

DAS SECHSTE LEBENSALTER

Der Beschützer

Achtundzwanzig Monate bis etwa sieben Jahre

Bei den Wölfen in der Wildnis

Mit etwa zweieinhalb Jahren ist die körperliche und geistige Entwicklung des Wolfes abgeschlossen. Er hat jetzt so viel Kraft wie nie und ist erfahren genug, um mit jeder Lebenssituation klarzukommen. Die Stellung, die er zu dieser Zeit innehat – Alphatier oder untergeordnetes Mitglied des Rudels –, behält er mindestens die nächsten fünf Jahre über bei, es sei denn, man versucht sie ihm streitig zu machen. In dieser Lebensphase hat er mit sich und seiner Rolle in der Welt Frieden geschlossen.

Der Alphawolf ist sich der Tatsache bewusst, dass seine Aufgabe darin besteht, für das Rudel zu sorgen und es zu beschützen. Und er weiß auch, dass er für die Aufrechterhaltung der Blutlinie zuständig ist. Diese Pflichten kann ihm keiner abnehmen.

Auch Wölfe, die in der Rangordnung weiter unten stehen, machen ihren Job. Zu wissen, dass sie in der gut geölten Maschinerie des Rudels ein wichtiges Rädchen sind, genügt ihnen völlig.

Unvorhergesehenes kann natürlich immer geschehen. Grundsätzlich aber muss sich der Wolf jetzt keine Gedanken mehr machen. Wer der Chef ist, wie es ums Fressen steht und wie mit Gefahren umzugehen ist – all das ist geklärt. Jetzt ist er frei, sein Leben vollauf zu genießen.

Genauso glücklich und zufrieden kann auch der Haushund sein, wenn er seine Lebensbedingungen akzeptiert. Aber leider geht es nicht bei allen so harmonisch zu.

Das Oberhaupt: Der Alphawolf strahlt Autorität, Stärke und Selbstvertrauen aus.

Überblick

Der Hund hat nunmehr seine volle körperliche und geistige Reife erreicht. Er ist in den besten Jahren und steht in der Blüte seines Lebens. Genau wie der Wolf, bei dem diese Phase durch die vollkommene Integration ins Rudel gekennzeichnet ist, hat sich auch der Hund geistig mit seiner Stellung arrangiert. Er fühlt sich wohl in seiner Haut, kennt sein Umfeld und weiß, welchen Platz er innehat. Ein solch ausgeglichener Hund macht einfach nur Freude. Beide – Hund und Halter – können die jahrtausendealte Kameradschaft zwischen dem Menschen und seinem vierbeinigen Freund jetzt nach Herzenslust genießen.

Problematisch wird es nur, falls der Hund immer noch meint, der Boss zu sein, und an der Überzeugung festhält, ihm obliege die volle Verantwortung für das Rudel. Dann nimmt er seine Beschützerrolle sehr, sehr ernst. Und daraus können sich erhebliche Verhaltensdefizite ergeben.

Die Würfel sind gefallen

Genau wie der Wolf weiß auch der Hund zu Beginn dieser Phase, dass er eine Schwelle überschritten hat. Alle Unsicherheiten bezüglich seines Status, unter denen er als Provokateur noch litt, hat er hinter sich gelassen. Jetzt sind die Würfel gefallen, und er sagt sich: »Na ja, so sind die Dinge nun mal.« Und wenn bisher alles gut gelaufen ist, akzeptiert er auch, dass er dem Anführer seines Rudels, also Ihnen, unterlegen ist.

Ihre Vorrangstellung wird er auch dann noch täglich in Zweifel ziehen, etwa, indem er kurz an der Leine zerrt, um sich zu vergewissern, ob Sie das Ruder auch tatsächlich noch fest in der Hand haben. Alles in allem aber vertraut er darauf, dass Sie bestimmt immer die richtige Entscheidung treffen.

Und dann kann er seine »besten Hundejahre« tatsächlich voll auskosten. Er ist jetzt insgesamt glücklicher, hat viel mehr Spaß am Spielen und Spazierengehen als früher. Seine Unbefangenheit im Kontakt mit Artgenossen nimmt zu und er wird auch fürsorglicher. Als Welpe drehte sich noch alles ausschließlich um den eigenen Nabel. Er war nur mit sich und seiner Welt beschäftigt, mit seinen Futter-, Schlaf- und Spielbedürfnissen. In der Zwischenzeit ist er aber bedeutend mitfühlender geworden und interessiert sich mehr für die Bedürfnisse seiner Zeitgenossen, seien es andere Hunde oder Menschen.

Der Hund kümmert sich in dieser Phase mehr um seine Kumpel als früher. Wenn sich etwa ein anderer Hund verletzt hat, leckt er ihm die Wunden. Auch die Bedürfnisse und Gefühle der Menschen um ihn herum hat er jetzt mehr im Blick. Ich spreche aus Erfahrung, wenn ich sage, dass sich ein Hund in diesem Alter tatsächlich als bester Freund des Menschen erweisen kann, gerade auch, wenn es einem mal nicht so gut geht. In dieser Hinsicht ist es tatsächlich eine ganz wunderbare Zeit.

Blütezeit: So kann der Hund seine besten Jahre richtig genießen

Nun, da der Hund seine Adoleszenz lange hinter sich gelassen hat und voll ausgereift ist, kann er sich entspannen und sein Leben genießen. Er vertraut auf seinen Besitzer, bekommt immer genügend zu fressen und weiß ganz genau, dass sich der Anführer des Rudels jeder Gefahr, die auf ihn zukommen könnte, ruhig und effizient annimmt.

Aber natürlich ist nicht ein Hund wie der andere. Für manchen bedeutet schon ein ausgiebiger Spaziergang auf seiner Lieblingsroute mit einer anschließenden ordentlichen Mahlzeit und einem Nickerchen vor dem Kamin den Himmel auf Erden. Und dagegen ist überhaupt nichts zu sagen. Es gibt aber auch Hunde – und Halter –, die höhere Ansprüche stellen. Doch glücklicherweise werden heutzutage ja für alle Hunderassen, -persönlichkeiten

Eine glückliche Zeit: Nachdem der Hund den ganzen Stress und die Anspannungen der Adoleszenz hinter sich gelassen hat, kann er sein Leben in vollen Zügen genießen.

und Ambitionen Sport- und Wettkampfmöglichkeiten in schier unüberschaubarer Fülle angeboten.

In England finden offiziell pro Jahr etwa fünftausend verschiedene Wettbewerbe für Hunde statt, angefangen bei Rassehundeausstellungen und Arbeitsprüfungen bis hin zu Obedience- und Agility-Konkurrenzen.

Hier nun einige Aktivitäten, die Ihrem Hund Spaß machen könnten:

Workingtests und Field Trials

An diesen Wettbewerben haben insbesondere Vertreter aller Rassen Freude, die speziell zum Arbeiten gezüchtet wurden, in erster Linie also Jagdhunde und Herdenschutzhunde. Die können nicht alle im schottischen Hochland Moorhühner jagen oder auf sanften Hügeln Schäfchen hüten. Da sie aber über die entsprechenden Instinkte verfügen, lieben sie es, ihre Fähigkeiten unter Beweis zu stellen.

Wie in anderen Disziplinen ist auch beim Hundesport genau festgelegt, wer unter welchen Bedingungen antreten darf. Informationen erhalten Sie in Deutschland beim dhv, dem Deutschen Hundesportverband.

Agility

Agility ist eine der aufregendsten Hundesportarten. Diese Disziplin wurde 1978 in England eingeführt und erfreut sich seit etwa zehn Jahren auch in Deutschland wachsender Beliebtheit.

Dabei muss der Hund in Begleitung seines Halters einen aus sechzehn Stationen bestehenden Hindernisparcours absolvieren. An jeder Station wird er vor eine andere Herausforderung gestellt. So muss er etwa verschiedene Hürden überwinden, ohne sie umzuwerfen, sich auf einen Tisch legen und eine bestimmte Zeit lang darauf verweilen. Weite Sprünge werden ihm abverlangt, auch über Wasser, es gibt eine Wippe, einen Laufsteg, einen harten und einen Stofftunnel sowie einiges mehr. Beim Agility passiert so viel in so hohem Tempo, dass schon das reine Zuschauen eine Mordsgaudi ist.

Angetreten wird in verschiedenen Leistungsstufen.

Und um auch die kleineren, weniger sportlichen Rassen nicht zu benachteiligen, treten die Hunde in unterschiedlichen Kategorien an: Small – Widerrist(Schulter)höhe geringer als fünfunddreißig Zentimeter, Medium – zwischen fünfunddreißig und dreiundvierzig Zentimeter, Large – ab drei-

Spaß und Spiel: Beim Agility-Training bekommen auch Hunde, von denen man es nicht erwarten würde, die Gelegenheit, ihren Sportgeist unter Beweis zu stellen.

undvierzig Zentimeter Widerristhöhe. Weil Agility sehr hohe körperliche Anforderungen stellt und auch viel Training erfordert, ist diese Sportart nur für ausgewachsene Hunde geeignet.

Flyball

Flyball entstand in den Siebzigern des vergangenen Jahrhunderts in den Vereinigten Staaten. Bei dieser spielerischen Sportart treten Teams von vier Hunden auf zwei Bahnen gegeneinander an. Jeder Hund muss vier Hürden überwinden, bevor er die Flyballbox erreicht und ihren Auslösemechanismus betätigt. Dann muss er den herausgeworfenen Ball fangen und denselben Parcours mit ihm im Maul zurücklaufen. Hat er die Start- und Ziellinie erreicht, rennt das nächste Mitglied seines Teams los. Gewonnen hat die Mannschaft, die den Staffellauf als erste komplett und regelgerecht absolviert.

Flyball macht sehr viel Spaß und stellt in punkto Beweglichkeit, Tempo und Intelligenz eine echte Herausforderung dar, weshalb sich die Wettbewerbe, die meistens im Rahmen von Hundeausstellungen abgehalten werden, beim Publikum großer Beliebtheit erfreuen. Vor allem die Hunde aber sind mit Feuereifer dabei, wie man unschwer dem lauten, begeisterten Bellen entnehmen kann.

Obedience

Bei diesen ebenfalls sehr populären Wettbewerben wird die Zusammenarbeit von Hund und Halter bewertet, in der Beginner-Klasse etwa: Verhalten gegenüber anderen Hunden, Stehen und Betasten, Gebiss zeigen, Ablage in der Gruppe, Leinenführigkeit, Sitz aus der Bewegung, Kommen auf Befehl, Zurücksenden zum Platz und Bringen. In den Klassen I bis III werden schwierigere Aufgaben gestellt, beispielsweise Apport über die Hürde, Voraussenden in ein Viereck, Geruchsunterscheidung unter (maximal sechs) Gegenständen. So unterschiedlich die Leistungsstufen auch sind, immer stehen die natürlichen Bewegungen des Hundes, an denen er Spaß hat, im Vordergrund.

Rassehundeausstellungen

Rassehundeausstellungen sind die Schönheitskonkurrenzen der Hundewelt.

Theoretisch geht es dabei im Grunde auch gar nicht so kompliziert zu. Jede Hunderasse hat ihre eigenen Standards, was Idealgestalt und Wesenszüge angeht. Daran misst der Preisrichter alle teilnehmenden Tiere und kürt schließlich dasjenige zum Sieger, das dem Ideal am nächsten kommt. In der Praxis ist die Rassehundeausstellungswelt mit ihren zahllosen Kategorien und Unterkategorien und dem Fachjargon, der dort gesprochen wird, für den Neuling jedoch ziemlich unübersichtlich.

Um den Hundehaltern, die planen, mit ihrem Liebling an solchen Konkurrenzen teilzunehmen, beim Einstieg ein wenig behilflich zu sein, wurden in England eigens Clubs gegründet, die sich auf »Ringcraft« spezialisiert haben. Dort kann man erfahren, wie man sich am besten auf solche Ausstellungen vorbereitet und wie man den Hund so präsentiert, dass er einen möglichst guten Eindruck macht, wenn er dann schließlich in den Ring steigt.

Aber man kann auch mit kleinen lokalen Ausstellungen anfangen, bei denen die Aufnahmekriterien meistens nicht so streng, dafür aber die Leute etwas lockerer sind, und sich von dort aus allmählich hocharbeiten.

Naturtalente

Hunde haben großen Spaß daran, ihre vielseitigen natürlichen Talente unter Beweis zu stellen. Deshalb ist auch das Fährtenlesen so beliebt, bei dem es vor allem auf Geruchssinn und Orientierungsvermögen ankommt. Dabei werden Gegenstände versteckt, die der Hund aufzuspüren hat. Besonders erfolgreiche Tiere werden häufig weiter ausgebildet und später als Such- oder Rettungshunde eingesetzt. Ein anderes Beispiel: Neufundländer sind geborene Schwimmer. Für sie werden deshalb eigene Wettbewerbe organisiert, bei denen die Rettung von Menschen aus Seenot simuliert wird. Auch in dieser Disziplin können große Erfolge eine »berufliche Karriere« des Hundes initiieren.

Irrungen und Wirrungen

Für Hunde, die ihre Rolle in der Menschenwelt akzeptieren, können die mittleren Jahre eine rundum wunderschöne Zeit sein. Ganz anders sieht das allerdings bei Tieren aus, die sich nicht damit arrangiert haben.

Ein Hund, der fest von seiner Vormachtstellung innerhalb des Rudels überzeugt ist, gerät jetzt leicht völlig durcheinander. Er hat einfach schon viel zu lange die falschen Infos verinnerlicht. Ist er beispielsweise gewöhnt, jeden Morgen die Post zu zerfetzen, die der Briefträger bringt, hält er das jetzt für völlig normal und sagt sich: »Das mach' ich eben so.«

Bei einem älteren Hund mit einer voll ausgebildeten Persönlichkeit kann daher eine ganze Reihe von Verhaltensproblemen auftreten. Dabei gibt es einen feinen Unterschied zu den Schwierigkeiten in der Provokateursphase, als das Tier noch um die Vorherrschaft kämpfte. Denn jetzt ist der Hund der festen Überzeugung, obsiegt zu haben. Folglich hält er sich für den Anführer und ist total darauf fixiert, dieser Rolle gerecht zu werden. Und in dem Maße, in dem er daran scheitert, verhält er sich auf eine Art und Weise, die irgendwo zwischen Übertreibung und Exzentrik angesiedelt ist.

In dieser Phase nimmt das Verhalten des Hundes häufig zwanghafte Züge an: Er jagt seinem Schwanz nach, kaut an den Pfoten oder saust Motorrädern hinterher. Es mag auch sein, dass er Menschen von oben bis unten abschleckt, Besuchern nicht von der Seite weicht und wie besessen seine ganzen Spielsachen zusammenträgt und sie beschützt, als handele es sich um die Kronjuwelen.

Ebenso häufig halten die Hunde in dieser Phase aber auch die Schnauze, das heißt, nach außen hin wirken sie ganz ruhig und völlig beherrscht, im Grunde aber sind sie von der Aufgabe, einen Job verrichten zu müssen, für den sie hoffnungslos unterqualifiziert sind, vollkommen überfordert. Ein solcher Hund fühlt sich dann bald auf der ganzen Linie als Versager. Das ist das Spezielle an dieser Phase. Für den Halter mag das ein Albtraum sein, aber es ist mit Sicherheit auch für den Hund kein Zuckerschlecken.

Für alle diese Probleme gibt es nur eine einzige Lösung: strikte Anwendung der Prinzipien der Rudelführerschaft. Der Hund muss von der Überzeugung abgebracht werden, er sei für irgendetwas verantwortlich.

Mögliche Verhaltensprobleme

Hunde, die auch in dieser Phase noch glauben, der Chef zu sein, können sich auf ganz verschiedene Weise danebenbenehmen. Der eine legt übertriebene Schutzgebärden an den Tag und reagiert äußerst vehement, mitunter sogar mit großen Aggressionen, wenn er meint, dafür sorgen zu müssen, dass seinen »Kindern« nichts passiert und dass es ihnen gut geht. Ein anderer fühlt sich »überfordert«, weil die Verantwortung für das Rudel in einer Welt, die er nicht versteht, viel zu viel für ihn ist. Das kann zu Obsessionen führen, aber auch zu einer Art mentalem Zusammenbruch.

Von den folgenden typischen Problemen kenne ich die meisten aus eigener leidvoller Erfahrung:

Aggressionen

Manche Hunde haben auch noch in dieser Phase den Eindruck, Anführer des häuslichen Rudels sein zu müssen. In der Ausübung der verschiedenen Pflichten, die sie mit dieser Aufgabe verbinden, können sie sich ziemlich ungehörig aufführen. Insbesondere angesichts vermeintlicher Gefahr sind sie mitunter hyperaktiv und sehr aggressiv. Und zwar umso mehr, je stärker ihre Persönlichkeit ausgeprägt ist. Meistens konzentrieren sie ihr Augenmerk dabei ganz auf ein bestimmtes Problem, wie beispielsweise den Postboten oder das Telefon, und verhalten sich diesbezüglich geradezu zwanghaft.

Hunden, die sich in eine solche Lage hineinmanövriert haben, zu helfen ist gar nicht so einfach. Denn wenn Sie das Tier seiner imaginierten Verantwortung für das Rudel entbinden, entziehen Sie ihm zugleich auch einen Teil der Aufmerksamkeit, die er bislang von Ihnen gewöhnt war. Schme-

cken wird ihm das natürlich gar nicht, aber es führt kein Weg daran vorbei: Sie müssen das Tier an allen vier Fronten der Hundekommunikation unter Beschuss nehmen. Damit fangen Sie am besten an, wenn Sie sich nach einer Trennung wieder zusammenfinden.

In dieser Situation hat der Hund drei Möglichkeiten: Erstarrung, Flucht oder – im schlimmsten Fall – Angriff. Daher ist es gut möglich, dass er laut bellt, an Ihnen hochspringt oder Sie sogar beißt.

Insbesondere wenn es sich bei Ihrem Hund um eine sehr starke Persönlichkeit handelt, wäre es empfehlenswert, ihm vorab die Leine umzulegen. Und überlegen Sie auch, in welchem Zimmer (beziehungsweise Teil des Gartens) Sie ihn gegebenenfalls isolieren. Besteht auch nur die geringste Gefahr, dass er überreagieren und die Einrichtung auseinandernehmen könnte, räumen Sie das betreffende Zimmer am besten leer.

Attacke!: Ein Hund, der sich fälschlicherweise für den Chef im Ring hält, kann äußerst aggressiv werden.

Falls der Hund, wovon Sie ausgehen können, in irgendeiner Weise inadäquat reagiert, wenn er links liegen gelassen wird, nehmen Sie ihn sofort am Halsband und bringen ihn in die Sperrzone. Dieser Moment ist von größter Bedeutung. Der Hund ist es ja nicht gewöhnt, ignoriert oder gar vom Rudel ausgeschlossen zu werden. Daher ist die Botschaft, die Sie ihm damit vermitteln, von so großer Tragweite. Noch mehr Gewicht erhält sie, wenn Sie Ihre Führungsqualitäten auf allen vier Schlüsselgebieten zugleich unter Beweis stellen. Das heißt, Sie dürfen jetzt weder schreien noch das Tier anbrüllen und sich in keiner Weise echauffieren. Sprechen Sie den Hund nicht an. Nehmen Sie ihn überhaupt nicht zur Kenntnis. Treten Sie selbstsicher und bestimmt auf. Schließen Sie einfach die Tür hinter sich und geben Sie dem Tier Gelegenheit, das Signal, das er von Ihnen erhält, zu verarbeiten. Daraufhin geht er möglicherweise ab wie eine Rakete. Aber lassen Sie ihn ruhig alles tun, was er für richtig hält.

Früher oder später beruhigt er sich schon wieder. Diesen Moment dürfen Sie nicht verpassen, denn dann müssen Sie sofort zu ihm gehen. Etwa fünf Sekunden nachdem Ruhe eingetreten ist, öffnen Sie die Tür und lassen den Hund zu sich. Macht er dann gleich wieder Theater, verfrachten Sie ihn erneut in die Sperrzone, wo er bleibt, bis er ein weiteres Mal zu sich gekommen ist. Diesmal warten Sie dann ein bisschen länger, vielleicht zehn Sekunden, bevor Sie den Hund zu sich lassen. Macht er auch noch ein drittes Mal Theater, wiederholen Sie die Prozedur (mit derselben Wartezeit). Auf diese Weise fahren Sie so lange fort und belohnen ihn immer wieder damit, dass er zu Ihnen darf, bis er die Botschaft begriffen hat: Seinen Willen bekommt er nur, wenn er tut, was Sie wollen.

Leicht ist das nicht, aber es funktioniert. Jedes Mal, wenn Sie den Hund verbannen, müsste sein Protest eigentlich etwas kleinlauter werden. In diesem Fall dehnen Sie die Zeitspanne, in der Sie ihn warten lassen, während er ruhig ist, ein bisschen aus.

Sollte der Hund zum Beißen neigen, arbeiten Sie am besten mit der Leine, damit Sie ihn in sicherem Abstand dirigieren können. Ist er so aus dem Häuschen, dass Sie sich nicht trauen, ihn aus dem Zimmer herauszuführen, gehen Sie selbst weg. Die Wirkung ist fast die gleiche.

Auch das müssen Sie so lange wiederholen, bis sich der Hund geschlagen gibt und sich entspannt. Bleiben Sie dabei die ganze Zeit über stumm wie ein Fisch. Der Hund braucht seine Zeit, um begreifen zu können, was da eigentlich vorgeht. Das wäre ihm aber nicht möglich, wenn Sie mit ihm sprechen.

Am Rande des Nervenzusammenbruchs: Manche alten Hunde leiden extrem unter Trennungsangst.

Es kann ein hartes Stück Arbeit werden. Ich weiß von Hundehaltern, die die ganze Prozedur an die zwanzig Mal wiederholen mussten, kann jedoch gar nicht oft genug betonen, wie wichtig es ist, an diesem Punkt absolut standfest zu bleiben. Die Lektion, die Sie ihm da gerade versuchen beizubringen, revolutioniert das ganze Leben des Hundes. Wenn alles getan ist, hat er seinen Status innerhalb des Rudels vollkommen neu definiert.

Trennungsangst

Hunde können sehr in Aufregung geraten, wenn sie von ihrem Halter getrennt werden. Ich kenne solche, die in dem Moment, in dem

ihr Besitzer die Eingangstür hinter sich schließt, das ganze Haus auf den Kopf stellen. Bei manchen Leuten sind auch die Polstermöbel zerfetzt und dreckig und die Schränke ausgeräumt, wenn sie nach Hause kommen. Das kann richtig eskalieren. Manche Hunde setzen sich auch in den Kopf, ihrem Besitzer nachzueilen, und knabbern wie besessen an der Tür herum, durch die er das Haus oder die Wohnung verlassen hat. Dabei werden so viele schmerzunterdrückende Endorphine freigesetzt, dass sich der Hund sogar ernsthafte Verletzungen zufügen kann.

Mitunter treten solche Verhaltensweisen bereits zu einem früheren Zeitpunkt auf, in der Beschützerphase sind sie aber besonders weit verbreitet. Aus der Perspektive unserer vierbeinigen Freunde ist das auch keineswegs überraschend. Ein unangepasster Hund glaubt ja, er sei für das Wohl jedes einzelnen Rudelmitglieds verantwortlich. Wenn er mitbekommt, dass sein Besitzer weggeht, gerät er augenblicklich in Panik, genau wie ein Kind, dessen Mutter das Haus verlässt, ohne ihm zu sagen, wohin sie geht. Vom Standpunkt des Hundes aus betrachtet ist es daher nicht im Geringsten verwunderlich, dass er solche Angst bekommt.

Um dieses Problem zu beheben, müssen Sie den Hund wissen lassen, dass Sie als Anführer die Freiheit haben, zu kommen und zu gehen, wann immer Sie Lust haben. Auf seine Erlaubnis sind Sie dabei nicht angewiesen. Mehr noch: Als Anführer können Sie auch gut auf sich selbst aufpassen, wenn Sie nicht zu Hause sind. Der Hund braucht sich darüber nicht den Kopf zu zerbrechen.

Durch den Einsatz der vier Schlüsselelemente der Hundekommunikation nehmen Sie dem Hund seine Vormachtstellung und entlasten ihn. Zur Verstärkung können Sie auch die »Verlassensgeste« anwenden.

- Passen Sie einen Moment ab, in dem es im Haus relativ friedlich ist und sich auch der Hund nicht aufregt.
- Ziehen Sie sich dann die Schuhe und den Mantel an. Dabei soll Sie der Hund ruhig beobachten können.
- Verlassen Sie das Haus, wenn möglich jedoch nicht durch den Haupteingang.
- Eine Minute später kommen Sie zurück, diesmal allerdings durch die Haupttür.
- Wenn Sie wieder da sind, ignorieren Sie den Hund, damit er das Gefühl bekommt, dass das Ganze keine große Sache ist.

Wiederholen Sie dieses Prozedere möglichst oft und bleiben dabei jedes Mal eine Minute länger weg. Je häufiger der Hund Zeuge Ihrer Rückkunft wird, desto schneller begreift er die Botschaft.

Kampfplatz Futterstelle

In ihrem Beschützerverhalten konzentrieren sich die Hunde meistens auf ganz spezielle Bereiche des Alltagslebens, besonders gern auf alles, was mit dem Fressen zu tun hat. Gerade wenn sie häufig zwischendurch naschen dürfen oder ständig etwas Leckeres einfach so herumsteht, kommt es vor, dass sie lieber um den Napf Patrouille laufen als wirklich zu fressen. Was sie damit zum Ausdruck bringen wollen, ist: »Dieses Futter ist Symbol meines Status und nur ich bestimme, wer etwas bekommt und wann.« Sie sind so darauf fixiert, ihre Macht zu erhalten und sie nach Möglichkeit weiter auszubauen, dass sie keinerlei Lust verspüren, ihre Herrschaftsbasis aufzufressen.

Mancher Hund beißt oder schnappt aber auch, wenn es etwas zu fressen gibt. Die Angst, die sich dahinter verbirgt, ist klar: Der Besitzer könnte sich ja vor ihm bedienen. Hunde, die aus dem Tierheim kommen, verhalten sich häufig so, geraten völlig aus dem Häuschen und versuchen jeden in die Flucht zu schlagen, der es wagt, sich ihm beim Fressen zu nähern. Warum das so ist, lässt sich leicht erklären. Bevor sie gerettet wurden, waren solche Hunde oft dem Verhungern nahe. Und wenn sie nun etwas zu fressen bekommen, verteidigen sie ihr Futter bis aufs Blut und sehen in jedem eine Bedrohung, der es ihnen womöglich wegnehmen könnte.

Doch völlig unabhängig vom individuellen Hintergrund: Kein Hund darf sich anmaßen, die Kontrolle übers Fressen übernehmen zu wollen. Das obliegt ausschließlich dem Halter. Er allein entscheidet, wo und wann es etwas gibt. Der Hund muss immer an die folgenden Punkte erinnert werden:

- Futter ist nicht einfach so da, man muss es sich verdienen.
- Der Mensch, der ihm das Futter hinstellt, ist der Beschützer, den der Hund sucht und braucht.
- Beim Fressen sind bestimmte Benimmregeln zu befolgen.

Folgendes muss daher vermieden werden:

- Vermeiden Sie es, dem Hund einen Napf mit Futter zu überlassen.
- Sie sollten die Mahlzeiten immer auf einem Tisch oder einer Arbeitsfläche vorbereiten und nie auf dem Fußboden, damit sich der Hund nicht einmischen kann.
- Wenn er sich immer zu einer bestimmten Zeit an seinem Napf einfindet, um Sie damit unter Druck zu setzen, verändern Sie die Fressenszeiten. Sie dürfen unter keinen Umständen zulassen, dass der Hund bestimmt, wann es soweit ist.
- Falls das Tier übermäßig in Aufregung gerät, wenn Sie ihm sein Fressen zubereiten, verschieben Sie die Fütterung.
- Lässt der Hund seinen Napf stehen, nehmen Sie ihm sein Futter auf der Stelle weg und geben es ihm auch nicht zurück. Er muss lernen, dass er den Gang der Ereignisse in keiner Weise beeinflussen kann, und hat deshalb zu warten, bis es das nächste Mal etwas gibt.

Um dem Ganzen noch etwas mehr Nachdruck zu verleihen, praktizieren Sie die Essgebärde, damit er sieht, dass Sie sich bedienen, bevor Sie ihm seinen Napf auf den Boden stellen.

Geschäftsprobleme

Auf diesem Gebiet kommt es bei den wenigsten Hunden zu Problemen, was daran liegt, dass sie schon von Natur aus sauber sind und ihre Geschäfte draußen verrichten. Von diesem instinktgesteuerten Verhalten können Sie als Halter nur profitieren. Sie müssen lediglich die richtige Routine einführen und das Tier nach getaner Arbeit belohnen.

Da es im Leben aber bekanntlich nicht immer zugeht wie im Bilderbuch, treten bei der Reinlichkeitserziehung mitunter doch Probleme auf. Falls dieser Punkt allerdings immer noch vernachlässigt wird, wenn der Hund in seine neurotische Beschützerphase eintritt, können allerlei unerwünschte Verhaltensweisen die Folge sein.

Verantwortlich sind dafür häufig Versäumnisse in der entscheidenden

Duftmarken: Im Alter nehmen die Geschäftsgepflogenheiten mitunter zwanghafte Züge an.

Entwicklungsphase zwischen der dritten und achten Lebenswoche, in welcher der Welpe lernt, selbstständig sein Geschäft zu machen. Ernster ist das Problem, wenn es aus einer Fehleinschätzung des Hundes in Bezug auf seinen Status in der Rudelhierarchie resultiert. Denn da Hunde, die sich für den Boss halten und glauben, die volle Verantwortung zu haben, häufig ängstlich und nervös werden, neigen sie auch dazu, ihr Revier zu markieren oder die Kontrolle über ihre Körperfunktionen zu verlieren.

Diese Abwärtsspirale beschleunigt sich, sobald sie in die Beschützer-Phase eintreten, vor allem, wenn der Halter überreagiert und den Hund ausschimpft. Das macht alles nur noch viel schlimmer. Der Hund hält es ja schließlich für seine Aufgabe, das Rudel glücklich zu machen. Wenn er durch seine Geschäftsgebaren aber nur das Gegenteil erreicht und seine Menschen definitiv unglücklich macht, bleibt ihm unter Umständen nichts anderes übrig, als die Beweise seiner Missetaten zu vernichten.

Die Probleme, die in diesem Zusammenhang auftreten, können ganz unterschiedlicher Art sein:

Unvorhersehbares Kotablassen im Haus
Vertilgen der Exkremente
Durchfall
Benässen.

Derartige Geschäftsprobleme können für alle Beteiligten ziemlich unangenehm sein. Und es ist gewiss alles andere als erfreulich, wenn der Hund auf den Teppich oder aufs Sofa macht. Trotzdem dürfen Sie sich nichts anmerken lassen.

Am falschen Ort

Wenn Ihr Hund sein großes Geschäft im Haus verrichtet, ist das Wichtigste, ihn von seiner Rolle als Anführer zu befreien. Er muss das Gefühl verlieren, dass er die Verantwortung trägt. Dabei legt er auch gleich seine daraus resultierenden Ängste ab.

Darüber hinaus können Sie die Probleme jedoch auch verringern, indem Sie die Geschäftsgebaren des Hundes intensiver beobachten. Früh am Morgen sowie immer nach dem Fressen sollten Sie schauen, ob er einmal muss. Falls er sich beispielsweise mehrfach um die eigene Achse dreht, geben Sie ihm Gelegenheit, das draußen dafür vorgesehene Fleckchen aufzusuchen. Öffnen Sie die Tür in den Garten oder dergleichen. Falls er seinen Kot an einer falschen Stelle ablässt, zeigen Sie ihm nicht, dass Sie darüber verärgert sind, sondern putzen das Malheur einfach auf und tun so, als wäre nichts geschehen. Wenn Sie brüllen, sich aufregen oder den Hund gar, was das Allerschlechteste wäre, hochnehmen und ihn an die richtige Stelle tragen, machen Sie alles nur noch viel schlimmer.

Falls der Hund seine Geschäfte jedoch am richtigen Ort verrichtet, sollte er ein Leckerchen bekommen und als »guter Hund«, »sauberer Hund« gelobt werden. Denn mit solchen Verstärkungen erreichen Sie, dass er seine »Toilette« positiv besetzt.

Bewahren Sie Geduld und Ruhe, und bald wird er gar nicht mehr woanders hin wollen.

Verzehr der Exkremente

Falls der Hund seine Exkremente frisst, müssen Sie ihn ablenken und vom Ort des Geschehens wegführen. Das geht am besten, indem Sie ihn loben und mit einem Leckerchen belohnen, nachdem er sein Geschäft (am richtigen Ort) verrichtet hat, und ihn dann ins Haus bringen. Während er drinnen glücklich an seinem Leckerchen nagt, entsorgen Sie die Hinterlassenschaften.

Übrigens: Wenn Sie ein bisschen Ananas oder Zucchini unters Futter mischen, vergeht dem Hund der Appetit auf seine Exkremente. Aus irgendwelchen Gründen scheinen sie ihm dann nicht mehr zu schmecken.

Mit viel Geduld, vor allem aber auch Ruhe wird das Problem bald ganz behoben sein.

Aufruhr im Auto

Hierbei handelt es sich um ein weit verbreitetes Problem, das sowohl beim Hund als auch beim Halter für große Verwirrung sorgen kann. Manche Hunde regen sich im Auto sehr auf, zittern, keuchen oder schreien vor lauter Angst. Das ist für den Fahrer gefährlich und für den Hund alles andere als angenehm.

Prinzipiell können Probleme mit dem Autofahren jederzeit auftreten, besonders häufig ist dies aber in der Beschützer-Phase der Fall. Als Baby, Schützling und auch noch als Provokateur versucht der Hund ständig, seinen Platz in dieser Welt zu finden, und ist häufig hyperaktiv oder ängstlich, wenn er Neues entdeckt. Vergessen wir nicht: Für den Hund ist das Auto ein Bau auf Rädern, umso furchteinflößender, als es rundum verglast und für ihn daher von allen Seiten ungeschützt ist. In der Beschützer-Phase nun können Angst und Nervosität sogar noch zunehmen, weil der Hund ohnehin das Gefühl hat, die Kontrolle zu verlieren, und sich weder seiner selbst noch seiner Umgebung oder des Platzes, den er darin einnimmt, sicher ist. Also springt er wie verrückt im Wageninneren herum und bellt pausenlos. Das ist seine Art, ständig »Sind wir gleich da?« zu fragen.

Der Umgang mit diesem Problem ist nicht weiter kompliziert, erfordert allerdings große Konsequenz. Wie in allen diesen Fragen gilt es auch hier zunächst, die häuslichen Verhältnisse neu zu ordnen. Falls sich der Hund also für den Anführer des Rudels hält, muss er veranlasst werden, die Plätze mit Ihnen zu tauschen und sich mit einer untergeordneten Position zufriedenzugeben. Danach können Sie sich daran machen, die negativen Assoziationen, die der Hund mit dem Autofahren verbindet, aufzulösen und sie positiv zu verändern.

Das betrifft zunächst das Fahrzeug. Waschen Sie den Wagen und basteln Sie eine Weile daran herum. Ermutigen Sie den Hund, sich zu Ihnen zu gesellen. Lassen Sie die Türen offen und legen Sie ein paar Leckerchen ins Auto. Sobald sich der Hund mit dem stehenden Wagen arrangiert hat, können Sie einen Schritt weitergehen.

Vor der ersten Fahrt sollte der Hund bereits einige Male im Auto gesessen haben – bei geschlossenen Türen und laufendem Motor. Fällt seine Reaktion darauf anders aus, als Sie es sich wünschen, sagen Sie nichts und zeigen keine Reaktion. Bewahren Sie die Ruhe und tun Sie etwas, das so wirkt, als sei Ihnen das ganze Theater des Hundes völlig gleichgültig. Ziehen Sie sich die Lippen nach, spielen Sie am Radio herum oder schauen Sie in die Landkarte. Sobald sich der Hund wieder beruhigt hat, steigen Sie einfach aus.

Steht dann tatsächlich die erste Autofahrt bevor, ist es hilfreich, wenn zwei Leute im Wagen sitzen, am besten Ihr Begleiter am Steuer. Ihre Aufgabe besteht darin, den Kontakt mit dem Hund zu halten. Am besten legen Sie ihm Halsband mit Leine an und setzen sich neben ihn; befindet er sich in einem Transportkäfig hinten, nehmen Sie auf der Rückbank Platz und ziehen den Griff der Leine durch die Gitterstäbe. Sobald der Hund anfängt, sich aufzuregen, ziehen Sie ihn ganz ruhig näher an sich. Falls der Hund im Käfig sitzt, straffen Sie die Leine so, dass er mit der Halspartie an den Gitterstäben zu liegen kommt. Sprechen Sie ihn dabei nicht an. Sie wollen ihm ja beweisen, dass er aus einer Mücke einen Elefanten macht. Und das gelingt am besten, wenn Sie so tun, als wäre nichts. Ganz gelassen bleiben Sie auch noch, nachdem sich der Hund wieder beruhigt hat.

Versuchen Sie es auf der Fahrt so einzurichten, dass der Hund möglichst viele unterschiedliche Verkehrs- und Umgebungsverhältnisse miterlebt. Er muss sich davon überzeugen können, absolut keinen Grund zur Besorgnis zu haben. Auch nicht, wenn Sie an einem Lkw oder einem Bus vorbeifahren, durch die geschäftige Innenstadt düsen oder eine Landstraße am Rande einer Kuhweide wählen.

Hunde aus dem Tierheim

Es ist traurig, aber wahr. Gerade in dieser Lebensphase droht Hunden vielfach eine neue Gefahr: Sie werden ausgesetzt oder abgegeben.

Die Gründe dafür sind immer die gleichen. Der Welpe, der als knuddeliges, lustbetontes Butzelchen, das nichts anderes wollte als spielen, schlafen und fressen, ins Haus kam, ist zu einem ausgewachsenen Hund mit bedeutend höheren Ansprüchen geworden. Er braucht jetzt viel mehr Bewegung und Futter als in der Kindheit. Möglicherweise hat er auch einen sehr ausgeprägten Charakter, der den Besitzer vor schier unlösbare Probleme stellt. Und der kommt dann irgendwann nicht mehr mit der Situation zurecht und gibt das Tier weg.

Das ist im Grunde unverzeihlich. Aber tatsächlich gibt es in unseren Tierheimen überproportional viele ältere, ausgewachsene Hunde.

Und was noch viel trauriger ist: Nur die wenigsten Leute, die sich einen Hund zulegen möchten, finden den Weg ins Tierheim. Meistens denken sie, die Hunde dort seien in ihren Verhaltensweisen »eingefahren« und demzufolge »unerziehbar«.

Das stimmt aber einfach nicht. Vorausgesetzt, Sie sind bereit, Geduld

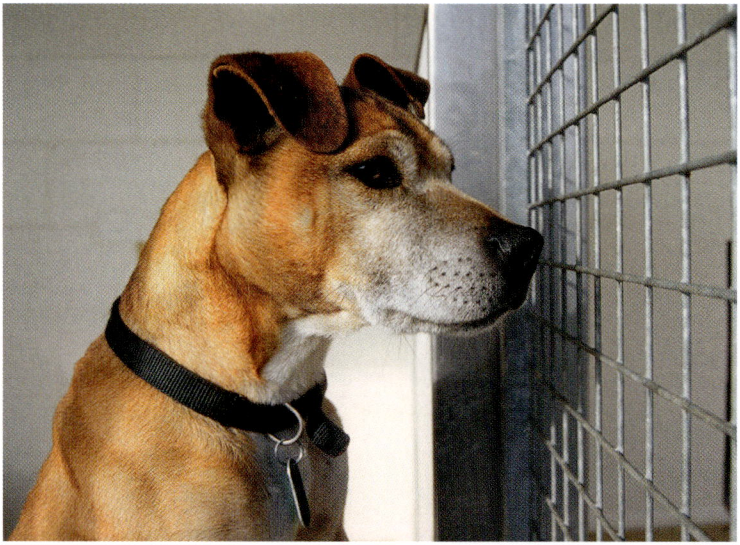

Traurig, aber wahr: Leider werden viele ausgewachsene Hunde ausgesetzt. Glücklicherweise gibt es wenigstens Tierheime.

und Ausdauer aufzubringen, kann ein Hund aus dem Tierheim ein genauso guter Begleiter sein wie jedes reinrassige Prachtexemplar vom Züchter – wenn nicht sogar ein besserer. Davon ganz abgesehen ist das Gefühl, einem misshandelten und benachteiligten Hund ein schönes Leben zu bieten, durch nichts zu übertreffen.

So kann es sehr schön werden

Gut erzogen wird ein Hund, den Sie aus dem Tierheim haben, selten sein. Wie denn auch? Schließlich ist er von seinem menschlichen Beschützer im Stich gelassen und womöglich sogar misshandelt worden. Wen wundert es da, wenn es ihm nicht leicht fällt, noch einmal einem Menschen zu vertrauen?

Trotzdem ist es sehr wohl möglich, aus solchen erbärmlichen Kreaturen glückliche, zufriedene Tiere zu machen. Durch konsequente Anwendung der vier Prinzipien der Rudelführerschaft – Verantwortung bei der Wiedervereinigung, beim Fressen, angesichts vermeintlicher Gefahr und beim Gassigehen – gewinnen Sie das Vertrauen eines solchen Hundes. Indem Sie ihm derart umfassende Sicherheit schenken, ermöglichen Sie es ihm, sich in

menschlicher Gesellschaft zu entspannen. Vielleicht sogar zum allerersten Mal in seinem Leben. Ein paar Punkte müssen Sie dabei jedoch beachten:

Lassen Sie dem Hund genügend Zeit

Auch Hunde sind Lebewesen mit Gefühlen. Und auch sie können sich nur im Rahmen ihrer Möglichkeiten entwickeln. Das dürfen wir nicht vergessen. Es kann also eine Weile dauern, bis der Hund in der Lage ist, seine natürlichen Ängste abzulegen und sich erneut mit der Menschenwelt zu arrangieren, die ihn doch schon einmal im Stich gelassen hat.

Bei einem solchen Hund hilft es manchmal, sich vorzustellen, er hätte ein Lerndefizit, vielleicht sogar ein ganz erhebliches. Natürlich lernt auch er – genau wie jeder andere –, es dauert aber ein bisschen länger. Und Sie brauchen vielleicht eine Extraportion Geduld und Verständnis.

Keine Überbewertung der Vergangenheit bitte

Viele Leute machen den Fehler, alles auf die Vergangenheit des Hundes zurückzuführen. Die jedoch können sie sich in den meisten Fällen nur zusammenreimen. Denn in der Regel kommen die Tiere ja ins Heim, ohne dass man viel über ihren Hintergrund weiß. Meistens kennt man nicht einmal die Gründe, warum sie abgegeben wurden.

Aber egal, ob Sie darüber nun Bescheid wissen oder nicht, es bringt sowieso nichts. Denn diese Hunde sind ja keine Versager, wie viele denken. Versagt haben nur die Menschen. Und das Beste, was Sie für einen Hund aus dem Tierheim tun können, ist, nicht auch zu versagen. Das geht aber nur, wenn Sie sich ganz auf die Zukunft konzentrieren und nicht ständig in der Vergangenheit herumwühlen.

Bringen Sie Verständnis auf

Besonders auf Ihr Verständnis angewiesen sind ängstliche Hunde, die weglaufen und sich verstecken, wenn ein Besucher kommt, und ihn nicht verbellen. Im Extremfall benässen sie sich sogar. In solchen Fällen kommt es darauf an, dass Sie den Hund vollkommen in Ruhe lassen. Er hat eben die Entscheidung getroffen, nicht zu erstarren und auch nicht anzugreifen, sondern zu fliehen. Und diese Möglichkeit dürfen Sie ihm nicht verbauen. Genau wie bei der Wiedervereinigung nach einer Trennung braucht er jetzt etwas Zeit, damit sich seine Nerven beruhigen können. Er muss sich schließlich davon überzeugen, dass ihm nicht jeder Mensch automatisch Schmerz zufügt. Er braucht Zeit und Raum, um heilen – und seinem eigenen Tempo gemäß lernen – zu können.

Es wird nicht lange dauern, bis sich der Hund nur noch selten aufregt, wenn ein Fremder das Haus betritt. Und mit ein bisschen Übung reicht schon bald ein einfaches Dankeschön, um alles wieder ins Lot zu bringen.

Wohlbefinden

Der Speck der mittleren Jahre

Die mittleren Jahre sollten für den Hund eine rundum schöne Zeit sein. Manche machen sie sich allerdings ein bisschen zu schön und nehmen ordentlich zu. Vorsicht also!

Wie es zu Übergewicht kommt, ist nicht schwer zu erklären. Hunde sind von Natur aus Vielfraße, die alles vertilgen, was sie finden können. Und in diesem Alter kennen sie ihr Umfeld – aber auch ihre menschlichen Kumpane – gut genug, um ganz genau zu wissen, wie, wo und wann sie etwas zu fressen abstauben können. Führt der Hund zudem ein eher gesetzteres Leben, nimmt er noch schneller zu. Mit fünf, sechs Jahren etwa, also gegen Ende dieser Phase, werden sein Tempo, seine Körperfunktionen und sein Grundumsatz langsamer. Dies hat zur Folge, dass die zugeführten Kalorien schlechter verbrannt werden. Dabei kann der Speck der mittleren Jahre nicht anders als bei uns Menschen auch beim Hund recht schnell ansetzen – und ähnliche gesundheitliche Risiken bergen.

Woran Sie erkennen, ob Ihr Hund Übergewicht hat

Übergewicht lässt sich bei älteren Hunden auch nicht schwerer feststellen als bei Welpen. Tasten Sie das Tier einfach mit den Händen ab. Falls Sie dabei unter viel Fett kaum die Rippen spüren, sollte der Hund am besten ein paar Pfund abnehmen.

So können Sie helfen: Diäten

Die Gewichtsreduktion beruht auf einer konzertierten Aktion dreier Parteien: Sie, Ihr Hund und der Tierarzt. Dieser legt das anzustrebende Gewicht fest, gibt Mengenempfehlungen und weiß, welche kalorienreduzierten Futtersorten sich bewährt haben. Richten Sie sich nach seinen Ratschlägen.

Wie lange der Hund auf Diät bleibt, hängt ganz von der »Schwere« des Problems ab. In der Regel dauert es jedoch zwischen acht und vierzehn Wochen, bis das Zielgewicht erreicht ist. Vielleicht stellt der Tierarzt auch ein Mehrschrittprogramm auf, bei dem der Hund in Etappen abnimmt.

Beherzigen Sie bitte die folgenden einfachen Regeln:

- Während der Diät sind alle Leckerchen und Zwischenmahlzeiten tabu.
- Verkleinern Sie die Portionen und verteilen Sie die Gesamtkalorienmenge auf bis zu vier Mahlzeiten.
- Stellen Sie den Hund mindestens einmal pro Woche auf die Waage und notieren sich sein Gewicht. Und zwar immer zur selben Tageszeit, am besten gleich früh am Morgen nach dem ersten Geschäft.
- Falls Sie weitere Hunde besitzen, sollte das Moppelchen auf Diät separat gefüttert werden, damit es sich nicht an fremden Näpfen bedient.
- Füttern Sie den Hund, bevor Sie selbst essen, und entfernen Sie ihn dann aus der Küche beziehungsweise dem Essensbereich, damit er gar nicht erst auf die Idee kommt zu betteln.
- Verschaffen Sie ihm mehr Bewegung, gestalten Sie die gemeinsamen Spiele nach und nach etwas lebendiger, und dehnen Sie auch Ihre Spaziergänge weiter aus.
- Achten Sie unterwegs darauf, dass sich der Hund nirgends aufhält, wo er sich leicht etwas zu fressen besorgen kann. Und zu Hause muss dafür gesorgt werden, dass die Abfall- und Mülleimerdeckel (im Innenbereich und draußen) immer fest geschlossen sind.
- Teilen Sie auch Ihren Freunden, Angehörigen und Nachbarn mit, dass der Hund Gewichtsprobleme hat. Vermeiden Sie, dass ihm Menschen, die es nur gut mit ihm meinen, zwischendurch etwas zustecken.
- Achten Sie darauf, dass dem Hund jederzeit ausreichend frisches Wasser zur Verfügung steht. Es hilft beim Abnehmen.

Wenn Fettleibigkeit zum Problem wird

Arthrose

Arthrose kann ganz verschiedene Ursachen haben: entzündliche Veränderungen, genetisch bedingte Gelenkstörungen wie eine Dysplasie, Überlastung oder auch Abnutzungserscheinungen. Die bei weitem häufigste Ursache ist jedoch Fettleibigkeit. Je mehr Gewicht der Hund auf die Waage bringt, desto mehr und unnatürlicher werden seine Knochen und Gelenke belastet.

Arthrose bedeutet, dass im betroffenen Gelenk immer mehr Knorpelgewebe zerstört und zunehmend knöchernes Material ausgebildet wird. In der Folge kommt es zu Schwellungen und Entzündungen.

Die Erkrankung geht mit heftigen Schmerzen und zunehmender Einschränkung des Bewegungsradius einher, wodurch sich das Problem weiter verschlimmert. Es ist wie ein Teufelskreis: Der Hund nimmt weiter zu, was wiederum die Belastung des Gelenkes erhöht. Ohne Therapie droht das Tier zum schmerzgeplagten Krüppel zu werden.

Früherkennung

Da Hunde stoische Geschöpfe sind, die sich Schmerzen und Beschwerden nicht so leicht anmerken lassen, ist Ihre Beobachtungsgabe gefragt. Schon jede plötzliche Gewichtszunahme sollte Sie stutzig machen. Oder auch wenn der Hund immer mehr schläft, weniger Interesse am Spielen zeigt und apathisch wirkt. Ein deutlicheres Alarmsignal ist es, wenn der Hund vorsichtiger auftritt, etwa beim Treppensteigen.

Behandlung

Sobald der Verdacht aufkommt, Ihr Hund könne an Arthrose leiden, stellen sie ihn schnellstmöglich dem Tierarzt vor, der aufgrund des Röntgenbefundes die Diagnose stellt. Normalerweise wird Arthrose mit entzündungshemmenden und schmerzlindernden Medikamenten behandelt. Ergänzend empfiehlt sich eine Reduktion des Körpergewichts.

Diabetes

Übergewichtige Hunde bekommen leicht Diabetes, unsere weiblichen Dickerchen sogar doppelt so häufig.

Die Krankheit entsteht, wenn der Organismus nicht mehr hinreichend in der Lage ist, Blutzucker abzubauen. Dafür ist normalerweise Insulin zuständig, ein Hormon, das in der Bauchspeicheldrüse gebildet wird und Zucker in Energie verwandelt. Bei Diabetes ist die Insulinproduktion herabgesetzt und der Blutzuckerspiegel steigt. Wird die Zuckerschwelle der Niere überschritten, scheidet der Körper über den Urin Zucker aus. Dadurch wird auch vermehrt Wasser ausgeschieden, das dem Organismus wieder zugeführt werden muss. Der Hund hat deshalb großen Durst. Und da der Zucker als Energielieferant ungenutzt bleibt, nimmt häufig auch der Hunger zu.

Die ersten Symptome sind Mattigkeit und eventuell auch Gewichtsverlust. Bleibt Diabetes unbehandelt, drohen Schädigungen der Nieren und des Sehvermögens (Grauer Star). Auch der Fettstoffwechsel kann in Mitleidenschaft gezogen werden.

An folgenden Symptomen können Sie erkennen, ob Ihr Hund an Diabetes leidet:

- Übermäßiger Durst
- Vermehrter Hunger
- Erhöhte Urinproduktion
- Müdigkeit
- Gewichtsverlust
- Zucker im Blut (vom Tierarzt testen lassen)

Bei jedem dieser Warnzeichen sollte der Hund schnellstmöglich dem Tierarzt vorgestellt werden, der die entsprechenden Blut- und Urintests durchführt.

Behandlung

Diabetes lässt sich unter Kontrolle bringen. Da die Krankheit aber unheilbar ist, muss sie ein Leben lang beobachtet werden. Der Hund wird von nun an täglich eine Insulinspritze benötigen. Darüber hinaus sollte ein detailliertes Ernährungs- und Bewegungsprogramm für ihn aufgestellt werden, um ein Abfallen des Blutzuckerspiegels zu verhindern. Der Urin muss regelmäßig kontrolliert werden. Ihnen als Halter verlangt Diabetes äußerste Wachsamkeit ab. Wenn nämlich der Insulinspiegel im Blut allzu sehr abfällt, kann es zu einer Unterzuckerung, der so genannten Hypoglykämie, kommen. Halten Sie für solche Fälle am besten immer etwas Süßes parat.

Überhitzung

Wenn es Hunden zu heiß wird, beginnen sie normalerweise zu hecheln. Sie schwitzen auch ein wenig, allerdings weniger durch die Haut als durch die Pfoten. Fettleibigkeit kann dazu führen, dass der Organismus nicht mehr so gut in der Lage ist, seine Temperatur zu regulieren. Überhitzung und schlimmstenfalls Hitzschlag können die Folge sein.

Pankreatitis

Pankreatitis ist eine entzündliche Erkrankung der Bauchspeicheldrüse, jenes Organs, in dem die meisten Enzyme produziert werden und das auch für die Aufspaltung und Verdauung der Nährstoffe zuständig ist.

Eine akute Pankreatitis ist extrem schmerzhaft und kann sogar Krebs hervorrufen. Fettleibigkeit ist mit Abstand die häufigste Ursache dieser Krankheit, von der Hündinnen besonders häufig betroffen sind.

»... Der letzte Akt, mit dem
Die seltsam wechselnde Geschichte schließt,
Ist zweite Kindheit, gänzliches Vergessen,
Ohn' Augen, ohne Zahn, Geschmack und alles ...«

DAS SIEBTE LEBENSALTER

Der Senior

Nach dem siebten Lebensjahr

Bei den Wölfen in der Wildnis

Im Leben der Wölfe ist ihre letzte Lebensphase auch die brutalste. Ihre ganze Existenz wird vom *survival of the fittest* bestimmt – bis zum Schluss.

Weil alles vom Überleben des Rudels abhängt, haben die Tiere einen sehr feinen Sinn für jedwede Schwäche in den eigenen Reihen entwickelt. Sobald sie spüren, dass irgendein Glied in ihrer Befehlskette – sei es der Alphawolf oder auch ein untergeordnetes Mitglied –, anfängt zu schwächeln, wird gehandelt, um nicht das ganze Rudel in Gefahr zu bringen.

Man braucht es gar nicht zu beschönigen, es ist schlicht und ergreifend mörderisch. Unblutige Umstürze kennen Wölfe nicht. Jedes Mitglied der Gemeinschaft, das aufgrund nachlassender Kräfte zu einem Risikofaktor wird, wird entweder vertrieben oder getötet.

Ein alter Krieger: Dieser betagte Wolf hat nicht mehr lange zu leben.

Überblick

In der letzten Phase seines Lebens fangen die Kräfte des Hundes an zu schwinden. Und in dem Maße, in dem seine Energien nachlassen, wird auch seine Lebensweise gemächlicher und gesetzter und seine Anfälligkeit für Krankheiten steigt. Auch mit seinen Sinnesleistungen geht es bergab, insbesondere werden das Seh- und das Hörvermögen schwächer. Krankheiten, die bei jüngeren, stärkeren Hunden keine große Sache sind, müssen jetzt ernster genommen werden. Hinzu kommen ganz neue Probleme – relativ belanglose wie schlechter Atem aufgrund von Zahnbeschwerden, aber auch möglicherweise lebensbedrohliche wie eine Krebserkrankung.

Der Alterungsprozess wirkt sich jedoch nicht nur körperlich aus, sondern auch psychisch. Der Hund merkt ja selbst, dass er sich verändert, und fühlt sich deshalb häufig schutzbedürftig und hat Angst. Manche Hunde werden in diesem Alter auch senil und sozusagen wieder zum Kind, was zu Schwierigkeiten mit Artgenossen führen kann.

Trotz alledem kann auch der Lebensabend noch eine schöne Zeit sein. Genau wie wir Menschen unsere Lebensweise ändern, um uns mit dem Alter zu arrangieren, kann auch der Hund die Probleme bewältigen – oder sie gar überwinden –, indem er sich in seinen täglichen Aktivitäten darauf einstellt.

Wie alt Ihr Hund werden kann – Lebenserwartung

Was das Traurigste im Leben eines Hundehalters ist: Kaum hat sich das Tier eingelebt, scheint es sich auch schon wieder auf den Abschied vorzubereiten.

Die durchschnittliche Lebenserwartung von Hunden beträgt – zumindest in Großbritannien – elf Jahre. Von Rasse zu Rasse unterscheidet sie sich jedoch erheblich. Grundsätzlich kann man sagen, dass die kleineren Rassen in der Regel länger leben als die großen. So können etwa Pudel oder Chihuahuas doppelt so alt werden wie Bulldoggen oder Irische Wolfshunde, die im Schnitt nur eine Lebenserwartung von sieben Jahren haben. Auch Rassen, in denen sich die Zuchtwünsche des Menschen besonders deutlich niederschlagen, sterben in der Regel relativ früh.

Daher ist das Alter, in dem das »Alter« beginnt, sehr unterschiedlich. Große Hunde mit einer Lebenserwartung von sieben Jahren sind bereits mit sechs betagt. Andere wiederum stehen noch in der Blüte ihrer Jahre, wenn sie bereits den zehnten Geburtstag hinter sich haben.

Die verschiedenen Hunderassen

1999 veröffentlichte *Veterinary Record,* die Verbandszeitschrift der *British Veterinary Association,* eine Studie, die sehr interessante Fakten enthält. Demzufolge leben Promenadenmischungen im Schnitt länger als die meisten reinrassigen Exemplare, und nur acht Prozent aller Hunde werden älter als fünfzehn Jahre. Vierundsechzig Prozent von ihnen erliegen einer Krankheit oder müssen aufgrund eines schweren Leidens eingeschläfert werden. An Krebs sterben sechzehn Prozent aller Hunde und fünfundzwanzig Prozent an Herzerkrankungen.

Der folgenden Aufstellung können Sie die durchschnittliche Lebenserwartung der beliebtesten Hunderassen entnehmen:

Afghane **12,0**
Airdale-Terrier **11,2**
Basset **12,8**
Beagle **13,3**
Bearded Collie **12,3**
Bedlington Terrier **14, 3**
Berner Sennenhund **7,0**
Bobtail **11,8**
Border Collie **13,0**
Border Terrier **13,8**
Boxer **10,4**
Bulldogge **6,7**
Bullmastiff **8,6**
Cairn-Terrier **13,2**
Cavalier King Charles Spaniel **10,7**
Chow-Chow **13,5**
Cockerspaniel **12,5**
Collie **13,0**
Collie Kurzhaar **12,2**
Corgie **11,3**
Dackel **12,2**
Dalmatiner **13,0**
Deutsche Dogge **8,4**
Deutscher Kurzhaariger Vorstehhund **12,3**
Deutscher Schäferhund **10,3**
Dobermann Pinscher **9,8**
Drahthaarfox **13,0**
English Cocker Spaniel **11,8**
English Springer Spaniel **13,0**
English Toy Spaniel **10,1**
Flat-Coated Retriever **9,5**
Golden Retriever **12,0**
Gordon Setter **11,3**
Irish Red and White Setter **12,9**
Irish Setter **11,8**
Irischer Wolfshund **6,2**
Jack Russell Terrier **13,6**
Labrador Retriever **12,6**
Lurcher **12,6**
Mischlinge **13,2**
Norfolk Terrier **10,0**
Rhodesian Ridgeback **9,1**
Rottweiler **9,8**
Pekinese **13,3**
Samojede **11,0**
Schottischer Hirschhund **9,5**
Scotchterrier **12,0**
Shetland Sheepdog **13,3**
Shih Tzu **13,4**
Staffordshire Bullterrier **10,0**
Standardpudel **12,0**

Tibet-Terrier **14,3**
Toy-Pudel **14,4**
Vizsla **12,5**
Weimaraner **10,0**
Welsh Springer Spaniel **11,5**
West Highland White Terrier **12,8**
Whippet **14,3**
Windhund **13,2**
Yorkshire Terrier **12,8**
Zwergdackel **14,4**
Zwergpudel **14,8**

Nach menschlichen Begriffen – Größe und Lebenserwartung

Das Alter – emotional gesehen

Wölfe in der Wildnis kennen keinen Ruhestand. Für sie ist ein altes oder schwächliches Tier Überschussware, die entsorgt oder abgeschoben wird. Auf unseren Haushund trifft das natürlich nicht zu. Trotzdem weiß er instinktiv, dass er jetzt allmählich auf unbekanntes Terrain vordringt. Er spürt, dass seine Kräfte schwinden, und fühlt sich wehrlos ausgeliefert. Und je mehr er sich seiner zunehmenden Schwäche bewusst wird, desto bissiger, reizbarer und insgesamt schwieriger kann er werden.

Dies trifft generell für alle Hunde dieser Altersklasse zu, besonders gefährlich ist es jedoch, wenn sich das Tier immer noch für den Anführer sei-

Es ist nie zu spät: Auch in hohem Alter können sich Hunde der schönen Dinge im Leben noch erfreuen.

nes Rudels hält. In der Beschützer-Phase kannte er keinerlei Selbstzweifel und fühlte sich, genau wie der Alphawolf in der Wildnis, praktisch unbesiegbar und unanfechtbar. Sind nun aber seine letzten Jahre gekommen, muss er realisieren, dass er seiner Aufgabe nicht mehr gewachsen ist. Dann nimmt seine Unsicherheit zu und er verhält sich bedeutend defensiver als früher.

Seinen Job hat er noch, er ist ihm aber nicht mehr gewachsen. Das verwirrt den Hund, solange er noch sehr jung ist. In der Blüte seiner Jahre wird dies problematisch. Und wenn er aber alt wird, kann ihn die Verantwortung, die er sich aufgeladen hat, richtiggehend in Panik versetzen.

GEWICHT UND ALTER – EINE ÜBERSICHT

	1–10 kg	10–25 kg	25–40 kg	40 kg+
5 Jahre	36	37	40	42
6 Jahre	40	42	45	49
7 Jahre	44	47	50	56
8 Jahre	48	51	55	64
9 Jahre	52	56	61	71
10 Jahre	56	60	66	78
11 Jahre	60	65	72	86
12 Jahre	64	69	77	93
13 Jahre	68	74	82	101
14 Jahre	72	78	88	108
15 Jahre	76	83	93	115

Da die durchschnittliche Lebenserwartung bei kleinen und großen Rassen sehr unterschiedlich ist, müssen sich zwei gleichaltrige Hunde nicht unbedingt in derselben Lebensphase befinden. Die nebenstehende Tabelle verdeutlicht die möglichen Unterschiede.

Die vier Schlüsselelemente der Hundekommunikation einzuführen bringt auch in diesem fortgeschrittenen Alter noch etwas. Denn wenn man das Tier von der irrigen Vorstellung, es sei der Anführer des Rudels, befreit, werden die Jahre, die ihm noch bleiben, bedeutend stressfreier. Dabei müssen Sie jedoch mit großem Fingerspitzengefühl vorgehen.

Reaktionen anderer Hunde

Beim Spazierengehen

Besondere Umsicht verlangt Ihnen der Kontakt Ihres Hundes mit Artgenossen ab, da sie genau wie ihre wölfischen Vorfahren jegliche Schwäche instinktsicher aufspüren und keinerlei Verständnis für Defizite haben, sondern alles tun, um sie für sich zu nutzen. Daher neigen jüngere Tiere beim Spazierengehen häufig dazu, aggressiv auf einen älteren Recken zuzugehen, insbesondere, wenn sie irgendeine Schwäche an ihm bemerken, wenn er etwa hinkt, senil wirkt oder schlecht sieht. In der Hundewelt ist Achtung vor dem Alter ein Fremdwort. Daher müssen Sie genau überlegen, wo Sie mit Ihrem Senior Gassi gehen. Wählen Sie möglichst keine Orte, an denen sich viele andere Hunde aufhalten. Falls sich das jedoch nicht vermeiden lässt, sollten Sie Ihren Schützling nicht frei herumlaufen lassen, sondern ihn lieber an einer langen Leine führen, damit Sie die Kontrolle behalten.

Sollte es doch einmal zu einer Konfrontation mit einem anderen Hund kommen, gilt es für Sie, absolute Ruhe zu bewahren und sich nicht einzumischen. Es kann sein, dass Ihr Hund jetzt eher zum Kämpfen aufgelegt ist als früher. Da das verheerende Konsequenzen haben kann, müssen Sie Ihren Hund sofort entfernen, nötigenfalls auch hochnehmen.

Zu Hause

Falls Sie nicht nur den einen Hund haben, können bei Ihnen zu Hause natürlich dieselben Probleme auftreten. Letzten Endes werden Sie nicht verhindern können, dass der jüngere Hund auf den älteren und schwächeren losgeht. Das Einzige, was Sie tun können, ist, sich gedanklich darauf vorzubereiten und entsprechend zu handeln.

Wenn Ihr Hund, sagen wir, acht oder neun Jahre alt ist, sollten sie ihn nie mehr mit jüngeren Artgenossen allein lassen. Und sobald eines der Tiere anfängt, aggressiv zu werden, also etwa das andere anrempelt, knurrt oder zuschnappt, müssen Sie die beiden Kampfhähne sofort trennen und den Aggressor wegschaffen.

Auch in Bezug auf das Schlafen und das Fressen müssen die Verhältnisse neu geordnet werden. Gerade zu den Fütterungszeiten kann es richtig zur Sache gehen. Um den häuslichen Frieden nicht zu gefährden, empfiehlt es sich daher, den Hunden nacheinander etwas zu fressen zu geben oder sie nicht im selben Raum zu füttern.

In Würde alt werden – die Pflege Ihres Seniors

Genau wie Ihr Hund als Welpe gewisse Ansprüche an ein friedliches, glückliches Umfeld stellte, hat auch der Senior seine spezifischen Bedürfnisse. Wenn Sie diese befriedigen, helfen Sie ihm, ein komfortables – und längeres – Leben zu führen.

Geduld

Mit dem Alter beginnt der physische Verfall. Die Körperfunktionen lassen nach, alles wird langsamer – auch der Hund selbst.

Er ist jetzt ganz auf Ihr Verständnis angewiesen. Er hat nicht mehr die schier unerschöpflichen Energien von früher und braucht heute viel mehr Ruhe. Vor allem aber benötigt er Ihre Geduld. Dabei kommt es insbesondere auf folgende zwei Dinge an:

- **Lassen Sie dem Hund für alles mehr Zeit. Spaziergänge, Fressen, Geschäftemachen: all das dauert jetzt etwas länger. Das müssen Sie berücksichtigen.**
- **Gehen Sie davon aus, dass Ihr Hund jetzt nicht mehr so schnell reagiert. Auch sein Leistungsvermögen lässt nach. Es ist keineswegs so, dass er nur noch hört, was er hören will. Nein, sein Gehör ist tatsächlich schlechter geworden.**

Bequemlichkeit

In dem Maße, in dem sich das ganze Leben des Hundes verlangsamt, verändern sich auch seine Gepflogenheiten im Alltag. Da er längst nicht mehr so mobil ist wie früher, wird er jetzt häufiger einfach herumliegen und dösen. Achten Sie darauf, dass sein Lieblingsplatz immer tipptopp ist: nicht zu kühl, nicht feucht oder zugig und auch dem Sonnenlicht nicht allzu lang ausgesetzt. Der Hund muss sein Fleckchen jederzeit völlig unkompliziert erreichen können, bei Tag und in der Nacht. Daher sollte es auch gut gepolstert sein. Für die alten Knochen ist es eine Qual, längere Zeit auf einer harten, starren Oberfläche liegen zu müssen. An vorstehenden Knochenpartien wie den Ellbogen und Sprunggelenken kommt es schnell zur Bildung von Hornhaut, die im Laufe der Zeit zu Geschwüren degenerieren oder sich entzünden kann.

Alltagsroutine

Der Verfall, der im Alter einsetzt, ist aber nicht nur körperlicher, sondern auch geistiger Natur. Natürlich stellt es sich von Fall zu Fall immer ein wenig anders dar, aber generell kann man sagen, dass jetzt alle Hunde leichter die Orientierung verlieren als früher. Jede größere Veränderung, sei es nun, dass Sie die Wohnung umräumen, neue Gesichter auftauchen, aber auch eine Nahrungsumstellung oder andere Routen beim Spazierengehen, kann dem Hund jetzt schwer zusetzen. Tun Sie daher Ihr Möglichstes, seine Alltagsroutine beizubehalten. Lassen Sie ihn auch nicht mehr längere Zeit allein. Die damit verbundene Aufregung könnte zu viel für ihn werden.

Gesellschaft

Wenn der Hund so unübersehbar alt wird, kommt schon einmal der Gedanke, sich einen zweiten anzuschaffen. Doch auch dieser Schritt will sorgfältig erwogen werden. Viele Hunde reagieren positiv, wenn ein Welpe ins Haus kommt. Genau wie ein Enkelkind die Großeltern noch einmal zu neuer Lebensfreude zurückfinden lässt, vermag auch ein lebhafter Welpe frischen Wind ins Dasein eines alten Hundes zu bringen. Und diese Beziehung muss keineswegs einseitig sein. Im Gegensatz zu ausgewachsenen Hunden, die die Schwächen des Seniors erkennen und schamlos ausnutzen, sieht der Welpe in seinem betagten Artgenossen eher einen weisen älteren Begleiter und behandelt ihn wie einen liebenswerten Opa.

Aber so funktioniert es leider nicht immer. Ein neuer Hund kann auch genau den gegenteiligen Effekt haben. Falls Sie also mit dem Gedanken spielen, sich einen Welpen anzuschaffen, sollten Sie ihn vorher unbedingt Ihrem Senior vorstellen, am besten auf neutralem Gebiet oder im häuslichen Bereich des Kleinen. Die beiden Tiere sollten sich aneinander gewöhnen können. Und wenn sie sich partout nicht verstehen und es gar zu Gewalttätigkeiten kommt, sollten Sie Ihre Pläne besser noch einmal überdenken. Denn mit zunehmendem Alter werden Hunde in der Regel eher noch ängstlicher, launischer und sind mehr auf Konfrontationen aus als in jüngeren Jahren. Unter solchen Umständen kann die Anschaffung eines neuen Hundes mehr Probleme schaffen, als Ihnen lieb ist. Vielleicht verschieben Sie Ihr Vorhaben noch ein bisschen.

Bewegung

Eins ist so sicher wie das Amen in der Kirche: Mit zunehmendem Alter lassen die Aktivitäten des Hundes nach. Während er früher beim Gassigehen

quietschfidel vor Ihnen herumrannte, ist er jetzt schon froh, wenn er ganz ruhig an Ihrer Seite gehen kann. Und hätte er vor Jahren noch am liebsten stundenlang mit dem Bällchen getobt, interessiert ihn Spielzeug jetzt nicht mehr besonders.

Trotzdem ist genügend Bewegung auch in dieser Phase noch sehr wichtig. Der Hund muss sowohl körperlich als auch geistig fit bleiben und vor allem etwas für seinen Kopf tun können. Denn in diesem Alter ist Senilität ein echtes Thema. Und es hat sich erwiesen, dass Aktivitäten, die den Hund geistig fordern, diesen mentalen Verfall aufhalten können.

Dafür wird heute spezielles Spielzeug angeboten, das zugleich dem Nachlassen der körperlichen Kräfte des Hundes Rechnung trägt, zum Beispiel Bällchen und ähnliche Dinge, in denen Sie ein Leckerchen verstecken können. Der Hund muss dann herausfinden, wie er an das Häppchen herankommt. Für Tiere, deren Gesichts- oder Hörsinn schon sehr nachgelassen hat, empfehlen sich Bälle, die leuchten beziehungsweise ein Geräusch erzeugen, wenn sie geworfen oder auf dem Boden herumgerollt werden.

Ernährung – altersgemäß füttern

Die Ernährungsbedürfnisse des Hundes ändern sich mit dem Alter erheblich. Das Wichtigste dabei ist wohl, dass sich mit der geringer werdenden Bewegung der gesamte Stoffwechsel verlangsamt. Das heißt, die erforderliche Kalorienmenge sinkt drastisch, in der Regel um bis zu zwanzig Prozent. Die richtigen Nährstoffe in ausgeglichenen Mengenverhältnissen braucht der Hund aber immer noch, um gesund zu bleiben.

Wie Sie ihn am besten ernähren, hängt auch von seiner körperlichen Verfassung ab. Da seine Zähne nicht mehr so kräftig sind, um an Knochen oder fertigen Knusperbröckchen zu knabbern, muss das Futter jetzt sehr viel weicher sein als früher. Möglicherweise bekommt es der Hund auch mit Verdauungsschwierigkeiten zu tun. Falls Sie ihn bislang nach den Grundsätzen der BARF-Diät gefüttert haben, sollten Sie seine Nahrung jetzt vielleicht besser umstellen.

Generell kommt es darauf an, das Futter den veränderten Bedürfnissen des betagten Hundes anzupassen. Glücklicherweise haben sich die großen Hundefuttermittelproduzenten darauf eingestellt und nach eingehenden Forschungen spezielle Seniorennahrung auf den Markt gebracht. Informationen über alternative Ernährungsweisen erhalten Sie auch bei Tierschutzorganisationen.

Übergewicht und Magerkeit

Im Alter sind viele Hunde zu dick, mehr aber noch leiden an Untergewicht. Nach einer britischen Studie sind nur fünf Prozent aller Hunde im Alter von zwölf Jahren übergewichtig, zwölf Prozent bringen jedoch zu wenig auf die Waage. Wie es um Ihren Liebling steht, können Sie leicht feststellen. Wenn Sie das Tier abtasten und die Rippen kaum zu spüren sind, muss es abnehmen. Stehen die Rippen jedoch vor oder können Sie sie (bei Kurzhaarrassen) sogar mit bloßem Auge erkennen, sollte es ein paar Pfund zulegen.

Spaß am Fressen

Ältere Hunde leiden häufig unter Appetitlosigkeit. Aus dem gierigen Vielfraß, der alles verschlang, was Sie ihm vorgesetzt haben, ist ein mäkeliger Esser geworden, der sich kaum die Mühe macht, seinen Napf auszulecken. Trotzdem ist der Hund mehr denn je auf gutes Futter angewiesen. Hier ein paar Tricks, wie Sie Ihren alten Freund zum Fressen verleiten können:

- **Geben Sie ihm nur wohlschmeckendes, leicht verdauliches Futter.**
- **Falls er ein bestimmtes Lieblingsfutter hat, können Sie es ihm bedenkenlos auch sehr, sehr häufig vorsetzen.**
- **Verkleinern Sie die Portionen, füttern dafür lieber häufiger (bis zu viermal am Tag).**
- **Erwärmen Sie das Futter auf Körpertemperatur.**
- **Achten Sie darauf, dass der Senior bei der Nahrungsaufnahme nicht gestört wird. Falls Sie noch andere Hunde haben, sollten Sie es so einrichten, dass er separat fressen kann.**

Besondere Bedürfnisse

Für bestimmte Krankheiten und gesundheitliche Störungen gibt es ganz spezielle Diäten. Bevor Sie sich aber für eine entscheiden, sollten Sie immer den Tierarzt befragen. Hier einige Beispiele:

- Nierenkrankheiten: phosphorarm, reich an Ballaststoffen
- Zur Vorbeugung von Herzkrankheiten: natriumarm
- Darmerkrankungen: ausgewogene, ballaststoffreiche Ernährung
- Zur Vorbeugung gegen Blasensteine: mineral- bzw. proteinarm
- Zur Gewichtsabnahme: kalorienreduziert
- Diabetes: ballaststoffreich
- Zur Unterstützung bei Krebsbehandlungen: fettreich, kohlenhydratarm
- Hautkrankheiten: ausgewogen, reich an Fettsäuren
- Nach Operationen und zur Gewichtszunahme: kalorienreich.

Der Tierarzt – bester Freund des alten Hundes

In dieser Lebensphase Ihres Hundes sehen Sie den Tierarzt wahrscheinlich häufiger als Ihnen lieb ist. Da aber möglicherweise das Leben Ihres Lieblings von diesen Besuchen abhängt, kann ich gar nicht oft genug betonen, wie wichtig sie sind.

Sie werden aus verschiedenen Gründen zum Tierarzt gehen müssen. Gerade in dieser Lebensphase sind rechtzeitige Auffrischungsimpfungen ganz wichtig. Denn mit zunehmendem Alter wird die Immunabwehr immer schwächer, das heißt, dem Organismus fällt es zunehmend schwer, Infektionen und Krankheitserreger zu bezwingen. Natürlich werden aber auch allgemeine Vorsorgeuntersuchungen erforderlich. Dabei checkt der Tierarzt die wichtigsten Organe ab, Haut, Herz, Nieren und Leber. Gleichzeitig kann er eventuelle Knötchen oder Verschleißerscheinungen erkennen und den Zustand von Maul und Gebiss begutachten. Bestimmte Gesundheitsstörungen (etwa der Nieren) lassen sich im Harn nachweisen. Daher wäre es vielleicht keine schlechte Idee, immer, wenn es zum Tierarzt geht, eine Urinprobe mitzunehmen. Verwenden Sie dafür ein sauberes, trockenes Gefäß mit fest verschließbarem Deckel, zum Beispiel ein Marmeladenglas.

Ferner wird der Tierarzt Ihren Hund wiegen und Ihnen gegebenenfalls passende Ernährungstipps geben. Nicht zuletzt informiert er Sie darüber, wie oft Sie ihm das Tier in Zukunft vorstellen sollen, welche Probleme bei der

Rasse, der es angehört, besonders häufig auftreten – und wie Sie sie frühzeitig erkennen.

Immer wieder den Tierarzt aufsuchen zu müssen, empfinden Sie möglicherweise als lästig. Denken Sie aber daran: Für den Hund sind diese Kontrolluntersuchungen lebenswichtig.

Fellpflege

Fellpflege ist immer wichtig, in dieser Lebensphase aber ein absolutes Muss.

Zunächst einmal tut sie dem Hund schlicht und ergreifend gut. Bürsten unterstützt die Blutzirkulation, glättet das Haarkleid und bringt es zum Glänzen, so dass sich der Hund hinterher rundum wohl fühlt. Zugleich haben Sie bei der Fellpflege aber immer auch die Möglichkeit, eventuelle Anzeichen altersbedingter Gesundheitsbeschwerden oder Krankheiten in einem frühen Stadium zu entdecken. Wenn Sie sorgfältig vorgehen und die Ratschläge Ihres Tierarztes beherzigen, können Sie dem Hund damit einige Probleme ersparen.

Helfende Hände: Wenn der Hund in die Jahre kommt, sind regelmäßige Gesundheitschecks bei der Fellpflege wichtiger denn je.

Worauf Sie achten müssen

Viele Alterserscheinungen lassen sich schon bei oberflächlicher Betrachtung erkennen. Wie bei uns Menschen können die Haare auch bei Hunden austrocknen, ergrauen und ihren jugendlichen Schimmer verlieren. Häufig wird auch der Bauch schlaffer. Das Tier bewegt sich steifer und schwerfälliger. Eine gewisse Lethargie macht sich breit. Doch die größten gesundheitlichen Gefahren liegen tiefer, was die regelmäßige Pflege nur noch wichtiger werden lässt. Beispielsweise sollten Sie den Hund im Alter häufiger baden, denn dabei lassen sich viele eventuelle Probleme, vor allem der Haut, rechtzeitig erkennen.

Die Körperpartien, auf die Sie besonderes Augenmerk richten sollten, sind im Grunde dieselben wie früher auch: vor allem Haut, Ohren, Augen und Zähne.

Einiges kommt jedoch hinzu:

Haut und Fell

Im Alter wird die Haut dünner und verliert an Elastizität. Auch glänzt das Fell jetzt weniger und wird ungleichmäßiger. Zudem ist der Hund nicht mehr so stolz auf sich wie früher. Das heißt, er fängt an, sich zu vernachlässigen. Dies kann allerdings auch damit zusammenhängen, dass seine Gelenke steifer werden und ihm jede Bewegung schwerer fällt.

Im Alter steigern die für die Gesunderhaltung der Haut zuständigen Talgdrüsen ihre Produktion. Dies führt nun jedoch nicht zu mehr Schönheit und Glanz, sondern ganz im Gegenteil: zu fettiger oder schuppiger Haut. Daraus resultiert auch jener ganz besondere Geruch, den wir meinen, wenn wir »nach Hund riechen« sagen. Bei einigen Rassen, zum Beispiel beim Cockerspaniel, kommt dieses Phänomen besonders häufig vor. Und wenn es denn schon generell empfehlenswert ist, alte Hunde öfter zu baden, ist es in solchen Fällen unabdingbar.

Achten Sie bei der Fellpflege besonders auf Anzeichen eventueller Hautinfektionen. Auch das Immunsystem wird schwächer. Während es in jungen Jahren ein Bollwerk gegen Bakterien und Viren darstellt, ist es bei betagten Hunden ist nicht mehr so stark. Die Folge sind vermehrte Infektionen, von denen in erster Linie die Haut betroffen ist.

Maul und Gebiss

Wie gesagt, im Alter lässt die Abwehrkraft nach. Da die meisten äußerlich wirkenden aktiven Erreger das Maul und das Gebiss des Hundes im Visier haben, kommt es an diesen Körperstellen auch besonders häufig zu Infektionen.

Symptome

Sichtbare Alterserscheinungen wie Verfärbungen der Zähne oder Zahnsteinbildung lassen sich bei der Pflege leicht erkennen. Doch nicht alle liegen so deutlich auf der Hand. Deshalb sollten Sie auch auf Folgendes achten:

Fressverhalten

Frisst der Hund langsamer und vorsichtiger als sonst oder schüttelt dabei ständig das Maul, so deutet dies auf Beschwerden hin. Falls Sie keinen Fremdkörper entdecken, sollten Sie besser den Tierarzt konsultieren.

Sabbern

Bernhardiner und andere Hunderassen mit lockerer Unterlippe produzieren von Natur aus besonders viel Speichel. Bei den meisten anderen aber weist »Hypersalivation«, wie das Sabbern in der Fachsprache heißt, darauf hin, dass etwas nicht in Ordnung ist, sich der Hund vielleicht erbrechen muss oder einen Fremdkörper im Maul hat. Aber auch verschiedene Erkrankungen des Zahnfleischs beziehungsweise des Mauls können dazu führen, dass der Hund sabbert.

Kieferprobleme

Grund zur Besorgnis besteht auch, wenn der Hund Schwierigkeiten beim Öffnen des Mauls hat. Mögliche Ursachen sind Kopf-, Nacken- oder Kieferprobleme, aber auch ein möglicher Abszess oder ein Fremdkörper im Maul.

Schlechter Atem

Übler Maulgeruch deutet meistens darauf hin, dass etwas im Argen liegt, und zwar gar nicht unbedingt im Bereich des Mauls. Es kann sich auch um Magenprobleme handeln oder um eine Erkrankung der Nieren, wie etwa Harnvergiftung. In diesen Fällen kommen allerdings oft noch andere Symptome hinzu, beispielsweise übermäßiger Durst, Gewichtsverlust, Appetitlosigkeit, Trägheit, Erbrechen oder Durchfall. Suchen Sie in diesen Fällen sofort mit dem Hund den Tierarzt auf.

Wohlbefinden

Gesundheitsprobleme

Viele Leute gehen mit ihrem Hund, wenn er alt wird, absichtlich nicht regelmäßig zum Tierarzt. Zum Teil kann ich das sogar verstehen. Sie haben Angst, es könnte das letzte Mal sein, fürchten, dass der Arzt etwas Ernstes findet und empfiehlt, das Tier sofort einzuschläfern. In Wirklichkeit kommt das aber so gut wie nie vor. Es ist eher umgekehrt: Gerade wenn man dem Hund ein langes Leben wünscht, sind regelmäßige Tierarztbesuche jetzt wichtiger denn je.

Mindestens zweimal pro Jahr. Das entbindet den Halter aber nicht von der Pflicht, die Gesundheit des Hundes weiterhin genau im Auge zu behalten, um gegebenenfalls schnell reagieren und den Fachmann (oder die Fachfrau) hinzuziehen zu können. Leider weiß ich von viel zu vielen Hunden, bei denen eine lebensgefährliche Krankheit erst diagnostiziert werden konnte, als es eigentlich schon zu spät war.

Achten Sie vor allem auf folgende Symptome:

Appetitlosigkeit und Gewichtsverlust
Husten und Probleme mit der Atmung
Wucherungen und Geschwülste
Ausfluss
Allgemeine Schwäche, Trägheit und keine Lust auf Bewegung
Vermehrter Durst
Vermehrte Urinausscheidung
Durchfall oder Verstopfung
Beschleunigung der Atemtätigkeit
Fieber oder Herzrasen.

Krebs

Krebs ist bei Hunden die häufigste Todesursache, allerdings sind dafür nicht alle Rassen gleich prädisponiert. Ein besonders hohes Krebsrisiko haben sowohl einige große Rassen (beispielsweise Irische Wolfshunde, Rottweiler und Bobtails) als auch manche kleineren wie der Pudel. Am seltensten tritt Krebs bei Deutschen Schäferhunden, Cockerspaniels, Border Collies und

Yorkshire Terriern auf. Mit zunehmendem Alter können allerdings Vertreter aller Hunderassen an Krebs erkranken, was daran liegt, dass das Abwehrsystem nicht mehr so gut funktioniert wie in jungen Jahren. Hinzu kommt die Tatsache, dass Krebsgeschwüre, ganz einfach ausgedrückt, entstehen, wenn sich die Zellen abnorm vermehren. Und dafür haben sie mit den Jahren einfach mehr Zeit.

Es gibt ganz unterschiedliche Tumore, von gutartigen Lipomen (Fettgeschwülsten) bis hin zum Osteosarkom, dem Knochenkrebs. Wann immer Sie irgendein Knötchen oder dergleichen bemerken, sollten Sie deshalb sofort den Tierarzt aufsuchen.

Symptome

Nicht nur die Human-, sondern auch die Veterinärmedizin macht ständig Fortschritte in der Behandlung von Krebserkrankungen. Hunde können genauso operiert oder bestrahlt werden wie wir und auch für sie gibt es Chemotherapie. Mit all diesen Methoden werden immer größere Erfolge erzielt. Alles hängt jedoch von der Früherkennung ab. Die offensichtlichsten Anzeichen von Krebstumoren sind Geschwüre auf der Haut, und die können Sie bei der Fellpflege entdecken. Aber natürlich ist nicht jedes Knötchen karzinogen. Manche Geschwüre sind auch einfach nur Lipome, gutartige Fettgeschwülste, die sich unter der Haut bilden und besonders bei übergewichtigen älteren Hündinnen auftreten. Die genaue Diagnose überlassen Sie aber bitte dem Tierarzt.

Hier einige weitere Symptome:

Appetitlosigkeit
Ungleichmäßige Atmung
Ungewöhnliche Schwellungen
Kraft- und Teilnahmslosigkeit
Blutungen
Probleme beim Harn- oder Kotabsetzen
Starker, unangenehmer Körpergeruch.

Senilität

Senilität kommt nicht nur bei Menschen vor, auch Hunde können vergesslich und ungeschickt werden. Und so kann es durchaus passieren, dass der Hund auch einmal vor der falschen Tür Aufstellung nimmt, wenn er Gassi gehen möchte.

Bis zu fünfzig Prozent aller alten Hunde leiden unter der so genannten Caninen Kognitiven Dysfunktion. Hier die häufigsten Frühwarnzeichen:

- Verändertes Schlafverhalten
- Schwäche und Zittern
- Allgemeine Teilnahmslosigkeit
- Zwanghaftes Verhalten, beispielsweise zielloses Im-Haus-Herumstreifen, Winseln, Pfotenlecken und »geistesabwesendes« Bellen.

Wenn Sie dergleichen bei Ihrem Hund beobachten, müssen Sie etwas unternehmen, denn sonst verschlimmert sich sein Zustand. Medikamente, aber mitunter auch schon eine Nahrungsumstellung können helfen, den Verfallsprozess aufzuhalten. Das wahrscheinlich Beste jedoch, was Sie für Ihren Hund tun können, ist, ihn geistig zu fordern. Spielen Sie regelmäßig mit ihm, und zwar so, dass sein Denkvermögen angeregt wird.

Sie könnten zum Beispiel Verstecken mit ihm spielen. Dabei verteilen Sie im ganzen Haus oder im Garten kleine Leckerchen und der Hund muss sie finden. Es gibt aber auch eigens für diesen Zweck entwickeltes Spezialspielzeug. Das Entscheidende ist, dass der Hund aus dem Denken gar nicht mehr herauskommt.

Herzprobleme

Bei älteren Tieren sind Herzbeschwerden nach Krebs die zweithäufigste Todesursache, fast fünfundzwanzig Prozent sterben daran. Wie beim Menschen ist ein schwaches Herz auch bei Hunden häufig erblich bedingt. Manche Rassen, insbesondere Cavalier King Charles Spaniels und Dobermänner, sind besonders anfällig. Wenn der Hund schwächer wird, nimmt der Druck auf sein Herz zu – und wird dann manchmal einfach zu groß.

Der Tierarzt kann Herzbeschwerden frühzeitig erkennen. Zur Vorbeugung sind richtige, ausreichende Bewegung und viel Seefischöl in der Nahrung empfehlenswert.

Darm- und Blasenbeschwerden

Inkontinenz und Verstopfung kommen in allen Altersklassen vor, in der letzten Lebensphase des Hundes sind sie jedoch besonders weit verbreitet. Darmprobleme

Verstopfung

Hunde, die unter Verstopfung leiden, setzen entweder deutlich kleinere Kotmengen oder überhaupt keinen Kot mehr ab. Da daraus ernste Erkrankungen der inneren Organe resultieren können, dürfen Sie es nicht auf die leichte Schulter nehmen. Verabreichen Sie dem Hund rechtzeitig ein mildes Abführmittel.

Bei alten Hunden ist zu wenig Trinken eine der wichtigsten Ursachen von Verstopfungen. Achten Sie daher darauf, dass Ihr Tier den ganzen Tag über genügend Wasser zu sich nimmt. Auch das Futter sollte feucht sein. Schwer Verdauliches, wie Gras oder Speisereste, ist zu vermeiden. Um den Kotabsatz des Hundes zu verbessern, können Sie dem Futter auch geringe Mengen Paraffinöl zusetzen. Nicht zuletzt sollten Sie dafür Sorge tragen, dem Hund genügend Auslauf zu verschaffen.

Inkontinenz

Hunde in diesem Alter verlieren häufig die Kontrolle über ihre Ausscheidungsfunktionen. Das liegt zumeist am Schließmuskel, kann aber auch eine Begleiterscheinung von Tumoren, Entzündungen, Infektionen und eventuell demenzbedingten Störungen des Nervensystems sein.

Falls Ihr Hund also anfangen sollte, seinen Kot unregelmäßig und unkontrolliert abzusetzen, ziehen Sie bitte den Tierarzt zu Rate.

Blähungen und Aufstoßen

Alte Hunde können sehr unangenehme Gewohnheiten annehmen. Furzen und rülpsen gehört ganz sicher dazu. Echt zum Himmel stinkend ...

Bei der Produktion der Gase, die diese Winde hervorrufen, spielt die Ernährung eine große Rolle. Schwer verdauliches Futter – Kohlenhydrate und Gemüse – verstärkt die Bildung des übelsten Geruchsfaktors, Schwefelwasserstoff.

Sie haben nun verschiedene Möglichkeiten, diesem Problem auf den Leib zu rücken. Wenn Sie dem Hund häufiger kleine Portionen vorsetzen, wird sein Verdauungsapparat entlastet. Sie können ihm aber auch ein bisschen Kohle ins Futter bröseln. Bei Flatulenz ist dann wenigstens der Gestank nicht mehr so groß. Und das macht schon etwas aus.

Blasenprobleme

Bei alten Hunden können Sie ein mögliches Blasenproblem an folgenden Symptomen erkennen:

Veränderte Gepflogenheiten

Jede Veränderung der Toilettengewohnheiten Ihres Hundes sollte Sie misstrauisch machen. Setzt er plötzlich beispielsweise viel mehr Urin ab als sonst, könnte dies auf mehrere mögliche Erkrankungen hinweisen, etwa einen Nierenschaden, Diabetes oder eine Leberstörung. Aber auch der umgekehrte Fall – Harnverhalt – sollte ernst genommen werden.

In den ersten Jahren können Hunde gut zwölf Stunden auskommen, ohne zu urinieren. Im Alter wäre dies aber ein Alarmsignal. Ein betagter Hund »muss« etwa alle sechs bis acht Stunden.

Hunde können auch an Urininkontinenz leiden. Dabei gehen im Sitzen oder Liegen einige Tröpfchen ab, was hässliche Flecken verursacht. Die Störung lässt sich aber medikamentös unter Kontrolle bringen.

Schmerzen

Als Halter sollten Sie beobachten, ob der Hund beim Urinieren irgendwelche Anzeichen von Schmerzen oder Unbehagen an den Tag legt. Bleibt er danach noch ein Weilchen stehen oder hocken, sind seine Beschwerden wahrscheinlich nicht allzu schmerzhaft, vielleicht brennt es beim Wasserlassen. Handelt es sich um ein ernsteres Problem, presst der Hund beim Urinieren, wimmert oder weint sogar.

Sie sollten auch darauf achten, ob er vielleicht sein Geschlechtsteil besonders ausgiebig leckt. In diesem Fall ziehen Sie bitte den Tierarzt hinzu.

Blut im Urin

Auch Farbe und Konzentration des Urins sind sehr aussagekräftig. Eine orange Verfärbung kann ebenso wie eine braune beziehungsweise schwärzliche auf Leberprobleme hinweisen, während milchiges Weiß eher ein Zeichen für eine Entzündung oder Stoffwechselstörung ist.

Das deutlichste Alarmsignal aber ist Blut im Urin. Dafür gibt es verschiedene Ursachen, etwa Blasen- oder Nierensteine, ernste Störungen der Harnwege, Nierenerkrankungen oder Tumore. Wann immer Sie also Blut im Urin entdecken, müssen Sie sofort reagieren und den Tierarzt konsultieren.

Seh- und Hörvermögen – die Sinne schwinden

Woran Sie erkennen, ob Ihr Hund taub wird

Schwerhörigkeit und Taubheit

Sie erkennen Taubheit am deutlichsten daran, dass Sie Ihren Hund nur schwer aus dem Schlaf wecken können, er nicht mehr auf Kommandos reagiert oder sich erschreckt, sobald Sie sich ihm von hinten nähern. Viele Halter neigen fälschlich dazu, diese Symptome auf »selektives Hören« zurückzuführen, und meinen, der Hund wolle ihnen bloß einfach kein Ohr schenken. Das ist natürlich Unsinn.

Ob Ihr Hund taub ist, können Sie mit Hilfe eines sehr einfachen Tests herausfinden. Klatschen Sie ganz in seiner Nähe in die Hände oder machen Sie sonst ein Geräusch und schauen, wie er reagiert. Hunde lieben ihre Ruhe und hören jede drohende Gefahr. Wenn Ihr Tier also unwillkürlich reagiert, wenn Sie die Stille stören, wissen Sie, dass mit seinen Ohren alles in Ordnung ist.

Gegen zunehmende Schwerhörigkeit kann man kaum etwas tun. Dennoch sollten Sie mit dem Tier zum Arzt gehen, um abchecken zu lassen, ob es sich nicht vielleicht um die behandelbaren Folgen einer Ohrenentzündung handelt.

Hier einige Tipps, wie Sie einem schwerhörigen Hund helfen können:

- Besondere Vorsicht im Straßenverkehr: Es könnte sein, dass das Tier herankommende Autos nicht mehr hört.
- Führen Sie den Hund ständig an der Leine beziehungsweise einer langen Schnur.
- Vorsicht auch, wenn Kinder zugegen sind. Selbst wenn sie nur spielen wollen: Heftige Reaktionen des Hundes sind nicht auszuschließen, wenn sich ihm jemand von hinten nähert.
- Gewöhnen Sie den Hund an Sichtzeichen.

Sichtzeichen

Da Hunde von Natur aus mit Hilfe der Körpersprache miteinander kommunizieren, lassen sie sich relativ leicht an Handzeichen gewöhnen. Bei drohender Taubheit trifft sich das natürlich gut. Am besten lernt der Hund die neuen Signale zusammen mit den mündlichen Kommandos. Welche Sie genau verwenden, liegt ganz an Ihnen. Ein paar Prinzipien sollten Sie jedoch beherzigen.

- Sehen Sie zu, dass Sie beim Zeichengeben Ihr Gesicht nicht verdecken, denn der Hund wird sich auch Ihrer Miene vergewissern, um zu erfahren, was von ihm verlangt wird.
- Achten Sie bei der Wahl der Signale darauf, dass Sie sie in einer einzigen Bewegung durchführen können.
- Die einzelnen Handzeichen müssen sich deutlich voneinander unterscheiden.
- Auch aus der Ferne sollten Ihre Signale deutlich erkennbar sein.

Beispiele

- **Sitz** Ihr Signal gebender Arm hängt locker herab. Heben Sie die Hand bis zur Höhe Ihres Gesichts an – die Handfläche weist dabei von Ihnen weg.
- **Platz** Umkehrung des Kommandos »Sitz« – Sie senken den Arm in die Ausgangsposition.
- **Bleib** Beide Oberarme liegen am Körper an. Sie heben die Hände senkrecht in die Höhe und schieben sie dann waagerecht vor.
- **Komm** Sie gehen leicht in die Knie und machen mit beiden Händen eine streichelnde Bewegung. Wenn Ihr Hund nicht komplett taub ist, können Sie dieses Signal mit freundlichen Worten verstärken.

Damit der Hund schnell und korrekt reagieren kann, müssen alle Signale vollkommen eindeutig sein. Bei drohender Gefahr kann davon viel abhängen. Sogar sein Leben.

Erblinden

Bei den meisten Hunden verschlechtert sich in den letzten Lebensjahren das Sehvermögen, was jedoch selten krankheitsbedingt, sondern einfach ein allgemeines Symptom des Alterungsprozesses ist. Die Schwächung der Netzhaut führt dazu, dass der Hund immer schlechter sieht und er auf visuelle Reize nicht mehr so gut reagiert. Darauf müssen Sie sich einstellen. Häufig kommt es auch zu Linsentrübungen. Das wird häufig mit Grauem Star verwechselt. Dies aber ist eine viel ernstere Erkrankung, die im Gegensatz zur Linsentrübung meist eine Operation erfordert.

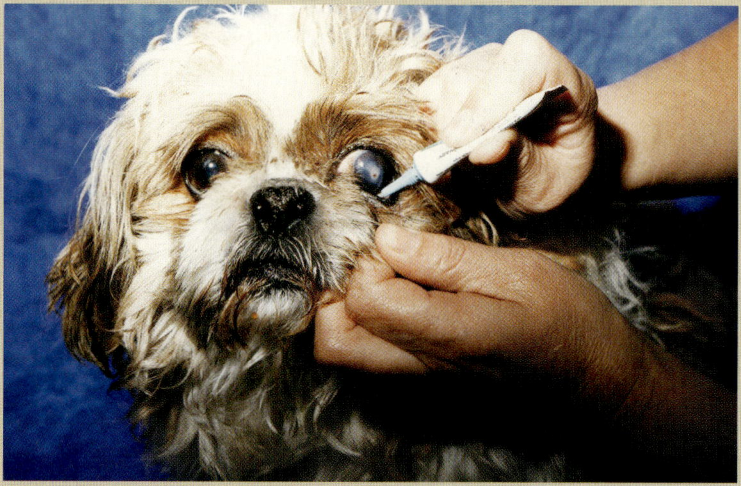

Augen auf: Viele Augenkrankheiten lassen sich mit Tropfen und Salben gut behandeln.

Woran Sie erkennen, ob das Sehvermögen Ihres Hundes nachlässt

Manchmal erkennt man sofort, wenn der Hund schlechter sieht: Er stolpert über irgendwelche Gegenstände, bringt sein Spielzeug nicht mehr so schnell zurück oder erschnüffelt sich den Weg zu seinem Fressnapf. Bevor die Sehschwäche allerdings so weit fortgeschritten ist, lässt sie sich mitunter schwer ausmachen. Hunde sind sehr clever und prägen sich ihre häusliche Umgebung sehr gut ein. Wenn Sie also den Verdacht haben, Ihr Liebling könne schlecht sehen, brauchen Sie nur ein paar Möbel zu verrücken und das Licht etwas zu dimmen. Schauen Sie, was passiert, und Sie wissen Bescheid.

Wie Sie Ihrem Hund helfen können, wenn sich sein Augenlicht verschlechtert

Wenn sich das Sehvermögen des Hundes verschlechtert, können Sie leider nichts dagegen tun. Eine Brille kommt ja nicht in Frage, ebenso wenig ein Blindenhund. Umso wichtiger wird es jetzt, dass Sie das Tier führen und beschützen.

Machen Sie sich Folgendes klar: Ihr Hund fühlt sich aufgrund der Veränderungen, die er durchmacht, schutzlos. Er bekommt mit, dass etwas nicht mit ihm stimmt. Und das macht ihn unruhig und unsicher. Sie können trotzdem einiges tun, um ihm sein Leben auch unter den neuen Umständen so angenehm wie möglich zu gestalten:

- Räumen Sie nicht um. Zur Orientierung verlässt sich der Hund mehr und mehr auf sein Gedächtnis, und selbst die kleinste Veränderung im Haus oder im Garten kann ihn schon völlig verstören.
- Nähern Sie sich dem Tier weder von hinten noch von oben, damit Sie ihm keinen Schreck einjagen. Bewegen Sie sich stets nur so auf den Hund zu, dass er Sie sehen kann – oder zumindest merkt, dass etwas auf ihn zukommt. Noch etwas leichter können Sie es ihm machen, indem Sie ihn freundlich ansprechen, während Sie sich ihm nähern.
- Verändern Sie nichts an Ihrem gewohnten Körpergeruch. Wenn sein Seh- und Hörvermögen schwächer wird, verlässt sich der Hund immer mehr auf seine anderen Sinne, insbesondere die Nase. Falls Sie nun plötzlich Ihr Eau de toilette oder Aftershave wechseln, kann ihn das verwirren und zu unerwünschten Verhaltensweisen veranlassen.
- Berühren Sie den Hund nicht oben am Kopf. Wenn Sie ihn streicheln oder berühren möchten, dann am besten seitlich im Gesicht und nach vorheriger Ankündigung. Ansonsten kann sich der Hund sehr erschrecken, wenn er plötzlich eine Hand am Körper spürt. Doch wenn Sie sich ihm langsam nähern, dabei mit ihm sprechen und er auch Ihren Körpergeruch wahrnehmen kann, weiß er, dass Sie kommen.
- Lassen Sie den Hund nur noch unter Aufsicht mit anderen Hunden zusammen, auch zu Hause.
- Bleibt der Hund allein daheim zurück, sollten Sie ihm ein sicheres Plätzchen zuweisen, von dem er weiß, dass ihm dort nichts zustoßen kann. Sagen Sie auch der Familie Bescheid, damit ihn keiner stört, wenn Sie weg sind.
- Überzeugen Sie sich, dass der Hund auf seinen Namen reagiert, notfalls indem Sie ihn mit dem Kommando »Komm« zu sich rufen.
- Falls Sie noch andere Hunde haben, sollten Sie das Tier separat füttern. Für die Nachfahren des Wolfs hat das Fressen, wie wir wissen, große Bedeutung. Die übrigen vierbeinigen Angehörigen des Rudels könnten die Schutzbedürftigkeit des Seniors spüren und versuchen, sie auszunutzen.
- Lassen Sie den Hund beim Spazierengehen nie von der Leine. Auch auf der Wiese muss er an einer langen Leine geführt werden. Geben Sie auf andere Hunde Acht. Blindheit wird schon unter uns Menschen als Behinderung

- aufgefasst, bei den Wölfen aber ist sie ein Wettbewerbsnachteil mit möglicherweise tödlichen Folgen. Von seinen Artgenossen hat ein Hund mit nachlassendem Sehvermögen also keinerlei Mitgefühl zu erwarten. Hinzu kommt: Hunde, die nur noch verschwommen sehen können, geben mitunter missverständliche Signale, was wiederum bei den anderen zu unerwünschten Reaktionen führt. Darauf müssen Sie vorbereitet sein.
- Machen Sie andere Hundebesitzer durch ein weißes Halsband und eine weiße Leine auf das schlechte Sehvermögen beziehungsweise die Blindheit Ihres Hundes aufmerksam. Am besten tragen Sie vielleicht auch selbst eine weiße Armbinde.
- Wenn der Hund nicht mehr so gut reagieren kann, wird er nervöser und schreckhafter, verlässt sich aber mehr auf seine anderen Sinnesorgane.

Für Ihren Hund ist der Verlust des Augenlichts eine Katastrophe. Zwar lassen sich einige schwere Augenleiden wie etwa der Graue Star heute schon operieren, aber das gilt beileibe nicht für alle. Vielen Fällen von Erblindung steht die Tiermedizin bedauerlicherweise immer noch machtlos gegenüber.

Wenn keine Heilung in Aussicht steht und Sie das Gefühl haben, dass Ihr Hund unglücklich ist oder mit seiner Behinderung partout nicht klarkommt, müssen Sie sich ernsthaft fragen, wie es um seine Lebensqualität bestellt ist. Manchen Haltern ist es lieber, ihr vierbeiniger Freund hat acht zufriedene, erfüllte Lebensjahre, als dass er sich weitere sechs Monate unnötig quält. In solchen Fällen kann Einschläfern die »humanste« Lösung sein.

Der letzte Abschied

Der Tag wird kommen, an dem Sie Ihrem Hund Lebewohl sagen müssen. Und egal, woran er letztlich stirbt: Es wird eine harte Zeit. Manchen Hunden ist es vergönnt, die durchschnittliche Lebenserwartung ihrer Rasse voll auszuschöpfen – manche werden sogar älter als zwanzig – und dann einfach friedlich einzuschlafen. Aber dies gilt nur für jeden zwölften Hund.

Die anderen (einer von dreien) erliegen einer schweren Erkrankung oder sterben an den Folgen eines Unfalls. Im Straßenverkehr finden leider immer noch viel zu viele Hunde den Tod – insgesamt fünf Prozent.

Doch gut jeder zweite wird eingeschläfert.

Euthanasie

Das Wort Euthanasie kommt aus dem Griechischen. *Eu* steht für »gut« und *thanatos* heißt »Tod«. Aus ethischen und nicht zuletzt historischen Gründen wird dieser Begriff für Menschen so gut wie nie verwendet. Als Synonym für das Einschläfern von Tieren ist er jedoch zumindest im englischen Sprachraum durchaus üblich, denn es besteht durchgehend Einigkeit darüber, dass unsere Haustiere alle einen guten Tod verdient haben.

Ungefähr jeder fünfte Hund wird aufgrund von Altersbeschwerden eingeschläfert. Bei jüngeren Exemplaren setzt man die tödliche Spritze in etwa dreißig von hundert Fällen, weil sie schwer erkrankt sind. Manche werden aber leider auch aufgrund von Verhaltensstörungen getötet, insbesondere, wenn sie einen Menschen angefallen und schwer verletzt haben. Und das, obwohl man doch eigentlich weiß, dass alle Verhaltensstörungen behoben werden können.

Einschläfern oder nicht – letztlich muss der Besitzer die Entscheidung treffen. Manchmal spricht sich jedoch auch der Tierarzt dafür aus, vor allem in folgenden Fällen:

Wann der Arzt empfiehlt, einen Hund einschläfern zu lassen

Die wichtigsten Gründe, die aus tierärztlicher Sicht für den Gnadentod sprechen, sind:

- **Die Verletzungen, die sich der Hund zugezogen hat, sind so schwer, dass er nie wieder gesund wird.**

- Das Tier hat krankheitsbedingt oder aufgrund von Verschleißerscheinungen die Kontrolle über seine Körperfunktionen verloren.
- Die Krankheit ist so weit fortgeschritten, dass sich die Schmerzen medikamentös nicht mehr in den Griff bekommen lassen.
- Bei sehr ansteckenden Krankheiten, die auch auf den Menschen übertragen werden können.
- Der Zustand des Hundes ist so ernst, dass er nie mehr in der Lage sein wird, ein annähernd normales Leben zu führen.

Was aus Sicht des Halters dafür spricht

Doch selbst wenn der Tierarzt eindeutig für den Gnadentod plädiert, müssen Sie als Halter immer noch die Entscheidung treffen. Und das ist gar nicht so einfach. Wenn Ihr Hund schwer krank oder behindert ist, gilt es, das Für und Wider genau abzuwägen. Hier die wichtigsten Fragen, die Sie sich dabei stellen sollten:

- Fühlen Sie sich in der Lage, dem Hund die Pflege zu geben, die er braucht?
- Wie wirkt sich die Rund-um-die-Uhr-Betreuung des Tieres auf Ihr sonstiges Leben und das Ihrer Familie aus?
- Können Sie die Kosten verkraften, die auf Sie zukommen, wenn Sie das Tier am Leben lassen?

Das Einzige, was in diesen Überlegungen nichts zu suchen hat, ist Egoismus. Keinem Hundebesitzer gefällt die Vorstellung, seinen Freund zu verlieren – ein solcher Verlust ist schwer zu ertragen und geht nie ohne tiefe Trauer ab –, das darf aber keine Rolle spielen. Es gibt nur zwei Möglichkeiten: Entweder muss der Hund leiden oder Sie. Und der Hund sollte es nie müssen.

Lebewohl – was beim Einschläfern geschieht

Technisch ist die Sache ganz einfach. Der Tierarzt injiziert intravenös ein hochkonzentriertes Betäubungsmittel. Innerhalb von Sekunden verliert der Hund das Bewusstsein und ist kurz darauf hirntot.

Ein treuer Freund: Gerade gegen Ende seines Lebens ist der Hund auf die Unterstützung des Menschen angewiesen.

Emotional aber ist das Ganze längst nicht so unkompliziert. Für die Menschen hat dieser Akt eine enorme Tragweite. Manche werden ganz tief davon berührt.

Jeder geht damit natürlich anders um. Hier trotzdem einige Tipps, die sich als hilfreich erweisen können:

- Seien Sie dabei, wenn Ihr Tier eingeschläfert wird. Hunde verfügen über eine sehr hohe emotionale Intelligenz und spüren ganz genau, was mit ihnen geschieht. Sorgen Sie also dafür, dass das Letzte, was er von dieser Welt sieht, das Gesicht seines besten Freundes beziehungsweise seiner besten Freundin ist.
- Gehen Sie nicht allein zum Tierarzt, wenn es so weit ist. Lassen Sie sich begleiten, denn danach werden Sie Beistand brauchen.
- Machen Sie nicht den Fehler, Ihren Kindern die Wahrheit verschweigen zu wollen, wie es viele Eltern tun. Kinder bauen eine tiefe Beziehung zu ihrem Hund auf und haben es daher nicht verdient, angelogen zu werden. Natürlich werden sie traurig sein. Noch schlimmer wäre es aber, wenn sie schließlich irgendwie doch die Wahrheit erführen. Und in gewisser Weise helfen Sie Ihren Kindern damit auch und bereiten sie auf die vielen Verluste vor, die im Laufe des Lebens zwangsläufig auf sie zukommen werden.

Ein angemessener Abschied

Was Sie mit der Leiche Ihres Haustieres tun, obliegt innerhalb gewisser Grenzen allein Ihnen. Der eine ist eher für Verbrennung, der andere gibt der Erdbestattung den Vorzug. Manche erwerben einen Platz auf dem Tierfriedhof, viele entscheiden sich aber auch für einen persönlicheren Ort, vielleicht im Garten unter dem Lieblingsbaum, an dem sie sich dem verstorbenen Freund näher fühlen können.

In Deutschland ist es (mit Ausnahme von Bremen) prinzipiell gestattet, den Haushund im Garten zu bestatten. Ein formloser Antrag beim zuständigen Veterinäramt genügt völlig. Zwei Punkte sollten Sie jedoch beachten:

- **Wickeln Sie den Leichnam in biologisch abbaubares Material, etwa ein Stück Baumwollstoff. Verwenden Sie keine Synthetik.**
- **Da sich Tiere von der Grabstätte angezogen fühlen könnten, muss die Grube ziemlich tief sein, etwa ein Meter.**

Der Verlust eines geliebten Haustieres kann ein fürchterlicher Schlag sein. Manche Menschen leiden nach dem Tod ihres Hundes mehr als unter der Trennung von einem lieben Menschen. Vielen ist es allerdings peinlich, das zuzugeben. Dazu besteht jedoch nicht der geringste Grund. Gefühle wie Trauer und Trostlosigkeit sind sehr komplex, und nicht jeder bringt dafür Verständnis auf. Das braucht Sie aber nicht zu interessieren. Zu leugnen, dass Sie unter dem Verlust leiden, hieße auch, die Liebe zu verleugnen, die Sie Ihrem Tier zu Lebzeiten entgegengebracht haben. Und das wäre falsch.

Viele Jahre haben Sie immer versucht, das Richtige für Ihren Hund zu tun. Und wenn er gestorben ist, ist es das Richtige, sein Andenken zu ehren, sich an die schönen Zeiten zu erinnern, die Sie gemeinsam verbringen durften, und ehrlich zuzugeben, dass er Ihnen fehlt.

Ein neuer Anfang

Jeder sagt es. Ich habe es auch getan. Die Schmerzen nach dem Verlust eines treuen Freundes sind derart übermächtig, dass Sie sich beim besten Willen nicht vorstellen können, so etwas noch einmal durchstehen zu können. »Nie

wieder schaffe ich mir einen Hund an«, sagen Sie. Aber natürlich tun Sie es dann doch. Die meisten Hundebesitzer legen sich wieder einen zu und fangen erneut an, ihr Leben mit einem Vierbeiner zu teilen.

Wie lange Sie brauchen, bis Sie sich dazu durchringen können, hängt allein von Ihnen selbst ab. Es gibt in dieser Frage keinen »richtigen« Zeitpunkt. Wenn Sie das Gefühl haben, dass Sie gleich wieder einen Hund brauchen, zögern Sie nicht, sich einen anzuschaffen. Für schlechtes Gewissen besteht nicht der geringste Grund. Möchten Sie sich aber zunächst noch ein bisschen Zeit lassen, damit wenigstens die schlimmsten Wunden heilen können, ist auch das völlig in Ordnung. Wenn es jedoch so weit ist, sollten Sie einiges bedenken.

Nehmen Sie alles Positive aus der Beziehung zu Ihrem verstorbenen Hund mit. Sie können ihn nicht besser in Erinnerung behalten, als dadurch, dass Sie alles, was er Sie gelehrt hat, nutzen, um im Verhältnis zu Ihrem neuen Hund möglichst wenig falsch zu machen. Fehler werden natürlich nicht ausbleiben, wir machen alle Fehler. Mit ein bisschen Glück sind es aber nicht mehr dieselben wie beim ersten Mal.

Seien Sie nicht enttäuscht, wenn Sie manche Aspekte des Lebens mit Ihrem neuen Hund nicht so gut meistern wie mit dem alten. Erwarten Sie nicht, dass er das Tier, das Sie verloren haben, eins zu eins ersetzt. Das ist unmöglich. Und davon auszugehen, er sei ein reines Abziehbild des verstorbenen, wäre auch äußerst unfair. Seien Sie also nicht frustriert, wenn manches anders läuft. Sehen Sie immer das Positive. Der neue Hund hat seine eigene Persönlichkeit, und die wird Ihnen andere Vergnügungen bieten, Sie aber auch vor ganz neue Herausforderungen stellen. Genießen Sie es, und dann wird Ihr Leben mit Ihrem neuen Gefährten genauso erfüllt und schön wie mit dem alten.

Weitere Informationen

Ich hoffe zwar, dass ich in diesem Buch die wichtigsten Themen besprochen habe, die den normalen Hundehalter interessieren, aber selbstverständlich konnten dabei nicht alle denkbaren Fragen erörtert werden. Bei den zahlreichen Hunderassen, möglichen Zipperlein und Beschwerden, die es gibt, lässt sich das nicht vermeiden. Glücklicherweise gibt es jedoch Institutionen und Verbände, die Ihnen mit Sicherheit alle Fragen, die Sie möglicherweise noch haben, beantworten können. Und wenn sich die Leute dort dazu nicht in der Lage sehen, kennen sie bestimmt jemanden, der Bescheid weiß und Ihnen weiterhelfen kann.

Verband für das Deutsche Hundewesen (VDH)
Westfalendamm 174
44141 Dortmund
Telefon: 0231 565 00–0
Fax: 0231 59 24 40
E-Mail: info@vdh.de

Schweizerische Kynologische Gesellschaft (SKG)
Länggasstrasse 8
3001 Bern
E-Mail: skg@hundeweb.org

Österreichischer Kynologenverband (ÖKV)
Siegfried Marcus Straße 7
2362 Biedermannsdorf
Telefon: 02236 710 667
Fax: 02236 710 667 30
E-Mail: office@oekv.at

Dank

Dieses Buch war Schwerstarbeit, sowohl, was das Schreiben angeht, als auch in Bezug auf die vorherigen intensiven Recherchen. Ohne eine ganze Reihe von Menschen hätte ich es bestimmt nicht fertigstellen können.

Als Erstes möchte ich Trevor Dolby und Monica Chakraverty bei HarperCollins danken, die von Anfang an Feuer und Flamme für mein Projekt waren. Im weiteren Verlauf hatte ich dann das Vergnügen, mit Jane Bennet und der Bildredakteurin Caroline Hotblack zusammenzuarbeiten. Beide haben außerordentliche Anstrengungen unternommen, um dem Buch zum Erfolg zu verhelfen.

Unschätzbare Unterstützung habe ich auch von Herrn Professor Peter Bedford erhalten, der freundlicherweise bereit war, sich die tiermedizinischen Kapitel durchzulesen. Ohne seine ergänzenden Vorschläge wäre das Buch in dieser Hinsicht sehr viel weniger informativ ausgefallen. Danke, Pete.

Ganz besondere Anerkennung gebührt Tracy-Ane Brooks von der Mission Wolf in Westcliff, Colorado. Und zwar nicht nur dafür, dass sie bereit war, uns ihre wunderbaren Fotos zur Verfügung zu stellen, sondern auch für die Freundschaft, die sie mir immer entgegenbringt. Danke auch, dass ich mich unter den Wölfen in ihrem Schutzgebiet so frei bewegen durfte. Bei ihrem Mann, Kent Weber, möchte ich mich ebenfalls ausdrücklich bedanken, und zwar für seine Freundlichkeit und Kompetenz. Die Arbeit, die diese beiden leisten, ist von unschätzbarem Wert. (Schauen Sie doch mal auf ihre Internetseite: www.missionwolf.com).

Ferner gilt mein Dank meinen ganz besonderen Freunden Bob und Frances Jackson, die mir in punkto Bildbeschaffung so häufig weit über das Nötigste hinaus behilflich waren, sowie Geoff und Tony Sutton, die mir großzügigerweise ihr Haus in Kent zur Verfügung gestellt haben.

Wie immer möchte ich mich auch besonders bei den Leuten von Gillon Aitken Associates bedanken, die so viel für mich tun und meine Arbeiten fast auf der ganzen Welt verbreitet haben: Mary Pachnos, Dea Brovig und Sally Riley.

Ganz zuletzt, aber bestimmt nicht minder herzlich sage ich auch meinem Team danke, denn ohne euch hätte ich die Idee zu diesem Buch nie und nimmer praktisch umsetzen können. Die Liebe, Unterstützung und Ermutigung, die ihr mir habt zuteil werden lassen, vor allem, wenn's mal besonders stressig wurde, waren für mich etwas ganz Besonderes. Danke also an: Glenn Miller, meinen liebevollen Freund und Wachhund, dessen Zuneigung ich leider nur allzu oft für selbstverständlich halte; Tony Knight, meinen Sohn und Hundeflüstererkollegen, der seinen Job so gut macht, dass ich mir um die Zukunft keine Sorgen machen muss; Charlotte (Charlie) Medley, eine junge Frau, die sich unserem Team auf ganz außergewöhnliche Weise verpflichtet fühlt und all unseren Hunden, Pferden, Katzen und Vögeln erstklassige Pflege angedeihen lässt. Schließlich möchte ich mich noch bei meiner Tochter Ellie bedanken, weil sie mir immer so viel Freude macht. Eines ist mir bewusst: Ich kann von Glück sagen, dass es in meinem Leben so viele tolle, ganz besondere Menschen gibt. Ein wahrer Segen!

Fotonachweis

Sachwörterverzeichnis

Sachwörterverzeichnis